广陵家筑

——扬州传统建筑艺术

张理晖 著

U0313662

中国轻工业出版社

图书在版编目（CIP）数据

广陵家筑：扬州传统建筑艺术 / 张理晖著. —北京：中国
轻工业出版社，2013.7

ISBN 978-7-5019-9123-5

Ⅰ.①广… Ⅱ.①张… Ⅲ.①古建筑 – 建筑艺术 – 扬州市
Ⅳ.①TU-092.2

中国版本图书馆CIP数据核字（2012）第312674号

责任编辑：毛旭林　　　责任终审：劳国强　　封面设计：锋尚设计
版式设计：锋尚设计　　责任校对：李　靖　　责任监印：张　可

出版发行：中国轻工业出版社（北京东长安街6号，邮编：100740）
印　　刷：北京画中画印刷有限公司
经　　销：各地新华书店
版　　次：2013年7月第1版第1次印刷
开　　本：720×1000　1/16　印张：17.25
字　　数：304千字
书　　号：ISBN 978-7-5019-9123-5　定价：68.00元
邮购电话：010-65241695　传真：65128352
发行电话：010-85119835　85119793　传真：85113293
网　　址：http://www.chlip.com.cn
Email：club@chlip.com.cn
如发现图书残缺请直接与我社邮购联系调换
100797K2X101ZBW

目 录
contents

第三章　扬州传统居住建筑装饰艺术

第四章　扬州传统民居建筑室内装饰与陈设艺术

参考文献

广陵家筑

前 言
preface

　　扬州是一座有着近二千五百年历史的文化名城。由于扬州城市的发展虽数度辉煌却又历尽沧桑，因此已经很难找到千年以上的古宅。然而在五平方公里多的古城区内，仍散布着数百个建于清代和民国早期的古宅名第。在这批古宅建筑群中，既有官宦之府、富商宅第，也有书香世家、平民居所，建筑平面布局和室内设计均着力体现幽静与舒适，宅与园的合一为居住者提供了可居可游的安适环境，简洁的外形透射出清雅、柔和、质朴和秀气，呈现出"洗尽铅华也从容"的扬州传统居住空间独特的艺术风貌和精神气质。

　　早在2004年秋，扬州市政府就启动了"历史文化名城解读工程"，出台了"文化扬州"实施纲要，扬州市第五届人大常委会第十次会议审议并通过《关于老城区部分街坊控制性详细规划编制情况的汇报》，政府成立了专门的决策委员会、专家咨询委员会和古城保护改造办公室等专门机构，传统居住建筑的保护与开发成为整个扬州社会的共识。经过几年的不懈努力，扬州传统居住建筑的保护与开发取得了显著的阶段成果，已形成与"扬州园林"鼎足而立的新的城市形象符号和解读扬州名城的另一重要译码。

　　扬州传统居住建筑的保护与开发是一项系统工程，其中许多问题需要各方专家协调研究以及当地政府的统筹。保护居住空间外在的艺术形式和保护居住文化的内质应同时并举，一方不可偏废。就传统居住空间外在形式的保护而言，由于该批建筑距今为时不远，部分有文字可考，相对容易，而其艺术特色的深层次内涵的把握则依赖于对其文化内质的深入探析。文化内质是一个深层次的概念，包括了从生活方式，价值观到文化现象及成就等诸多方面，需要对其深度发掘、细致研究，非一蹴而就、朝夕能成之事。在此背景下，《广陵建筑—扬州传统建筑艺术》获得江苏省高校哲学社会科学研究项目立项。由于深知该课题的内涵之深、涉及范围之广、研究任务之重，包括孙黎明、赵克理、刘晓宏、周佼佼在内的项目组成员脚踏实地走访考察，走遍了扬州的大街小巷。尤其本项目组核心成员、江苏华发装饰有限公司副总经理、高级工程师孙黎明先生不但搜集了大量相关资料，而且本书中扬州传统家具的很多第一手资料均由其提供，本书书名也是孙黎明先生的智慧结晶；赵克理教授为本书的楹联匾额赏析贡献出优美的文辞和精深的观点。在扬州工业职业技术学院书记张新科教授、扬州古建专家赵立昌工程师、扬州工业职业技术学院副院长秦建华教授、建筑工程系主任张苏俊教授的指导和帮助下，项目组以传统居住文化为核心，扩展解读扬州传统文化所涉及的各方面有形和外化的信息，力求从外在形象到文化内涵，深入探析扬州传统居住空间的艺术特色，以期对居住空间文化原貌形成资料性的保护，并为后续的发展提供正确的思维和方向，从而形成真正文化意义上的对扬州传统居住文化的保护与开发。

张理晖

2012-12-02于香港大学

第一章

扬州传统居住空间地理
人文背景探析

0 1 2 3 4 5m

扬州地处江淮平原，位于淮河之南、长江下游之北、长江与京杭大运河的交汇之处。从地形地貌上来看，扬州东近大海，南依长江，西凭扫垢山，北负蜀岗、接湖区，地势较为平坦，西北地势较高，地属含钙黏土；东南地区地势稍低，是由砂积土形成的冲积平原；扬州土质较好，利于生产与生活，但缺乏建筑石料。扬州属北温带，为亚热带的渐变地区，气候温和，且属季候风区域，夏季多东风，冬季多东北风，常年的主导风向为东北风；由于离海较近，夏季有海洋风，因此较为凉爽，夏季最高平均气温在30℃左右，气候温和，年降雨量较为充沛，平均在1000mm以上。一直以来，无论从地理还是文化方面来看，淮河堪称中国南北的分界线，因此位于江淮之间的扬州既是南北汇聚、吴楚相接、雄秀兼佳之地，又是南北交通的咽喉要道，更是军事纷争时期南北对峙的前沿阵地。汉代伊始，自唐历宋，由明至清，中国历史上重要的朝代更迭使扬州几次覆灭，但官府漕运，私行商旅，物资集散，盐业兴盛，促使扬州又快速地复苏和崛起，经济繁复而冠盖江南。正如国学大师钱穆所言："扬州一地之盛衰，可以乩国运"。（图1.1）

图1.1　俯瞰扬州（王资鑫供图）

第一节　扬州城市发展与文化谱系构成

文化是历史发展的积淀，并形成于特定的地理环境、人文环境，因而文化具有强烈的局域性。《礼记·王制》云"凡居民材，比因天地寒暖湿燥湿。广谷大川异制，民生其间者异俗，刚柔轻重迟速异齐，五味异和，器械异制，衣服异宜"。位于"淮南江北海西头"的扬州，其文化是中国境内历史最为悠久、内涵最为丰富，特征最为鲜明的地域文化之一。

一、历史悠久、源远流长

（一）追根溯源

据考古资料，距今大约一万年前，今天的扬州已经成陆于长江三角洲的冲积平原。它临海濒江，气候温润，物产富饶。作为江淮地区的史前文化，1993年被评为全国十大考古新发现之一的龙虬庄遗址充分说明了扬州文化的源远流长。距离今天高邮市区东北约10公里的龙虬庄遗址是江淮东部地区考古发现的最大一处新石器时代遗址，经挖掘发现有房屋、墓葬坑等遗址，整理出土大量生产及生活器具，发现了比甲骨文还要早1000年左右的陶文，并且发现了4000多粒距今7000—5500年之间的炭化稻米。

（二）扬州建城

"扬州"一词古代作杨州（按：汉碑中杨字皆从"木"，从"手"系后人所改，清代乾嘉学派代表人物王念孙对此有详细考证），扬州的名称最早见于《尚书·禹贡》："淮海惟扬州"，包括了今淮水东到东海、南到南海的扬州地域，今日的扬州只是其中很小的一部分。在上古时期，在黄河与淮河之间东部沿海地区的广袤土地上，生活着能捕鱼蚌、制绢丝、冶炼青铜、烧造陶器、技艺高超的淮夷部族；古本《竹书纪年》载："夷嫔珠美鱼，其筐玄纤缟"。据说在周王朝时期，在以齐国、鲁国为首的诸侯国的不断联合进攻下，淮夷部族背井离乡、举族南迁，其中一支在今天扬州城的位置上建立了邗国。后据《左传·哀公九年》记载："秋，吴城邗，沟通江淮。"即公元前486年，吴王夫差为便于进攻中原，灭邗国，开邗沟，并构筑邗城于蜀岗之上；通常意义上扬州城的历史自此开始。扬州作为一个城市诞生之后，其历史与文化从未中断。

（三）运河之始，广陵为名

邗沟作为真正意义上的第一条人工运河，对沟通大江南北文化交流起到了重大的作用。位于邗沟入长江口的广陵成为南北文化的交汇点。此后，越灭吴，邗城属越；楚灭越，邗城归楚；公元前319年，楚在邗城旧址上建筑广陵城。据《河图括地》解释说："昆仑山横为地轴，此陵交带昆仑，故云广陵也。"《尔雅》对"陵"的解释为："大阜为陵"，因此蜀冈也称为阜冈，还叫昆仑冈。公元前206年秦亡之后，项羽自立为西楚霸王，一度准备建都于广陵并取名"江都"（即"临江都会"之意），自此广陵又称为"江都"。

二、汉代封地国用饶足，儒家文化垂示千古

（一）藩国都城，国用饶足

作为两汉时期封建藩王的封地，广陵因其具有重要的经济、战略地位而先后成为荆国、吴国、江都国、广陵国等藩国的都城。公元前201年，刘贾被封为荆王，封地在淮东（今淮南），建都于广陵城，下辖三郡五十三城，包括今天的江苏、安徽、江西和福建等部分地区。这是广陵第一次作为诸侯王的都城之所，荆王刘贾成为广陵历史上第一代诸侯王。汉高祖十一年（公元前196年），刘贾被谋反的淮南王黥布杀死后，高帝在会缶（今沛县）封刘濞为吴王，都广陵，改荆国为吴国，领域不变。吴王刘濞是汉高祖刘邦的侄子，他定都广陵后，在旧城的基础上，于城东增筑附郭城，将城池周长从十二里扩建到十四里半。刘濞凭借广陵城东临大海、南有铜山的自然条件，即山铸钱，煮海为盐，奖励耕种，发展经济，增强国力，使当时的吴国及广陵城富甲天下、雄霸东南。他借助强大的经济实力，扩建都城，流通财货，捍盐通商，致使吴国"国用饶足"，成为当时西汉最有实力的地方藩国。在强大的经济及军事实力支持下，刘濞联合六个藩王发动了吴楚"七国之乱"。

无论是春秋时的吴王夫差，还是发动叛乱的汉代吴王刘濞，由于均对扬州城市的开创和开发具有极为重要的作用，因此公正务实、感恩图报的扬州人为他们修庙立祀，甚至将其奉为财神。

（二）正谊明道、和亲乌孙

"七国之乱"平定后，"素骄"、"好勇"的刘非被封为江都王，都广陵；为防止刘非步刘濞后尘，于是就选派首倡"罢黜百家，独尊儒术"的大学问家董仲舒担任江都相辅佐刘非。董仲舒在江都相任上提出"正谊明道"（正其谊不谋其利，明其道不计其功）的主张，成为扬州文化所奉行的圭臬，塑造了扬州敬重道义的人文环境，对后世产生了深远的影响。现今扬州城内仍存有"董子祠"、"大儒坊"、"正谊巷"等街巷名，从侧面表达了扬州人对董仲舒的尊崇和感念。

武帝元朔二年（公元前127年）江都王刘非死后，其子刘建继承王位。刘建骄奢淫逸、图谋不轨，事发后自缢身死。武帝元狩二年（前121年）国被除，改为广陵郡。刘建的女儿刘细君作为"汉家和亲第一公主"远嫁乌孙国（新疆伊犁河南源特克斯河畔一带），为新疆地区带去中原文明，促进了当地的社会进步。远在塞外的刘

细君思乡心切，写出千古不朽的思乡之曲《悲愁歌》："吾家嫁我兮天一方，远托异国兮乌孙王。穹庐为室兮毡为墙，以肉为食兮酪为浆。居常土思兮心内伤，愿为黄鹄兮归故乡"。这首诗成为我国古代诗歌从"诗言志"向"抒情"回归的标志，也有人称其为历史上的第一首边塞诗。

（三）国制废除，封地世袭

元狩六年（公元前117年），汉武帝以广陵郡的部分地域置广陵国，封儿子刘胥为广陵王，都广陵。刘胥在位64年，后图谋造反，事发后被迫自尽，葬于高邮天山，其陵墓内采用的"黄肠题凑"葬制是西汉厚葬之风的高度体现。汉明帝永平元年（公元58年），广陵郡改为广陵国，徙山阳王刘荆为广陵王，这是东汉第一代广陵王，也是最后一代广陵王。永平十年（公元67年），刘荆因祝诅皇上而畏罪自杀，广陵国复被废为广陵郡。至此，汉代广陵作为诸侯王国的都城所在，从荆国的建立到广陵国的废止，共历时267年。东汉中期以后，广陵一直作为诸侯的世袭封地，刘氏后裔沿袭侯位、食其俸禄长达四百年之久，直到东汉末年都没有改变。几度分封、持续发展，广陵城不仅创造了辉煌瑰丽的物质文明，而且孕育了深厚的文化底蕴。东汉初年，以擅长辞赋著称的广陵人陈琳荣列建安七子之一；汉初文学家枚乘、邹阳均活跃于扬州，枚乘的《七发》为"七体"之开端。

三、三国两晋战事频仍，南北融合、文化发展

（一）战乱频仍，修筑新城

三国两晋南北朝时期，扬州以其介于南北之间的地理位置不可避免地成为军事纷争的前沿阵地，此间广陵城屡经战乱。

公元213年，曹操因怕淮南沿江郡县为吴所得，遂决定把人民内迁，结果广陵近万户居民渡江东下投奔吴国，使广陵几乎成为空旷之地。公元255年，东吴卫尉冯朝修筑广陵城，为有史记载的第三次修筑广陵城。西晋永嘉以后的二三百年间，由于中原地区被各少数民族所统治，因此大批人民越淮渡江、移民南方地区，当时，广陵城内安置有大量来自山东兖州的移民，由此扬州旧有"南兖州"之称。公元369年，东晋大司马桓温自广陵起兵北伐前燕慕容晖，军败后回师广陵，并对城池进行了加固修筑。公元383年，谢玄在广陵招募的、主要由南徐及南兖移兵组成的"北府兵"成为淝水之战中晋军的主力；战后，谢安在广陵步邱（今江都境内）筑"新城"而居并修筑平水堰，水堰随需蓄泄，因此当地岁用丰稔。

（二）世族南迁，经济发展

南北朝时期，匈奴、鲜卑、羯等少数民族入主中原，北方世家大族纷纷南迁至现今的扬州（治所在今南京）、荆州（今湖北江陵）一带。北方移民的大量南下不但带来先进的农业技术和农作物品种，而且他们围湖开山、建屋造田，积极重建家园。在农业发展的带动下，当地手工业和商业得到飞速发展，当时的广陵城成为一方商业都会，并成为重要的物资集散地。

（三）兵祸连年，成为"芜城"

随着宋文帝元嘉年间和平状态的持续，广陵地区经济恢复、富庶繁华，出现了一定规模的园林，但很快又遭到兵祸的摧残。公元450年，北魏太武帝拓跋焘南下攻宋，率步骑十万渡过淮河，直逼长江北岸的瓜步（位于今江苏六合东南），军队破坏民居、砍伐兼苇以备造筏渡江、攻打刘宋的首都建康；第二年正月开始退兵北撤时，又一路大肆杀戮，致使广陵之地"村井空慌，无复鸡鸣犬吠"。仅过了九年，刘宋王朝同室操戈，孝武帝讨伐其为南兖州（今扬州）刺史的同父异母弟弟刘诞，并迁怒于老百姓，杀民三千余人，致使广陵成为"直视千里外，唯见起黄埃"的荒芜之地；诗人鲍照据此所作的《芜城赋》使广陵从此获得"芜城"的别名。在接下来的"侯景之乱"中，广陵城池被叛军攻陷，城内男女老幼全被半埋于土中并惨遭射杀，广陵因此变成一座空城。北齐占领广陵后，改"南兖州"为"东广州"；陈朝复为"南兖州"；北周占据后，又将其改称为"吴州"。

四、隋唐时期，天下之盛扬州为首

（一）开凿运河，文化发展

隋开皇九年（公元589年），隋文帝改"吴州"为"扬州"，置总管府于丹阳（今南京）。炀帝杨广鉴于南方经济地位的上升，为加强对南方地区的控制、巩固国家统一，开凿了纵横南北、串联东西五大水系的京杭大运河，从而进一步扩大了南北经济文化的交流，由此也吸引了大量外来人口的涌入。隋帝杨广尊儒、崇佛、信道，在位十四年中三下江都（今扬州），不但在龙舟之中塞满精选的大量孤本典籍，而且将当代鸿儒召集至扬州考研周汉以来的礼治沿革，并鼓励扬州地方学者各抒宏论。他广延名僧，新建十几座寺庙，一时间扬州群贤毕至，百家争鸣，寺庙林立，高僧云集，成为南方当时的佛教中心。一方面，隋帝杨广的横征暴敛、穷奢极欲曾陷扬州人民于深重的苦难之中，另一方面，他使位于长江、运河交汇点的扬州因水利而繁华，并且为扬州的文化发展做出了突出的贡献，因此，客观的扬州人不以其功抵过，亦不以其过抵功，为隋炀帝修碑立陵，公正评价。

（二）港口重城，始称扬州

唐高祖武德八年（公元625年），扬州治所从丹阳移到江北，从此广陵享有扬州的专名，扬州也达到了极盛的巅峰。扬州是南北粮、草、盐、钱、铁的运输中心和海内外交通的重要港口，为都督府、大都督府、淮南节度使治所，领淮南、江北诸州。在以长安为中心的中外水陆交通中，扬州始终起着骨干作用。唐代的扬州，水陆交通发达，商业繁盛、人文荟萃，富庶繁华，不仅在江淮之间"富甲天下"，而且是中国东南第一大都会，时有"扬一益二"之称（益州即今成都）。同时，随着运河的通畅、经济的繁荣和人口的增多，唐代扬州城规模扩大，在蜀岗平原另建了新城"罗城"，形成了连贯蜀岗上下的双城局面。杜荀鹤《送蜀客游维扬》咏道："见说西川景物繁，维扬景物胜西川。青春花柳树临水，白日绮罗人上船。夹岸画楼难惜醉，数桥明月不教眠。送君懒问君回日，才子风流正少年"。从诗中可以看出，唐时的扬州城犹如一座美丽的大花园；从"园林多是宅，车马少于船"（姚合《扬州春词三首》）的诗句中可以想见当时居住建筑与园林的结合已蔚然成风。从当时的诗歌或笔记中或可窥见唐代扬州一些"花园宅邸"风貌，如"居处花木楼榭之奇，为广陵甲第"的富商周师儒家园（《广陵妖乱志》）、"楼台重复、花木鲜秀"的药商裴谌的樱桃园（《太平广记·裴谌》）、"鹤盘孤屿、蝉声别枝、凉月照窗、澄泉绕石"的郝氏园（嘉庆《江都县志》）等。另外，从时人咏颂扬州的一些诗句如"街垂千步柳，霞映两重城。天碧台阁丽，风闵歌管清"（杜牧《扬州三首》）、"九里楼台牵翡翠"（罗隐《江都》）、"层台出重霄，金碧摩颢清"（权德舆《广陵诗》）、"绿水接柴门，有如桃花源"（李白《之广陵宿常二南郭幽居》）中，可见唐时扬州宅园在追求华丽浪漫、气象宏伟的同时，也欣赏自然山林的幽森意境。当时扬州园林中的典型建筑为楼榭及台阁。

（三）富甲天下，歌声沸天

凭借优越的交通区位，随着北人南迁和农业、手工业、商业的蓬勃发展，唐代的扬州不但成为国际、国内重要的贸易城市和港口，而且"富甲天下"，成为当时经济、文化的中心。唐代扬州造船业、制锦业和铜镜制造业十分发达，玉雕工艺也达到相当高的水平，《太平广记》中提到扬州当时有"铜坊、冶成坊、纸坊、官锦坊"等手工业作坊，当时侨居扬州的外国客商数以万计。唐代扬州高僧鉴真六渡扶桑弘扬佛法，并极大地促进了日本在医药学、书法、建筑、雕塑、美术等方面的研究和发展。唐代扬州的诗歌创作空前繁荣，歌舞声乐得到高度普及和发展；李白、杜牧诸人均在此留下千古绝唱，收进《全唐诗》有关扬州的诗有几百首之多。"吴中四杰"之一、扬州诗人张若虚的一篇《春江花月夜》被誉为"孤篇压倒全唐"，闻一多先生盛赞它为"诗中的诗，顶峰上的顶峰"；晚唐诗人杜牧所作《寄扬州韩绰判官》："青山隐隐水迢迢，秋尽江南草未凋。二十四桥明月夜，玉人何处教吹箫"，被毛泽东推崇备至，手写口吟。唐时的扬州，莺歌燕舞成为诗文的传播途径，文学才子成为大众的崇拜偶像，佳作一出便广泛流传，正如杜牧在《扬州》诗中所云："谁家唱《水调》，明月满扬州"，殿堂诗文与通俗文艺密切结合、雅俗一体，尤其诗词的艺术生命力极高。

（四）注释《文选》，编纂《通典》

扬州学者曹宪极其弟子李善在吸引前人成果的基础上重新为《文选》作注，阐幽发微、追本溯源，使《文选》由原来的三十卷扩展为六十卷，为后人保存了大量已经散失的重要文献资料，泽及后世。李善之子李邕，不仅文章、诗歌很有影响，也是继虞世南、褚遂良之后的大书法家之一。此外，中国第一部记录章制度的巨著《通典》系杜佑编纂于扬州。至公元684年，徐敬业、骆宾王在扬州起兵反对武则天执政；唐末五代，军阀混战，扬州遭到严重破坏。后来杨行密在扬州建立政权，史称"杨吴"，扬州有短时间的经济恢复，然而不久又陷入战争的破坏之中。

（五）北人南迁，人口激增

唐"安史之乱"后，北方人到南方避乱，这是继"永嘉之乱"后的第二次人口大迁移，使南方人口迅速增加。《旧唐书·地理志》曾记载："襄邓百姓、两京衣冠，尽投江湘，故荆南井邑，十倍其初"。到玄宗天宝元年（公元742年），扬州所领四县人口达到77150户、467857人，是伍德九年的五倍。唐末诗人韦庄在《湘中作》中对此有所反映："楚地不知秦地乱，南人空怪北人多。"当时仅苏州一地的居民就有近三分之一是南迁的避难者。

五、宋元时期风云际会，辉煌灿烂、风雨交加

（一）漕运要冲，扩建三城

北宋时期，扬州依然凭借地处漕运要冲之势，再度成为中国东南部经济与文化的中心，与都城开封相差无几，但已远逊于唐时的繁华。史载扬州宋代有三城：宋大城（老城区）、宝佑城（蜀冈上）、夹城（笔架山），其中宋大城为扬州官衙和士农

工商所在地，保佑城为屯军之用，二者之间的夹城则主要方便战时在上下两城之间进行兵粮运送。宋大城的形制为规整的长方形，城内开十字大街与四面城门相通，其南北向大街西侧有与之平行的一条河（汶河，今填平为汶河路），河与南北水门相通；东西向有三条相距300—500m的平行街道，分别通过太平桥、开明桥、小市桥。此前五代后周周世宗在唐代旧城的东南隅改筑了一小城，世称周小城，因此西城门为在五代周小城基础上修筑而成，并一直沿用到清代。由北宋及南宋时的瓮城门道可以看出，宋代时我国已开始用砖铺路，且开始使用砖砌券顶式圆形城门洞，并以此替代了以前的木构过梁式方形城门洞。扬州宋三城的出现和历次增筑，均与当时的军事形势密切相关。

（二）构筑官方园林，注重亭子运用

在北宋150多年间，扬州私家宅园建设所记甚少，较大型的造园活动多为官府所为。宋时的扬州园林开始注重亭子在园中的灵活运用。据清嘉庆《江都县志·古迹》中记载，镇守扬州的两淮制置使贾似道于宝祐五年，"自州宅之东"重建郡圃，将十数座亭子分布于竹间、坡顶、山趾、桥边："历缭墙入，可百步，有二亭，东曰翠阴，西曰雪芗。直北有淮南道院，后为两庑，通竹西精舍，后有小阜，曰梅坡，上茸茅为亭，曰诗兴。坡之东北偶，有亭曰友山。循曲径而东望，气槛雕栏，缥缈于高阜之巅，是为云山观，即环碧亭旧址，乃于池上，为露桥以渡。桥之北，翼以二亭，曰依绿，南有小亭对立，曰弦风，曰箫月。又百余步，始蹑危级而登云山。东望海陵，西望天长；南揖金焦，北眺淮楚。其下为沼，深广可舟，水之外为长堤，朱栏相映，夹以垂柳，阁于南为面山亭；于东曰留春，曰好音；于西曰玉钩，曰驻履，观之直北，画栋层出，为淮海堂。堂其东，巨竹森然。亭其间者，曰对鹤，又东为道院，曰半闲，堂之后，为复道而升，与云山并峙，可以远眺者，为平野堂，即观稼旧址"。宋时扬州园林名称多以园内的主体建筑尤其是亭子进行命名，如周淙在九曲池所建"波光亭"、彭方在学宫里所建"四柏亭"、郑兴裔新建之"矗云亭"、郭果所建"羽挥亭"、满泾所建"申申亭"、陶谷所建"秋声馆"等，多为宋代扬州私家宅园的名称。

（三）芍药琼花冠绝群芳

宋代扬州对鲜花丽木有充分的研究与欣赏，喜爱在宅园中营造出花木深茂的自然景象，尤其具有扬州地方特色的名花异木主要为琼花和芍药。当其时，被誉为"维扬一枝花，四海无同类"的琼花珍稀神奇、冠绝百芳；而扬州芍药生长茂盛、名品叠现。宋代留存至今的芍药谱有三种，即刘攽所撰《维扬芍药谱》（作于1075年）、王观所撰《扬州芍药谱》（作于1075年）及孔武仲所撰《芍药谱》（作于1075年左右），所记皆为扬州芍药。苏东坡任扬州太守时，在《东坡志林》中讲道："扬州芍药天下冠，蔡繁卿为作万花会，步聚绝品十余万本于厅宴赏，旬日既残归各园"。可见当时栽培之盛。另据王观《扬州芍药谱》记载："今则有朱氏之园最为冠绝，南北二圃所种几乎五、六万株，意自古种花之盛，未之有也。朱氏当其花之盛开，饰亭宇以待，来游者逾月不绝"。可见当时人们对扬州芍药尤为喜爱。

（四）倡导文化，流风百代

五代宋初时扬州的徐铉、徐锴兄弟整理校正《说文解字》，在学界有"大徐小徐"之称，呈现出扬州文化底蕴丰厚、气息浓厚的特征。宋代文豪欧阳修、苏轼先后任扬州知县，"昼了公事，夜接词人"，倡导文化，流风百代。北宋后期著名的婉约派扬州词人秦观成为当其时扬州文坛的杰出代表，其词"工巧精细，音律谐美，情韵兼胜"，代表作有《鹊桥仙》（纤云弄巧）《望海潮》（梅英疏淡）《满庭芳》（山抹微云）。张炎《词源》说："秦少游词体质淡雅，气骨不衰，清丽中不断意脉，咀嚼无滓，久而知味"。另外，秦观的散文长于议论，《宋史》评其散文为"文丽而思深"。

（五）意境萧疏，平淡隐逸

在元代近百年的历史中，扬州经济文化水平始终处于低潮，宅园建设也寥若晨星。目前见于著录、较为有名的仅有采芹亭、明月楼、瞻云楼、居竹轩、平野轩等。明月楼为富商赵氏为接待四方宾客而建，文学名家赵子昂旅次扬州，园主于此设宴招待，孟頫即席书题："春风良苑三千客，明月扬州第一楼"，自此该园自名为"扬州第一楼"而传颂至今。平野轩在扬州城外，元代以画平远山水著称的名家倪瓒绘有《平野轩图》，并附以七绝一首："雪筿霜木影参差，平野风烟望远时。回首十年吴苑梦，扬州依约鬓成丝"。与明月楼的春风良苑相比，平野轩更多萧疏、淡远的山水画意境。元末成廷珪的居竹轩营造的是"万竹中间一草堂"的恬淡优雅的意趣，他"植竹于庭院间，因匾于宴息之所"（《江都县志》），表达出"定居人种竹，居定竹依人"的超脱隐逸、天人合一的境界。元时的宅园少富丽奢华、多平淡隐逸，乃是元代的政治环境对经济、人文的影响所致。

（六）文化交流，经济发展

从隋唐到宋元时期，扬州仍然是当时中外文化交流的空间和平台，有为数众多的西亚商人、伊斯兰教徒来扬州经商或传教。今扬州汶河南路仙鹤寺是扬州现存最早的清真寺，相传宋德祐元年（1275），伊斯兰教创始人穆罕默德十六世裔孙普哈丁在扬州传教，募款兴建此寺。仙鹤寺与泉州麒麟寺、广州圣怀寺和杭州凤凰寺并称为中国四大清真寺。公元1275年，意大利威尼斯商人马可·波罗开始对中国进行游览和访问，他的《马可·波罗行记》中有关于今宝应、高邮、泰州、扬州、南京、苏州、杭州等城市的记载，其中提到扬州时说："扬州，城甚广大，所属二十四城，皆良城也"，提到宝应时说："特工商为活，有丝甚丰饶"。元时的运河经整治恢复了漕运，扬州的工商业又迅速发展起来。元代末年金院张德林率众改筑扬州原有旧城，使扬州"旧城"的老街小巷具有排列有序、纵横严谨、平直方整的特征。

（七）征战毁城，文化融合

扬州作为抗金、抗元的战场，经济和社会遭受严重破坏。"自胡马窥江去后，废池乔木，犹厌言兵。渐黄昏，清角吹寒，都在空城"，姜夔的《扬州慢》成为当其时扬州的真实写照。宋金时期，运河阻塞，至元初之时，漕运不得不改换海道，扬州经济发展大不如前。

宋元明时期，北方人口第三次大规模向南迁移，长江流域中下游的城镇几乎无镇没有北方人前来定居。北宋都城开封的市民纷纷迁到南宋都城临安（杭州），其他的城镇如扬州、绍兴等地都容纳了新的居民。随着人口迁移，北方文化融入南方文化中，并创造了新的文化。南方恬美的环境增添了北来学者赋诗作文的灵气，北方的建筑样式、雕饰图案则在南方广为传播。

六、明代盐漕带动经济复苏和文化发展

（一）江河交界，商业发展

明王朝建立后，扬州从宋元的战乱中恢复过来，运河经修整又成为南北交通的动脉。自从1421年永乐皇帝迁都北京，明清两代将近600年间中国的统治中心在北京，而粮、盐产量占据了全国产量大多数的农业经济中心在江浙和两湖、两广地区，因此造成了中国政治中心和经济中心分割的局面。当时将二者连接起来的是两条水路：长江和京杭大运河，而当时的扬州，正好位于长江和京杭大运河的交界处。凭借地理优势，扬州重新发展成为中国经济的核心城市之一，并且成为两淮区域盐的集散地和南北货物的中转交易中心。随着资本主义经济的萌芽，明中叶后的扬州城市更加繁荣，盐业、商业及手工业获得极大发展。明代，扬州被列为全国16个大城市之一。

当时，扬州的商业主要是两淮盐业专卖和南北货物贸易。早在明初，因朝廷实行"开中制"，引来了大批的山陕商人来到扬州专事盐业。嘉庆《江都县续志》云：

"明中盐法行，山陕之商麇至。"元明时期数百年的安定和发展再度使扬州呈现出一派莺歌燕舞的繁荣景象，并且在漆器、玉器、铜器、竹木器具、刺绣品、化妆品的生产方面达到了极高的水平。

（二）构建新城，小巷纵横

随着商业经济的迅速发展，在当时靠近古运河的扬州旧城东郭形成了一大片繁荣的商业区和手工业区。这片依附旧城而扩展出来的新城原无城墙，后在明嘉靖三十四年，知府吴桂芳提议建筑城墙。建成后的新城城墙"自旧城东南角起，折而南，循运河而东，折而北，复折而西，极于旧城东北角止。东与南、北三面，约八里有奇，计一千五百四十二丈。"至此扬州形成了旧城和新城庇连的格局。新城内的小巷纵横交错、处处连通，正如扬州俗语所说："巷连巷，巷通巷，长巷里面套短巷"。此种小巷虽易使人一时迷路，但肯定能走得通，所以扬州据此形成一句俗话为："弯弯扭扭，处处好走；扭扭弯弯，没有难关。"有的小巷宽不足一米，仅可容一人而行，故有"一人巷"之称。

（三）私人造园，技艺交融

明代中叶以后，扬州的商人以徽商居多，其后赣（江西）商、湖广（湖南、湖北）商、粤（广东）商等亦接踵而来，他们与本地商人共同经营商业。经济的复兴带动了大规模的宅园建设，扬州城内外及所属扬州的仪征、瓜洲等地的住宅及园林建造活动相继活跃。明代扬州宅园除明末郑元嗣、郑元勋、郑元化、郑侠如兄弟各自构筑的四处园林即影园、休园、嘉树园、五亩之园之外，见于著录的名园还有皆春堂、江淮胜概楼（位于瓜洲）、竹西草堂、康山草堂、偕乐园、西圃、荣园、小东园、乐庸园、寤园、荣园等。明代扬州宅园建造思想日趋成熟，园景无论简繁，遵循画理，重在意趣。简者，如嘉靖年间（公元1522—1566年）欧大任的"营蓿园"，以园林内尽种营蓿而得名；繁者，在有限空间里，巧于因借，构筑复杂，一园多景；采用写意手法，布置众多的山水胜境，使园景呈现幽曲无尽、自然朴野之致，达到"虽由人作、宛自天开"的艺术效果。当其时，著名造园家计成参与了汪士衡的寤园和郑元勋的影园建造。在寤园建成之后、影园建成之前，计成梳理总结十几年造园经验，于寤园扈冶堂中著成《园冶》一书，从侧面体现了扬州园林的建造水平。园主人郑元勋在计成所做《园冶》一书的题词中谈到："予卜筑城内，芦汀柳岸之间，仅广十笏，经无否（计成）略为区画，别具灵幽"。当时各地的建筑材料及苏州香山匠师汇聚扬州，徽州的建筑匠师亦随徽商而来，使苏州、徽州等地的建筑手法融汇在扬州建筑之中，从而使扬州传统建筑技术兼具东、西、南、北之长，并形成了当地鲜明的艺术特色。

公元1645年，清军兵临扬州城下，史可法拒不投降、以身殉国。清军强行攻入，下令屠城，杀害了几十万平民百姓，制造了历史上骇人听闻的"扬州十日"，使历经千年沧桑的古老城市又一次遭受重创。

七、清代盐漕引领城市再度辉煌

（一）漕盐利厚，繁华至极

随着清王朝的建立，位居交通要冲的扬州成为我国南北漕运的咽喉，其经济、文化再度出现极度繁华的局面。由于长江中下游各产粮省份的皇粮国税均必须经此北上、由京杭大运河运输到北京，因此仅运输粮食的漕运量即占全国总量的81%，扬州钞关的税收额在明清两代则位居全国前八名之内。由于自明代以后允许漕运船只自带二成货物，并允许搭载客商，因而扬州成为南北货物的集散地，外地商人在扬州急剧增多。大批安徽商人涌到扬州，陈去病《五石脂》云："故扬州之盛，实徽商开之。……徽郡大姓，如汪、程、江、洪、潘、郑、黄、许诸氏，扬州莫不有之。"明清两代的富商在扬州为了方便交通，在扬州城的东南，沿着古运河兴建了大量的住宅，这就是现今的南河下一带的盐商住宅群。各地在扬经商的商人为便于互通声气、提高利润，根据其产业特色和经营范围，在扬州建立了湖南会馆（经营湘绣）、江西会馆（经营瓷器）、湖北会馆（经营木业）、安徽会馆（经营盐业）、绍兴会馆（经营绸布）、山西会馆（经营钱业）等。康熙和乾隆的多次巡幸，使扬州出现空前的繁华。

盐业损益盈虚、动关国际，两淮盐运使的设立使扬州成为商业经济的中心。"广陵一城之地，天下无事，则鬻海为盐，使万民食其业，上输少府，以宽农亩之力；及川渠所转，百货通焉，利尽四海"（《扬州画舫录》）。至清中叶，扬州"四方豪商大贾，鳞集麇至，乔寄户居者，不下数十万"，其中尤以徽州盐商居多。大批盐商举族迁居扬州，以盐起家、富至千万，成为扬州最大的消费群体。全国各地盐商云集扬州，带动了银庄的发展，使扬州成为整个中国乃至东亚地区规模最大的金融中心、资本最为集中的地区，其繁荣程度如同当今世界之伦敦、香港，仅次于同省的苏州；所谓"天下殷富，莫逾江浙；江省繁丽，莫盛苏扬"。盐商又是商人中最富有者，生活奢侈，挥金如土，不惜巨资竞相修造邸宅、园林。《扬州画舫录》记载："……然奢靡之习，莫胜于商人：……衣服屋宇，穷极华丽；饮食器皿，备求工巧；俳优伎乐，醉舞酣歌；宴会嬉游，殆无虚日；金银珠贝，视为泥沙。……各处盐商皆然，而淮扬尤甚。"住宅极尽奢华讲究，私家园林大量涌现，形成一派"两岸花柳全依水，一路楼台直到山"的景象。

（二）清帝南巡，园林甲天下

康熙年间（公元1622—1722年）康熙南巡驻扬州，除以元代影园旧址为基重建的郑御史园之外，扬州盐商们先后在城池护河城（今瘦西湖）两岸建有王洗马园、卞园、员园、贺园、冶春园、南园、筱园，共称八大名园，是为湖上园林形成之始。

乾隆年间（公元1736—1795年），扬州盐商又在沿湖两岸陆续建园，"随形得景，互相因借"，以供乾隆"品题湖山，流连风景"。至乾隆乙酉三十年（1766年），扬州北郊建卷石洞天、西园曲水、虹桥览胜、冶春诗社、长堤春柳、荷蒲熏风、碧玉交流、四桥烟雨、春台明月、白塔晴云、三过留踪、蜀冈晚照、万松叠翠、花屿双泉、双峰云楼、山亭野眺、临水红霞、绿稻香来、竹楼小市、平冈艳雪二十景。后复增绿扬城郭、香海慈云、梅岭春深、水云胜概四景于湖上，谓之"二十四景"。正如《扬州览胜录》所载："当高宗南巡江浙，临幸扬州，驻跸湖山，于北郊建行宫，于行宫前筑御码头，泛舟虹桥，登蜀冈，纵览平山堂、观音山诸胜，品题湖山，流连风景，赋诗吊欧公之遁踪，并幸临沿湖各盐商园林，宸翰留题，不可殚记。如江氏之净香园、黄氏之趣园、洪氏之倚虹园、汪氏之九峰园等，皆高宗亲书园名赐之，或并赐联额诗章，各盐商均以石刻供奉园中，以为荣宠，至诸名园之楼台亭榭，洞房曲室以及一花一木一竹一石之胜，无不各出新意，争奇斗丽，以奉宸游，可谓极帝王时代游观之盛矣"。"两堤花柳全依水，一路楼台直到山"。清人刘大观云："杭州以湖山胜，苏州以市肆胜，扬州以园亭胜，三者鼎峙，不可轩轾"，并有"扬州园林甲天下"的盛誉。

康熙与乾隆都曾多次南下。扬州官僚士绅盐商为迎合帝王，赋工属役，招聘造园名家，运用我国造园艺术手法，随形得景，互相因借，利用桥、岛、堤岸划分，使狭长的湖面形成层次分明、曲折多变的湖光山色；同时又依山临水面湖起筑，组成若干个小园，园中小院相套、自成体系，但又以瘦西湖为共同的空间，应用起伏岗峦、参错树木、院墙分隔空间，造成小中见大、意境深远的效果，还引借历史胜迹和自然景色为主题，以匾额、楹联、题咏为画龙点睛之笔，组成富有诗情画意的一区胜景，提高其欣赏境地，使有限的河道水面变成了无限的山水空间，创造了以人力巧夺天工的湖光胜境。

（三）盐业渐衰，楼台倾毁

时至嘉庆八年（公元1803年），因盐业渐衰，扬州湖上园林"此后渐衰，楼台倾毁，花木凋零"。身为"三朝元老、九省疆臣"的扬州仪征籍学者阮元（1764—1849）曾经为《扬州画舫录》写过一序二跋。其中写于道光十四年（公元1834年）的跋中说："扬州全盛，在乾隆四五十年间……方翠华南幸，楼台画舫，十里不断。五十一年（注：1786年）余入京，六十年赴浙学政任，扬州尚殷阗如故。嘉庆八年（注：1803年）过扬，与旧友为平山之会。此后渐衰，楼台倾毁，花木凋零……近十年荒芜更甚，且扬州以盐为业，而造园旧商家多歇业贫散……兼以江淮水患……按图而索园观之，成黄土者八九矣。"后写于道光十九年（公元1839年）的跋中说："自画舫录成，又四十余年，书中楼台园馆，鏖有存者。大约有僧守者，如小金山、桃花庵、法海寺、平山堂尚在。凡商家园丁管者多废，今止有尺五楼一家矣。"到嘉庆二十四年（公元1819年）湖上园林荒芜更甚，而少量富商大贾、名儒硕学、文学泰斗的宅园反有复苏。嘉庆年间，两淮商总黄应泰在东关街构筑个园，书法家包世臣筑"小倦游阁"、经学名儒刘文淇筑"清溪旧屋"、八怪之一罗聘筑"朱草诗林"；以及道光年间盐运史下属官员包松溪在南河下旧园之上重建的"棣园"、阮元所筑"小云山馆"等。其中个园的规模和景色远超其他名士之园，《芜城怀旧录》中说："黄氏个园，广袤都雅，甲于广陵"，个园堪称嘉庆年间扬州宅园的代表。

（四）盐业渐盛，宅园兴筑

至同治、光绪年间（公元1862—1908年），"海内承平，两淮盐业渐盛"，扬州宅园建设渐有兴筑，相继筑有卢氏"意园"、魏氏"逸园"、梅氏"逸园"、卞氏"小松隐阁"、贾氏"庭园"、蔡氏"退园"、刘氏"刘庄"、陈氏"金栗山房"、许氏"飘隐园"、方氏"梦园"、徐氏"倦巢"、臧氏"桥西别墅"、周氏"小盘谷"、江西盐商集资"庾园"、方氏"容膝园"、毛氏园、员氏"二分明月楼"、魏氏"魏园"、华氏园、熊氏园、珍园以及李氏小筑、刘氏小筑等。此时的扬州宅园堪以小盘古和寄啸山庄为代表，前者盘曲幽深，为小园佳构；后者轩朗明丽，为清代末期大中型宅园的杰作。与此同时，湖上园林也相继兴修，"时值（同治年间）定远方公浚颐转运两淮，以振兴文物为己任，慨然捐修平山堂、谷林堂、洛春堂、平远楼诸名迹……于是（光绪年间）小金山、功德山、莲花桥（即五亭桥）、法海寺诸名迹，亦次第兴修"。

（五）儒商养文，成就斐然

明清两代，扬州文士辈出、流派纷呈，施耐庵、汤显祖、王士禛、孔尚任、吴敬梓、曹雪芹、魏源、龚自珍等文学巨匠所取得的伟大成就，无不与扬州的人文环境密切相关；扬州八怪、扬州学派、扬州曲艺、扬州园林、扬州工艺、扬州雕版、扬州美食等文化在此一时期获得蓬勃发展，瑰宝辉煌，璀璨炫目，令人感叹。扬州文风之盛得益于主政者的倡导和盐商的欣赏和资助。清代诗坛祭酒王士禛在扬任推官期间，模仿王羲之兰亭修禊，约请当地和旅扬的文人名士进行虹桥修禊，他的一首诗中一句"绿扬城廓是扬州"使"绿扬城廓"自此成为对扬州城市的标志性特征的确切描述。其所交往文人名士大多布衣，如参与修禊者诗中所言："客子怕闻寒食节，布衣轻入使君筵"，"唯有使君爱文雅，坐中宾客半渔樵"。受徽商文化的影响，扬州盐商大都有儒商的情结以及回报社会的责任意识，其巨额资财一部分用于挥霍，一部分进贡，还有一部分用于公益和文化教育事业，在带动扬州经济繁荣之余，推动了扬州文化的发展，促进了社会各阶层的和谐。他们当中的一批人结交文人、兴办学校、藏书刻书、从事公益。在扬州盐商的支持下，清朝的扬州学院名噪一时，培养了段玉裁和段玉成兄弟、王念孙和王引之父子、汪中、洪亮吉等扬州大批知名学者，"梅花安定广陵兼，膏火来源总是盐"。此时的私家园林兴造之风也如《扬州画舫录》谢溶生序文中所说："增假山而做陇，家家住青翠城间；开止水以为渠，处处是烟波楼阁"；庭院内栽花种竹、略加点缀已经成为建筑中不可缺少的部分，大型宅园则叠石引水、名手辈出。

（六）经济下滑，宅园兴盛

民国初年，随着扬州交通失利，特别是津浦铁路开通，扬州失去了优越交通地位，经济衰弱，成为中小城市。但竞造宅园之风不减，除湖上兴建徐园、熊园之外，城内筑有卢氏"匏庐"、汪氏"小苑"、黄氏"怡庐"、陈氏"蔚圃"、周氏"平园"、徐氏"祇陀精舍"、邱氏"邱园"、张氏"拓园"、胡氏"息园"、周氏"辛园"、余氏"餐英别墅"、郭氏"问月山房"、张氏"冬荣园"、杨氏"蛰园"、刘氏"庭园"、丁氏"八咏园"等。虽居弹丸之地也力争引水叠石、朝夕欣赏。至此，宅园真正成为扬州传统居住建筑的典型特征，小院春深的优雅和卧游山水、亲近自然的怡然自得成为扬州传统居住空间的气质特征。

第二节 扬州传统文化精神内核探析

就人类的创造行为来说，创造思想和意识形态与创造结果之间有着直接的因果关系。由于创造思想和意识形态与人的内在精神密切相关，因而人的内在精神是其所创造形成的外在形式的直接根源。外在形式包括一切可观、可闻的物质及非物质的存在形状、内容及程式，如城市、建筑、街巷、园林、家具、艺术品以及诗词歌赋、曲艺、民俗等。作为庇佑人类生存繁衍的安身立命之所，居住建筑是承载人类生命、生活的重要载体，因而居住空间的创造既是文化的组成部分，又是建造者人生观、价值观、审美观等文化精神的物化及外显。因此，只有深入把握扬州传统文化的精神内核，才能正确解读其传统居住文化，以期能有益于扬州传统居住文化的保护与开发。

一、开放包容，热爱生命

（一）开放交融，平和包容

从城市人口组成方面来看，扬州是一个典型的移民城市；早在20世纪前，据美国学者施坚雅研究，扬州本地人口与外籍人口的比例为1：20。从历史发展过程来看，扬州是曾经的国际都市、集散港口，且上通天子、下交布衣，因此当地文化历来具有博大开放、揉杂交融、平和包容的特性。从地域关系方面来看，扬州文化圈被南面的吴越文化、西面的荆楚文化和北面的齐鲁文化三个地域文化圈所覆盖；因而扬州文化在形成与发展过程中受多种文化的影响与交融，无论是吴越文化的纤巧、灵秀与妩媚，还是荆楚文化的奇丽和强悍，以及齐鲁文化的崇文重教、宽缓豁达都可以在扬州文化中找到影子和侧面。但其既不明显归属于任何一个文化圈，又始终携带有各种文化的影响印记，并且在自身个性发展与开放吸收外来文化的基础上，扬州形成了自身特色鲜明的文化品格和丰富和谐的精神内涵。以扬州漆器为例，扬州漆彩家具兼南北之长而无柔弱、骄奢、靡费之气。"扬州漆屏，精雕细绘而不纤弱，端庄雄健而不粗放，外部造型简洁朴厚，不作繁琐奇特的变化，主体画面疏朗雅致，热而不俗，清而不淡，无富贵气，无脂粉气，而有书卷气。"

（二）以人为本，热爱生命，尊重本体生命和自我价值

扬州传统文化精神中的重要内核是以人为本，即始终以生命关怀为宗旨，追求本体生命的舒适和愉悦，具有以人的本体生命正常状态为尺度来衡量和判断一切的人生观和价值观，注重物质带来的精神及感官愉悦。人们在生活中追求美好和精致，但拒绝超越本体生命的过分追求；敬重自身所从事的事业、尊重自我价值，建筑的精丽、剪纸的剔透、装裱的整饬、雕刻的生动、烹饪的精美、园林的雅静、盆景的工巧、琴学的缜密、文字的恬淡、评话的细腻、学术的宏通，无不得益于其对自我价值的高度认可和尊重。在提倡消费与享受的外表下，扬州传统文化的本质核心是立足当下、尊重自我，关注现世生活，追求生命本体的愉悦，追求与周围环境的平衡与和谐，体现出其对现实世界的全力关注、对人生价值的自觉把握。

二、热爱生活、雅俗一体，醇和深厚、通脱圆融

（一）文化与生活雅俗一体，和谐共存，灿烂辉煌

在扬州传统文化中，"生活"始终是长盛不衰的主体。一方面，他们致力于在文化的引领下追求美好雅致的生活；物质生活以商人为引领，精神生活以文人为核心，官、商、民共同汇聚成一股洪流，脚踏实地，追求诗意美好的生活。在社会生活的场景下，无论是高雅的文化还是神圣的宗教，均以美好生活为主旨，立足生活、寓雅于俗，呈现出"高雅文化与通俗文化的统一，文人文化与平民文化的统一，理念文化与具象文化的统一"；另一方面，他们尊崇文化、日与之相亲，在政治与经济的支撑下，丰富多彩的文化生活成为一种广泛普及的大众型生活方式。"从汉末到清末，仅扬州人的各种著作就有2400多种近2万卷之多"。扬州雕版印刷起始很早，唐元稹为白居易诗集所做序中提到："扬越间多作书模勒乐天及余杂诗卖于肆中"。清代扬州与苏州、南京并列为江南三大书刻中心，其中以曹寅奉旨所刻《全唐诗》以及扬州与江宁、苏州等四地书局合刻的《二十四史》（通称《五局合刻本》）最为著名。凭借日与之亲的文化生活，扬州在经学、哲学、史学、文学、文字学、文献学、数学以及天文历算等方面成就斐然，成为乾嘉学派的代表；如扬州著名学者焦循著有《加减乘除》一书，是中国数学史上第一个用符号来表达运算定律的学者；扬州数学家罗士琳的《四元玉鉴》和刘彝程的《简易庵算稿》都是列入我国数学史的名著。

（二）精雅和谐，清健醇和，盛大通脱

在扬州传统文化生活中，无论是工艺精丽、质朴清新的清水砖墙建筑，还是陌相联属、重门叠院、四通八达的城市及建筑空间，抑或是恬淡之情浸骨蚀髓的清雅文字，以及追求清鲜本味的精致菜系，或者历时几年功夫才能栽培成型的扬州盆景，无不追求精工丽质、调配和谐，以深功内力体现出清健醇和、盛大通脱的文化及艺术特色。诚如袁枚《随园食单》所言："凡一物烹成，必需辅佐，要使清者配清，浓者配浓，柔者配柔，刚者配刚，方有和合之妙"，"调味讲究入、出、和并重。入者，使调料之味渗入原料；出者，使原料的佳味出、异味去；和者，使原料之味和调料之味，和而不杂，主次分明，强弱得当。"再如扬州学派，在经世致用的思想统领下打破朝代间的域限，精详考证、通达义理，臻至广大圆通的境界。当代著名学者张舜徽先生说："吴学最专，徽学最精，扬州之学最通。无吴、皖之专精，则清学不能盛；无扬州之通学，则清学不能大"。

三、工稳端静，定力强大，影响深远

（一）端静工稳而流畅生动

扬州文化在以人为本、热爱生活的基础上，喜爱自然和生命，追求整体关系的和谐与平衡，注重个人体感与省悟，因而扬州传统文化具有端庄工稳而清新自然、沉静优雅而活泼生动、虽豪奢而不喧嚣、虽朴素而不浮躁，虽活泼而不夸张、虽饱满而不膨胀、含蓄低调而不卑微的精神特色与气质特征，不犀利、不张扬，幽深藏秀、悠然自得。在城市意向方面，构成了以清雅的青砖黛瓦为色彩、以高墙丽木为空间要素、以横向水平线条为建筑构图、以静水微波及月上柳梢为情态的悠然意境；而投射到居住空间及建筑艺术装饰方面，则呈现出气质端庄而不肃穆、形态腴丽而不浓华、造型方正、比例端雅、图案布局层次清晰、构图匀称明朗以及装饰线条舒展流畅、生动婉转的艺术特色。

（二）定力强大，辐射性强

源于对生活的热爱以及对生命的尊重，扬州传统文化坚韧顽强，多次浴火重生。它使精致醇和维扬菜系流布大江南北，使扬州工艺独步国内，使广陵琴派的琴谱成为金陵琴派、虞山琴派、武陵琴派的母体，使扬州清曲对南北曲种的形成与发展产生了重要的影响，从而体现出强大的定力和辐射影响力。在时代的洪流携裹下，在与其他文化交流与碰撞的过程中，扬州传统文化始终注意保持清醒，不冒进、不盲从，在自身的完善与发展过程中注重强化自身特色，从而使扬州传统文化得以薪火传承和发扬光大。

扬州传统居住空间
布局艺术

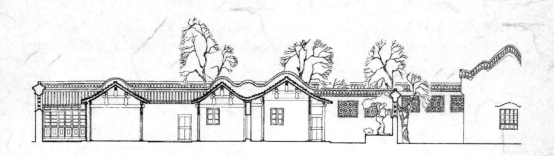

本文对于居住空间的定义主要基于空间范围的私有财产性质，即指属于私人所有的、以日常生活起居及游赏为主要功能的建筑及其空间。在本文中，扬州传统居住空间包括居住建筑室内空间和室外庭园空间，以及所有属于私人所有且可居可游的园林空间（简称宅园）。扬州传统居住空间的主要功能为居住、游赏和藏避，分别简称为"住"、"游"、"藏"。

第一节　住的空间布局艺术

一、住的功能与布局形式

（一）住的功能空间类型

无论哪种形式的居住建筑，其最核心的功能就是满足日常起居生活的需要、具备最本质意义上的"住"的功能。单纯满足此类功能的建筑在扬州当地称之为"正房"，本书中将统称其为住宅。如图2.1所示，扬州传统住宅的常规形式为传统的院落式格局，主要由两类功能空间组成，一是私密性强的个人生活空间，主要为各种卧房，如长辈卧房、夫妇卧房、儿孙卧房、小姐绣房、客人卧房、仆佣卧房等，当然也包括一些具有其他功能的私密空间如书房、藏库、密室；另一种是开放性较强的家庭公共生活空间，其中室内空间主要有各类厅堂，如门厅、照厅、正厅、偏厅、男厅、女厅、内厅、楼厅、花厅以及厨房、餐厅、佛堂等，室外空间一般为院内天井。住宅天井内多设置花架、花台以放置盆景、养花种草，或设有鱼缸以便于储水消防。

（二）建筑空间布局与组合

1. 传统住宅布局基本形式

曾受徽式建筑以天井为中心的内向封闭式组合形式影响，扬州传统住宅以封闭

a. 客厅

b. 朱自清父母卧室

c. 天井

d. 朱自清夫妇卧室

图2.1　朱自清故居

式院落为主要形式，主要建筑形式为单檐硬山式，最基本的空间组合形式是三间两厢（或称为"一堂两房"）院落式布局，建筑坐北朝南，南北中轴对称。建筑总体开间三间，居中明间为堂屋，左右两侧次间为厢房；位于南北中轴线上的堂屋较次间开敞宽大，一般作为家庭公共空间如客厅以招待来客，或用于供奉祖宗牌位。堂屋檐面一般装设六扇可启可卸的落地隔扇，光线充足，通风良好。位于两侧的厢房向前延伸构建厢廊，形成状似狭长的"龙梢"，与堂屋一起共成围拢合抱之势，再由围墙将两侧厢廊横向连接，则圈出一方天井作为院内开敞的活动空间，形成紧凑的三合院布局模式，如图2.2所示。院落大门一般设在东南侧或东侧厢房前，进门有过道，经过道而入天井，稍大的天井一般在角落设有花坛。两侧厢房及厢廊皆面向天井设置槛窗，但厢房后部光线仍较为幽暗，仅适于卧眠；为加强采光及通风效果，也有建筑在外墙较高部位开有小窗。厢房与"龙梢"空间可分可合，分则可使空间功能多样，如将与大门相连的一侧"龙梢"空间用作厨房，将对面的西侧"龙梢"用作儿童卧室或书房；合则既可加强卧室采光效果，又可扩大私密空间的活动尺度、丰富卧室的功能。

　　由于建筑外侧四周皆设高墙与外界隔开，因此这种三间两厢院落式布局具有结

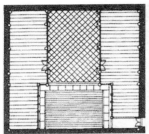

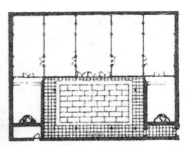

图2.2　三间两厢式三合院　图2.3　对合式六间　　图2.4　明三暗五式
　　　　　　　　　　　　　　　　 四厢四合院

构紧凑、规整严密、安定封闭的空间效果，空间利用经济、实用性极强。如郑板桥在他给弟弟的信中谈到的对于宅院的意见："严紧密栗，处家最宜"。从平面布局形式上看，这种紧凑的三合院布局模式酷似以前出现过的一种凹形的铜壳锁，"凹"形铜壳锁底部可看作三间堂屋及厢房底部，"凹"字两侧形似伸出的"龙梢"，"龙梢"前的围墙可看作为锁上端的一根锁杠，因此大家因形赋名，将这种三间两厢式院落式布局形象地称为"铜壳锁"，或谓之"锁壳形"。扬州传统住宅大多位于东西向的坊巷中，门楼多以砖砌，门前根据场地情况设有各种形式的照壁，许多宅院中有水井。

　　2. 传统住宅布局变化形式

　　（1）一颗印。在三间两厢式布局的基础上，若沿院落南围墙设有三间朝北房屋，并与南向正房隔天井相对，则称为"对照房"，或叫做"照厅"。由于照厅与大门位置相临，所以常用作接待一般来客的客厅，或用作书房，因此当地又称之为"客座房"。正厅、照厅与两侧厢房一起围合成天井，在南北纵向上形成了两进房屋，因此将此种布局称为"对合二进或六间二厢"，当地俗称"对合子"；若两侧厢房各置两间，则称之"六间四厢"，如图2.3所示。对合式四合院的四边房屋互相连贯，外墙连接成四方形，内侧天井同样也是四方形，屋脊四角与天井四角有"雨沟"相连，形成工整的对角线。这些层层相套而又中规中矩的方形轮廓线，恰似四四方方的印章形状，因此这种完整的"三间两厢一对合"的民居被形象地称为"一颗印"。院内天井进深与房屋高度比例基本为1：1，因此室内空间通风良好、日照充足，院内栽植花木，陈设鱼缸、盆景、鸟笼，形成独立安闲的居住环境。

　　扬州传统住宅建筑的进深有"前五后七，左右为三"的通俗说法，即照厅进深一般为五架梁，正厅进深一般为七架梁，左右厢房则为三架梁。扬州传统对合式四合院结构整体性强，布局紧凑，采光良好，环境内敛而清幽。

　　（2）明三暗五。受封建等级制度的限制，一些豪门富户若想建广宅深宇，则在三间两厢式的基础上，暗中拓展两侧厢房数量，形成"明三暗四"或"明三暗五"

式格局，即表面看去是三间二厢的格局，但实际在次间厢房外侧暗套有梢间，次间与梢间有门暗通，如图2.4所示。梢间称为套房，通常作为密室、闺房或书房之用。为利于梢间采光通风，套房前一般置有小天井，天井内设小花坛，点石栽花；整体环境清幽私密，恬静秀雅。如个园黄至筠住宅西路主房前后三进，布局皆为"明三暗五"格局；康山街卢绍绪住宅前后七进皆横向铺排七间，居中三间为正厅，两侧次间及梢间则为偏厅或客座。

（3）前庭后院。若条件允许，在"一颗印"式住宅外侧或后侧征一块空地作为后院，则构成扬州传统居住空间典型的"三间两厢一对合，前庭后院宽明堂"的完整布局模式，扬州评话大师王少堂在三多巷的住宅可以说就是这样一幅完整的构图。后院里可开辟花圃、叠筑山石、构筑曲池，并打井独用。有了后院，居住者可由堂屋北侧屏门后的后门进入后院，活动范围可大大拓展；同时，之前为防盗而不敢在"一颗印"式住宅外墙开窗带来的不利之处也可得到改观，因为有了后院，堂屋可开后门、卧室可开北窗，从而使堂屋内穿风习习，卧室更加明亮，居住空间变得更加通畅透亮；再者，后院里可栽花植木，砌筑亭台，日常居家便可春游芳草地、夏赏绿荷池、秋饮黄花酒、冬吟白雪诗，惬意无比，非常"升腾"（扬州当地说法，意为高层次的空间品质和居家享受）。当然，"前庭后院"是一种典型布局模式，实际情况则不会过于拘泥，正房的四周只要有空余地块，皆可辟为后院，如图2.5所示。

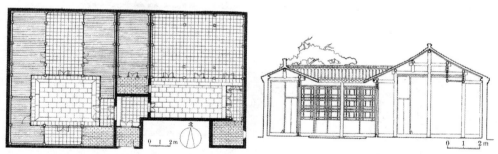

图2.5　绞肉巷吴宅平面图及正厅剖立面图（陈从周《扬州园林》）

3. 传统住宅布局组合形式

结合建宅基地的地形地貌及宅主财力情况，扬州传统住宅以三合院、四合院或明三暗五式为基本单元，灵活布局、随宜组织，既可扩而大之构建广宇深宅，也可缩而简之、只求遮风避雨以安家室，从而产生规模、布局生动多样的建筑形式。

（1）中等规模布局组合形式。中等人家住宅一般有二至三进建筑，且大多沿南北方向布列，如图2.6a所示。以三进住宅为例，院落大门首选在东南方设置，或依街巷走势而设，有的还在西北向设有后门；内部主要居住空间则首选南向朝阳。第一进建筑多与大门相连，其主要的空间功能为门廊和客座房；第二进（或称为中进）建筑多为正式接待来客的正厅和书房，第三进（最后一进）则为起居室和卧室。起居室称为内厅、过厅（也称之为"穿堂"），有后房门与后院相通，后院多设有厨房和小花园；若厨房为依墙而建的披屋，则一般不算为正式的一进建筑。每一进建筑之间都有天井用于采光通风。天井地面高度低于室内地面，多用青石方正铺砌或斜铺；天井内一般放置一到两个大陶缸，既可蓄存雨水以备消防，又可养鱼植荷、亲近自然；天井四边设有浅小的泄水明沟，明沟转角处嵌装金钱造型的地漏。天井上方的建筑屋顶四面围合，其中坡向天井的一侧屋顶在围合交接处形成凹槽，雨天时雨水顺槽而下泄入地漏，形成"四水归堂"之势，当地俗称"肥水不外流"。

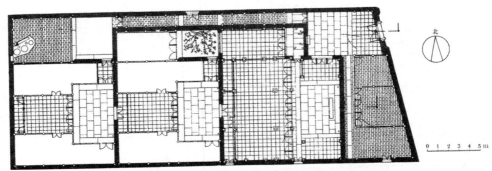

图2.6a 丁家湾许宅平面图（陈从周《扬州园林》）

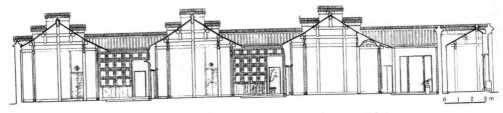

图2.6b 丁家湾许宅立面图（陈从周《扬州园林》）

由此可知，扬州传统中等宅院可看作由两到三个相对独立的小院落沿轴线前后相接而成，每个小院落在厢房一侧设有可自由启闭的院落小门，称为耳门，由耳门可通向宅内公共走道或火巷。为有效阻断火势、防止火灾蔓延，火巷外侧或两侧为壁立高墙，因而又兼具防盗功能。除此之外，火巷日常用作宅内公共走道，主要供仆人杂务、或宾客从大门至后花园，也可用作居住者进出小院的日常通道。此前由于巷子较窄，盗贼可"打墙棚"（手脚撑住巷子两侧墙壁向上攀爬）翻墙入内，因此到清中期以后，一些豪门富户将火巷放宽、墙体增高以安家室，同时使其防火功能更为加强。由此，

图2.7 个园火巷

扬州传统住宅的火巷形成了明朗修直、开敞森严的形象特征，如图2.7所示。

（2）大型住宅组合布局方式

在财力和地形允许的情况下，扬州传统大型民宅多以三间两厢式院落为基本单元，南北纵向递进，东西横向并置，纵横连贯成井字形格局，如图2.8所示。南北纵向房屋进数一般为奇数，如三进、五进、七进，更大者甚至达到九至十三进；一纵房屋组群称为一路，每路建筑前后中轴贯穿、左右厢廊对称。大型住宅一般东西横向多路铺排，如二路、三路、四路，甚至五路并列，每路建筑面阔为三间、四间或五间不等。每两路建筑之间或以高墙相隔，或夹以幽深火巷；每进建筑组成的小院皆有耳门与火巷相通。

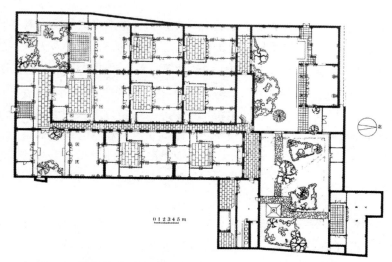

0 1 2 3 4 5 m

图2.8 地官第十四号汪氏小苑平面图（陈从周《扬州园林》）

大型住宅一般尺度阔朗，轩敞明亮。如卞宝第住宅正厅檐面一顺五间，通面阔达19.50m，进深达8.50m，前后楼间距达7m，采光通风充足；丁家湾东周馥宅第正厅三间，面阔12.20m，进深8.85m，建筑面积107.97m；而湖南会馆（前身为居住建筑）的东面厅堂更是高敞轩昂且用料肥硕，其面阔三间，面阔12.00m，进深10余米，厅堂面积达120多平米，其厅内圆柱径达0.40m之多，屋架主梁更是高达0.60m。

大型住宅每进房屋的建筑形式及用途各有不同。一般第一进建筑多为披屋形式，作为门廊及客座使用；第二进院落空间的主体建筑多为高大的单檐硬山式，室内空间一般用作正式待客的正厅，或将一侧厢房设为书房；中间几进建筑多用作夫妇或子女日常生活的起居室和卧室，建筑形式一般为单檐硬山，若财力雄厚则多建成二层楼屋，前后楼屋之间多以复道相通，或环以回廊，从而形成串楼式布局；最后一进则为厨房、杂屋以及仆佣用房，又称"下房"。

在几世同堂共居的大型住宅中，火巷是宅内日常生活中重要的公共交通动线，在住宅空间中起着前后贯通的作用。为便于雨天穿行，通常在巷内两对门之间加设屋盖。由于地形与方位朝向限制，有的火巷被两路建筑夹成南宽北窄的形式，俗称"棺材巷"，在增加建筑纵向的幽深感方面效果显著。火巷既可防火防盗，又与各进院落相通，使各房兄弟子孙既可和睦共处，又可各自拥有独立私密的居家空间。

二、住的空间布局艺术特色

（一）有法无式，灵活规整

扬州传统居住空间始终以规整严谨的合院式空间为核心，以三间两厢组合模式为基本单元，以保持院落式居住单元的安定方正和规整严密为特色。具体来讲，主体建筑一般坐北朝南，建筑格局南北轴向对称，院落方正，天井多为长方形式。在条件允许的情况下，追求每路建筑前后中轴贯穿、左右两厢对称的井字形格局形式。与此同时，在进行宅院整体布局时，从实际出发，充分利用客观条件，巧妙布局、合理利用，不拘泥、不僵化，灵活组织居住单元，以多种形式的空间和动线串联整体宅院，既讲究空间利用效能、不浪费一寸空间，又使相互之间进退得宜，布局形式虽复杂多样而又始终保佑严密贴切的内在逻辑章法，如图2.9、图2.10所示。

（二）比例合宜，注重效能

从整体形式上看，扬州传统居住建筑无论是低门小户、还是组群宏大的雅致豪宅，均具有组群规整、布局严密、比例适度、内向封闭、极为注重空间使用效能的特性；而若身处其中，则会深感厅堂轩敞、天井明亮、书房清雅、卧室幽致而处处

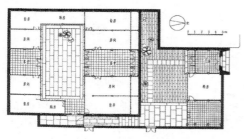

图2.9 大门北向设置的石牌楼七号汉庐平面图（陈从周《扬州园林》）

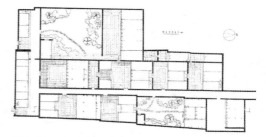

图2.10 充分利用异形空间的第官地十二号某宅平面图（陈从周《扬州园林》）

图2.11 紫气东来巷沧州别墅剖立面图（陈从周《扬州园林》）

得宜，居住空间高宽幽敞关系合理，生活环境面貌既舒适安定又生动畅达，如图2.11所示。

（三）动线丰富，路路皆通

扬州传统居住建筑内动线纵横畅达，院落与院落之间前后通过道道中门相互贯通，左右通过厢廊腰门或耳门通达火巷，或连接另路住宅，使前后、左右、上下、廊、楼、门、巷等形成立体交通，前后左右互连互通，既可使空间分合自如以充分满足多种使用功能的需要，又使空间隔中有连、连而不乱，空间组合灵活，序列合乎逻辑，空间关系层次复杂、变幻莫测。

诸青山住宅动线组织堪称典型范例。其宅院总体纵向三路建筑齐头并进，正厅及廊厢左右两侧皆有门通客座、套房及小天井，大小空间互相连属，动线曲折得宜，构成一个个幽静的空间以作书斋、闺房、密室。在动线的连缀下，正房连套房，套房通书房，书房藏密室，大天井通小天井，小天井连小天井，可谓套中套、藏中藏的独特布局；住宅内动线幽明莫测、纵横畅达，使空间深具"藏密"功能。

如图2.12所示为汪氏小苑动线组织示意图。该住宅东西三路建筑并置，其中东路建筑与中路建筑之间以火巷相隔，中路建筑与西路建筑之间则设有封火山墙；通过火巷可直达后花园的游赏空间。由图可知，住宅大门南向设置，入大门即为中路第

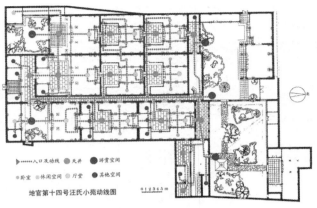

图2.12　第官地十四号汪氏小苑动线图

一进建筑，设有门廊、轿房及客座。步入狭长天井左折，进入中路水磨砖雕仪门，则进入中路第二进建筑空间；第二进建筑由正向三间正厅（名为树德堂，用于正式接待宾客）与仪门门廊及门房组成，并与东西两侧沿墙设置的院廊共同围合出一方天井，构成第二进建筑空间；此院西侧院墙开有门洞通向西路第一进小院，而东侧院墙上开有耳门通向东侧的火巷。绕过树德堂屏门、穿中门（又称腰门），可进入中路第三进建筑空间，即典型的三间两厢式院落格局；明间为起居室，两次间为长辈卧室，其中西侧厢房卧室有暗门与西路第二进建筑的卧室相通；同样，第三进小院东侧有耳门通达东侧火巷。中路第四进建筑空间仍为三间两厢式院落格局，或作为日常生活起居空间，或用作佛堂以供奉仙贤；中路第四进建筑后面辅设有小厨房。

其他两路住宅大同小异。其中东路建筑第一进小院主体空间为"春晖室"，天井对面三间照厅作为书房与正厅相对而设。东路第二进与第三进院落皆为对合式布局，且皆有耳门与火巷相通；院落空间布局方正紧凑，空间利用经济严密。东路第三进建筑北侧设有一道花园园墙，建筑东侧辅设有较大的厨房及杂储空间，穿过厨房即可进入后部花园游赏空间。西路建筑第一进主体建筑为女厅"秋嫣轩"，用于接待女性宾客。厅堂采用方梁、方柱、方石礅，室内方砖铺地，室外天井铺汉白玉石板，暗喻崇尚女性方正为人、清白做事；后面两进则皆为三间两厢式院落布局，用于日常生活起居；穿过北侧园墙，即可进入北部的游赏空间。

（四）趋吉避害，讲究风水

1. 布设山石水局，求财旺家

依据中国传统风水"山管人丁水管财"的理论，扬州传统居住空间非常讲究山石水局的布设以求财旺家。条件充裕的豪门富户多在园内或依壁掇山、掘地蓄水形成静池，或两侧山石布列、中间引水淙流，极力营造山环水抱之势；小户人家则尽力高砌院墙，天井地面用青砖铺砌成漩涡纹以代水意，并在天井内设水缸承接雨水、养鱼栽荷，更可用以消防，当地戏称其为"门海"。

2. 讲究吉位，顺治太平

依据中国传统风水理论，住宅内最重要的元素及空间为大门、正厅和厨房，称为阳宅"三要"。《相宅经纂》明确指出："宅之吉凶全在大门，……宅之受气于门，犹人受气于口也，故大门名曰气口，而便门则名穿宫"。为遮风纳阳、利于居住，正厅讲究坐北朝南。根据风水学相关理论，此种方位的住宅属于"坎宅"，其三个吉祥方位应为离（南）、巽（东南）、震（东），而尤以东南方为最吉。因此扬州传统居住空间的大门多设在最吉位东南方，称之为青龙门。气口承气，便门穿宫，住宅大门与入内第二道门（仪门）不能位于同条直线，否则会因跑风漏气而影响房主的运气，因此扬州传统住宅必定另二者轴线相偏，而将仪门偏于西南方位，称之为白虎门；以此符合"左青龙、右白虎"之谓；大门若朝东，则多设于偏北部，而仪门则较偏于南部，且以仪门偏南为上首。即使最不吉的北方位设有大门楼，仪门门楼则必朝东或朝西设置。根据扬州当地的传统风俗，工匠在砌筑大门时，多在内侧"门龙"（门上首的一根横木）上方正中间墙壁留有高约5cm、宽约3cm的洞口，称之为"龙口"，内置两枚用红纸或红布包裹的清代顺治、太平铜钱，祈望全家"顺治太平"。另外，为避免煞气冲门，大门不能与山墙尖或墙角直对。由于东为吉位，扬州民居厨房一般都设置在东厢房位置，而大型住宅的厨房则多设置在群房的偏东北方位。

3. 强调阴阳数理意识，注重吉谶

为建造充满阳之生气的居住空间，扬州传统梁柱所用木材首选杉木，因杉木在当地砌房造屋风水学中被称为阳木。依据《周易》"阳卦奇，阴卦隅"的思想，扬州传统居住建筑屋顶构架进深皆为单数，如三架梁、五架梁、七架梁，以喻示房屋建筑具有阳刚之数，从而生机勃发、结构坚固、挺直刚劲。若位于一路的住宅数进房屋构架均为七架梁，则俗称"七七连进"，无论从人的想象意境里，还是从建筑形态格局上，均呈现出栋宇深广、气势宏伟的形象。

另外，在扬州传统居住建筑的尺寸选定方面，也反映出扬州传统文化中注重利用谐音表达吉祥语谶的意识。比如，建筑的所有尺寸要有带"六"的尾数，以表达家族子孙兴旺、代有传人的祈愿，床的尺寸要有带"半"的尾数，如床宽取三尺半、五尺半，以表达"夫妻常相伴"的美好意愿。

总之，扬州传统居住空间布局纵横连贯，规整严密，动线四通八达，空间利用充分，院落分合自如，空间效用极高。建筑内外空间比例合宜，完备舒适，通风采光充足，无丝毫压抑沉闷，无一寸虚妄浪费，反映出扬州传统文化中遵从实际、严谨务实、灵活适度、方便合宜的思想；扬州传统居住建筑在四周封火高墙的围护下，严谨深邃、如城如郭，一派森严内敛、雄浑伟岸的气象。

第二节　游赏空间布局艺术

一、游赏空间布局模式类型

在扬州传统居住空间内，观花赏木、临池戏鱼，感四季更迭、得山林之乐，交友结社、抒发情志成为居住者最为喜爱的日常休闲与娱乐方式。小至宅院一角，大至湖山别墅，在条件允许的情况下，宅园主人多尽力创造充满自然气息和文化气息的私家游赏空间。

根据私家游赏空间与住宅建筑的关系，以及园林地理地貌环境特色，游赏空间布局模式一般分为三种类型：一是设于住宅天井内的庭院花池，与室内空间声气相闻、推窗可望，如图2.13所示；另一种是在正房建筑群一侧或四周设置的相对独立而完整的庭园空间，正房与其结合紧密，信步可达，使居住空间呈现出山环水绕、绿树合围的美好境地，如建于晚清的寄啸山庄、汪氏小苑；此种游赏空间与住的空间关系密切，是本书所论述的主要空间类型。第三种游赏空间是财力雄厚者于湖光佳景之处另辟的湖上别墅和园林景观，如乾隆年间由扬州盐商程士铨于瘦西湖建成私人花园小金山。兴建湖上别墅之风始于康熙，盛于乾隆年间，园内多建有可供居住的厅、堂、轩、馆，宅主在此乐享四时美景之余，多以其为集诗结社、延宾交友或奉养文人之地，也属于宅主重要的生活空间。

汪氏小苑即属于游赏空间与住宅建筑紧密相连的布局模式。宅园内的游赏空间环绕分布于宅内四角。如图2.14所示，由面南大门进入，穿过门廊步入狭长的外院，

图2.13　卢邵绪住宅庭院小景

东望可见一方绿意盎然的天井，此为全宅起首第一个游赏空间，如图2.15、图2.16所示。在东路正厅春晖室与北向照厅合抱之下，小院上承天宇，地被锦绣，湖石贴壁依立，花木葱翠蓬勃，既怡情悦目，又寓意祥瑞，营造出一派和乐安居的美好气象。

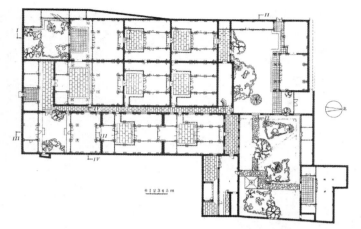

图2.14　汪氏小苑平面图（陈从周《扬州园林》）

图2.15　汪氏小苑剖Ⅲ-Ⅲ立面图（陈从周《扬州园林》）

小院内的祥瑞寓意与自然美景相辅相成。首先，院内地面全部用鹅卵石配以砖瓦、瓷片铺就，生动美丽，寓意美好祥和。如铺贴蝙蝠、寿桃图案以祈愿"福寿双全"，用卵石编排松树、仙鹤、梅花鹿祥和共处的图案表达"六合同春"、"松鹤延年"的美好期许，用砖瓦、瓷片

图2.16　与汪氏小苑剖Ⅲ-Ⅲ立面图相关的天井及庭院空间

铺贴松子、麒麟的图案以期盼"麒麟送子"，祈愿人丁兴旺。其次，贴东墙面壁而建的湖石假山形似三羊晏然而立，它们左右顾盼，寓动于静，既具有生动祥和的姿态，又富含"三羊开泰"的寓意，祥瑞可喜。一颗缠石倚壁的紫藤枝干遒劲，并寓有"紫气东来"之意；一棵百年琼花"醉八仙"迎风摇曳，意态柔媚清婉，花时则香飘满院。另外，若适逢雨天，则可见一线飞瀑自屋檐水道冲落到湖石假山之上，

水声清越，飞花四溅。小小一方庭院，光线明亮，尺度适宜，不幽暗、不空阔，接天地之生机，纳四时之祥和，既有山水花木之乐，又具福瑞美好的人文图景，并充溢着活泼丰满的生活气息，其园景设计、文化寓意及宜居效果均点染出扬州传统居住文化的鲜明特色。

汪氏小苑第二个游赏空间位于宅园的东北角，在题额为"调羹"的厨房门后面，园北沿墙建有浴室和佣人卧房，如图2.17所示。此园开阔疏朗、花木繁硕，其中两棵百年石榴树枝繁叶茂、葱茏苍翠，含有祈愿多子多福的吉祥寓意；东侧花台上的核桃树高大伟岸、枝叶舒展，象征家有荫庇浓郁、福祉深厚，而南侧更有一颗柏树古雅苍翠、风姿卓然；此三树共植一园，祈愿"百年好合"、阖家幸福美满。园内湖石玲珑，姿态各异，如生动顽皮的小兽围拢跳跃其间，时满园生机四溢；浴室南面一片碧绿的芭蕉丛前，一匹由太湖石堆叠而成的骏马腾空嘶鸣，颇具动感。而西侧圆墙门上的题额"迎曦"更使全园蓄势待发的主题意境得以升华，试想金色的曙光破云而出、照临而来，小园承露沐曦、蕴含着生机无限，一切是多么的新鲜而充满朝气。

图2.17　汪氏小苑第二个游赏空间

位于西北角的第三个小花园与东北角的游赏空间本为一体，而一道园墙将其划分成东西两园，如此既可丰富游赏空间的层次，又形成隔景、透景的效果而吸引游人进一步探幽访胜，同时便于营造出不同的空间主题。如图2.18所示，穿过圆墙，雕刻于踏步石上的一对如意传达出园主希望人生之路"步步如意"的美好期许；园门上"小苑春深"题额，寓意此处花木最为繁盛，也点出此园幽深雅静的主题。与此相应，该园沿北墙设有风雅的静瑞馆和清幽的书斋。静瑞馆是该园的主体建筑，是园主与宾客欢谈雅乐之处；馆前一丛青竹苍翠清雅、枝叶潇然。清风徐来，竿竿绿竹随风摇曳而风姿修丽，望之令人心澄神清，出尘忘俗。小苑一角，高大的梧桐与古槐洒下片片绿荫，营造出一派丽日春深的浓郁景象；而书斋前一棵石榴树旁横斜逸，遮笼住书房内一室的清幽雅静。

汪氏小苑内第四个游赏空间位于住宅西南角，与接待女性宾客的"秋嫮轩"相

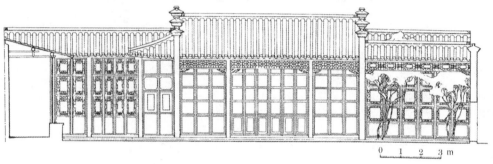

图2.18 第官地十四号汪氏小苑Ⅱ-Ⅱ剖立面图及相关空间场景

对而望，是宅内女眷的游玩场所，如图2.19所示。在当时社会环境下，能单独为女性设置正式的接待厅堂及活动空间，显示出宅主开放文雅的气息及对女性的尊重。园墙开圆形门，上有"可栖徖"石刻题额。据《说文解字》在卷二《彳部》中对"徖"字的解释为："久也，从彳犀聲，讀若遲"，即"久待"的意思，主人用"可徖遲"作为题额，意指园虽小，也堪可供人赏玩游憩、淹留盘桓。步入小园，在接近园门的地面上，有一只用砖与鹅卵石铺砌而成的内装银锭的花瓶，瓶口分插三只戟，含有"一定平升三级"的寓意；再往内，在小园地面居中位置，铺砌有"卍"字符环绕的圆形寿字，寓意"万寿无疆"。园内一棵葱郁古雅的女贞树已有120年的历史，与园内栽植的其他花木如茉香、花淑一起，共同表达出对女子贞洁如玉、清丽脱俗的倾心赞誉。东墙一座小型假山破壁而来，一棵枸杞沿山体攀爬而上，俯览园中丽景。整个小园尺度适宜、朴雅秀丽，与圆门内石题额"抱秀"颇为相合。

该园最为独到之处则是船厅的设计。由于地势的原因，除房屋建筑和四角花园之外，在西界尚余有一狭长三角地块。设计者将其与西南角小园结合，利用花园一侧构建船头及船身形成船厅，而北向越来越窄的地块作为船尾，与建筑西侧山墙直接相交，形成船体对住宅建筑的护持承载之势。由于船运是盐业的主要依靠，因此

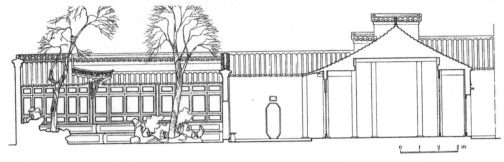

图2.19　第官地十四号汪氏小苑Ⅰ-Ⅰ剖立面图及相关空间场景

以船为造型的休闲厅建造蕴含有贴切而深刻的寓意，如图2.20所示。此种设计处理既因地制宜，又匠心别具，堪称妙笔。船厅临小院的船身外侧，一条白矾石台阶贴壁而砌，形如一条水波玉带在船侧横流顺披；园内船身周围的地面上，有用砖与鹅卵石铺砌而成的水纹图案，粼粼波光营造出水上泛舟的浪漫意境。探入小园的船头空间轩窗开朗、雅致明亮，宅内女眷聚坐其内，无论是抚琴、对弈，还是吟诗、作画，均可安心静意，乐享闲雅。

图2.20　第官地十四号汪氏小苑船厅设计

二、游赏建筑及山石水木布局艺术

（一）花厅

　　扬州宅园中的花厅意为花园里的厅堂，是主人游赏起居或延宾待客的地方，可在内进行会客、议事、礼仪等活动，一般以厅、堂、轩为命名，如何园的船厅、煦春堂以及个园的宜雨轩等；宜雨轩因堂前遍植桂花，因此美其名曰"桂花厅"。在扬州传统宅园中，花厅是游赏空间的主体建筑和全园的构图中心，位置最佳、体量高大，轩敞阔朗、陈设奢华，如图2.21所示的紫气东来巷别墅是花厅布局的典型方式。花厅一般面阔三间，正中明间宽大、两侧次间略窄，为将园内景色尽纳入厅，花厅一般三面设窗，檐面设落地隔扇，因此又称为"四面厅"。花厅四面多周以回廊，廊柱间或设坐凳栏杆，或设鹅颈美人靠供人座靠。

　　个园宜雨轩的设计及布局堪称扬州传统宅园中花厅的典型代表。如图2.22所示，宜雨轩是全园谋篇构局的中心，山水花木等景致的安排全部围绕宜雨轩次第展开。人坐厅内回转四望，但见由前而后、由西向东、桂花飘香、绿竹摇影、湖石蹲踞、回廊屈曲，由湖石、黄石、宣石堆叠而成的假山挨次环列，一幅山水长卷徐徐展开，目移景异，实有拥天地入怀之畅。宜雨轩面南而筑，建筑形式为单檐歇山式，面阔三楹，歇山处镶嵌如意卷草纹磨砖深浮雕，线条舒卷自然流畅，造型华丽雍容；其墙体为磨砖清水砌筑，四面窗隔雕琢精美、

图2.21　紫气东来巷别墅平面图

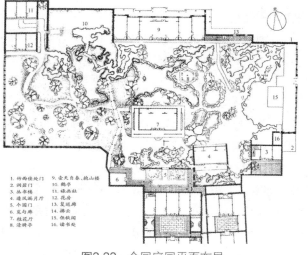

1. 竹西佳处门　　9. 壶天自春、艳山楼
2. 洞狻门　　　　10. 鹤亭
3. 丛书楼　　　　11. 祛画柱
4. 遮风漏月门　　12. 花房
5. 个园门　　　　13. 复道廊
6. 宽甸廊　　　　14. 播云
7. 桂花厅　　　　15. 住秋阁
8. 清漪亭　　　　16. 读书处

图2.22　个园庭园平面布局

图2.23　个园四面厅宜雨轩

图2.24　寄啸山庄二层楼蝴蝶厅

通透明亮，如图2.23所示。

（二）楼

《说文》中说："楼，重屋也"，《园冶》中说："如堂高一层者是也"。扬州宅园主人只要财力足够，一般喜在园中设二层长楼，高敞华丽、体量宏阔。陈从周先生在《扬州园林与住宅》中说："扬州园林在建筑方面，最显著的特色，便是利用楼层，大型园林如此，小型如二分明月楼，也还用了七间的长楼"。

因为体量较大，长楼一般在宅园北端依墙而筑，一方面符合传统风水理论中背山面水之布局要求，另一方面可以长楼高厚之体屏蔽外部的市井人声与凌乱喧阗，并对全园形成环抱护拥之势。也有较大的宅园将楼设在园中，以起到划分宅园空间的作用。扬州传统宅园楼宇一般为二层，气势横贯，横向构图特征鲜明。如图2.24所示为寄啸山庄蝴蝶厅，楼厅总高二层，单檐歇山顶，面南背北、依北墙而筑，东西向面阔七间，中间三间向前突出如头，两侧各两间横向伸展如翼，楼体状如蝴蝶，因此俗谓"蝴蝶厅"。蝴蝶厅右携西轩（桂花厅），左接复道回廊，环拥一池澄碧，摒绝尘世喧嚣；悠游其中，无论是俯瞰碧水、看游鱼喋喋，还是坐观天地、望浮云漫卷，皆令人思绪无限，心生今夕何夕之感。

如图2.25所示，个园七间长楼设在园之中部。它西依湖石岩壑，东接黄石假山，与两侧山脉断续相沿。西侧，沿湖石山磴道可婉转而上、直达二楼，楼上长廊与之连属；东侧，四楹复道廊横架黄石山上，轻盈旷朗、临风飘然；七间长楼檐面高悬"壶天自春"长匾，楼下一溜落地隔扇明丽通透，可邀风纳月、赏竹影花香；从南面观赏，整个长楼似抱于两山之中，将风格迥异的两座假山气贯脉连。

个园内的丛书楼则隐在园之一角，依黄石山背壁而建、布局巧妙，动线设计独具匠心，充分体现出扬州宅园在动线处理上的特色，并构成山体优雅的收尾。丛书

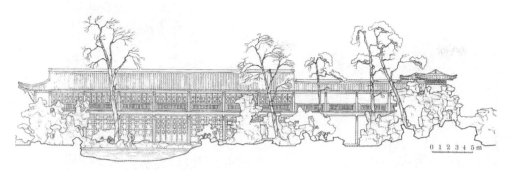

图2.25 个园壶天自春楼南立面（陈从周《扬州园林》）

楼下层平面为━字型，上层为┛曲尺型，东面一侧楼体完全建在黄石山岩之上，面南而立、三开间，楼上下共六间，为主人藏书、读书之所。若从山上看只有一层，若从楼下看，则楼之上下无梯可通，实则需绕行至丛书楼后，沿黄石山磴道进入楼上。楼前小院内有梧桐一株，枝青叶碧，绿荫匝地，楼壁绿藤攀援，一派清幽雅致；小院东边粉墙设海棠花形大漏窗，窗外芭蕉摇曳；西边粉墙设水磨砖花窗，与宣石山及腊梅隔窗相望；小院通过花窗将隔墙芭蕉、腊梅"借"入院内，生动体现出计成在《园冶》中所论述的"取景在借"的设计理念。

（三）亭

《园冶·释名》云："亭者，停也。所以游憩游行也。"可见亭是供游人暂歇的建筑，体量较小，布置随宜，自宋代起成为扬州传统宅园中不可或缺的构成要素。在扬州传统宅园中，一般常用园亭、四角亭、六角亭、半厅、独角亭等类型；亭子顶部垂脊舒展有度，翼角刚柔合中，整体既玲珑秀丽，又端然大方。在亭子的运用手法上，除在山巅、池边构亭以起到组景、点景、突出中心、强化节奏的作用之外，还常将亭子与长廊、园墙相结合以划分空间。通过亭子的运用，无论是在平面布局还是立面构图方面，无不力求使宅园宏丽规整而又气韵生动，如图2.26—图2.28所示。

寄啸山庄水心亭堪称扬州宅园中的构亭经典范例。如图2.29所示，但见在四围重楼复廊的护拥环绕之下，一方汉白玉大理石台基端然浮卧于清碧中央。台基周以石栏，前设一方探水平台亲水探波，台上四角方亭单檐攒尖，宝顶外方内圆，内嵌宝蓝琉璃，玲珑大方，四条垂脊疾徐有度，翼角流畅舒展而又结顿明确。安装于柱间上部的倒挂眉子和帘栊花罩精致繁复，下部设以坐凳和依栏。整座亭台比例合宜、工巧适度、坚柔含蓄、气度静雅而又飘逸端然，堪称扬州传统人文特色在宅园中的高度体现。

图2.26　个园四角亭　　　图2.27　个园重檐六角亭　　　图2.28　蔚圃 独角亭

图2.29　寄啸山庄水心亭

（四）廊

　　作为宅园建筑的一种，园廊占地较少，变化灵活，可随地形回转盘旋，造型空灵通透，在小空间中能营造出丰富的空间关系和形象，并且可提供遮风避雨的游园路线，颇适用于多雨的地区，因此尤为扬州宅园所喜用。园廊既划分了空间，又组织了动线，起到丰富空间层次、障景托景，小中见大的作用，因此在以布局生动、层次丰富为特征的扬州宅园中，廊是不可或缺的构成要素，常以曲廊、爬山廊、回廊、单面廊、双面廊、复道廊等形式出现，手法纯熟、效果生动、应用广泛。

　　为便于游人在园中回环流连，在扬州宅园中的主要动线多由廊子组织而成。园廊在宅园内与亭连，与舫接，跨桥而设，高低上下，随形就势，回旋盘曲，串联起全园。尤其廊子与墙结合的应用形式颇多，如沿墙设廊，或廊中设墙。在图2.30所示的小盘古

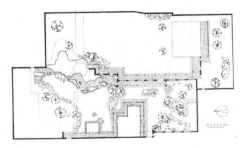

图2.30　小盘古中廊子的应用（陈从周《扬州园林》）

宅园中，单面廊与墙相连，与亭相接，沿厅回转，而双面廊则是划分空间、动线组织的主体要素，使全园小中见大、奥妙无穷。

寄啸山庄内的复道廊全长四百余米，上下回环、周通全园、蔚为壮观。回廊复道又称为"串楼"，串楼一侧墙上嵌有《颜鲁公三表》石刻、刻有郑板桥等人书画，游人循楼漫步，景物推移，变幻生动，耳目常新。冯忠平教授在《中国园林建筑》中提到："扬州的何园，用双层折廊分划了前宅与后园的空间，楼廊高低曲折，回绕于各厅堂、住宅之间，成为交通上的纽带，经复廊可通全园。双层廊的主要一段取游廊与复道相结合的形式，中间夹墙上点缀着什锦空窗，颇具生色。园中有水池、池边安置有戏亭、假山、花台等。通过楼廊的上、下立体交通可多层次地欣赏园林景色"。如图2.31所示，如此精妙的设计堪称扬州园廊的杰出代表。

图2.31 寄啸山庄单面廊与复道廊

（五）墙

扬州宅园尤善于用墙。墙体或独立设置，或与廊结合，或开门辟窗，或为山石所依；既可用于构建壁山、屏障后景，又可通过园门及花窗取景漏色，在塑造空间形象、丰富空间层次、生动空间关系、构建园林景色方面具有重要的作用。墙体的使用可使空间似隔实联、欲遮还露，引人遐想、层层深入，如图2.32、图2.33所示。

1. 园墙材质及门窗造型艺术

扬州宅园的园墙以清水砌筑为典型做法。墙顶线或为直线形式，或高低屈曲呈云山式造型。园墙既丰富了空间层次，又可作为画底衬托出前景，从而使立面构图更为完整明确，使园景充满画意诗情。在青灰瓦顶及花窗的衬托下，清水砌筑园墙多呈现浑朴素雅的面貌，而灰浆抹面的园墙则粉白明丽；浑厚质朴的清灰园墙与青翠的花木和嶙峋的湖石相互衬托，质感丰富，颇堪寻味，体现出当地追求精工丽质、欣赏本色真颜的审美观，成为扬州传统宅园的鲜明特色。墙上门窗樘壁多为清水磨

图2.32 汪氏小苑清水砌筑直顶园墙

图2.33 寄啸山庄云式园墙

图2.34 个园风洞墙

图2.35 寄啸山庄墙上镂空花窗

砖或白矾石砌筑，尺度宽大，方正阔朗；墙上镶嵌的透空花窗式样丰富，精细雅致，窗芯图案多以水磨小青砖扁砌而成。清水园墙镶嵌的镂空花窗不但自身造型婉约细致，而且赋予园墙生动的虚实对比关系，如图2.34、图2.35所示。

园墙上的洞门通常不装门扇，高度一般控制在能供人通行的位置，主要用作空间的联系通道以及框景、透景的功能，是园墙不可或缺的构成要素。扬州传统宅园中的洞门多取圆形（也称为满月形）、八角形、六角形、梅花形、海棠形、如意形、莲瓣形、贝叶形、葫芦形、银锭形、汉瓶形等，其中以满月形最为喜用，俗称"圆洞门"，如图2.36所示。洞门边框常用清水磨砖砌筑，贴脸处一般不作装饰雕刻，显得娴雅明朗、舒展简洁，挺劲饱满。寄啸山庄与北门相对的月洞门上有廊道，东西两侧夹有高墙，更衬出门内的景色别有洞天而韵味悠长。

园墙洞门上部一般镶嵌石额以题刻园名。园墙上抑或有碑帖石刻以镌刻园记、诗词等，既增强了宅园的文化氛围，又提升了雅致古朴艺术格调，引人驻足而品味流连。

a. 汪氏小苑圆洞门　　　　b. 汪氏小苑长八边形洞门　　c. 寄啸山庄汉瓶形洞门

d. 汪氏小苑圆洞门　　　　e. 寄啸山庄圆洞门　　　　f. 汪氏小苑八角形门洞

图2.36　园墙洞门

2. 墙体组景艺术

计成在《园冶》卷三《峭壁山》条目中说："峭壁山者，靠壁理也。籍以粉壁为纸，以石为绘也。理者相石皴纹，仿古人笔意，植黄山松柏、古梅、美竹，收之圆窗，宛然镜游也"。峭壁山即为贴壁假山，可在园中设墙并籍墙筑山；为突出山形石势，墙体多做灰浆抹面处理。小盘古内东西园之间的墙体设计堪称扬州传统园墙的典型佳作：沿墙由南北行，初为一面双廊，廊下开一饱满桃形门，墙上开镂空花窗；再向北而行，则墙上镶嵌湖石壁山，一直延续到湖石假山洞室之下；游人入洞沿磴道随之盘旋往复，出洞时不觉已到山上，迎面可见一翼然小亭；待仔细辨别方发现小亭即在园墙顶部，沿山亭之台阶而下可至东部园中；小盘古以园墙为骨架，将壁山、廊子、门窗、洞室、小亭组合于一体，构思巧妙，空间幽深，动线曲折，景色奇妙，颇耐寻味。

个园内的风洞墙亦凸显出高妙的设计构思。墙体之外为狭长胡同，造园者在墙上开有几排圆形风洞，利用外侧穿堂风营造寒风呼啸之声势，从而增强冬景效果。冬日之时，莹莹白石如寒雪覆盖，而疾风呼号陡增凛冽寒意，可谓匠心独具，意趣绝然。

图2.37 个园宣石及湖石

图2.38 小金山钟乳石

（六）山石

扬州地处江淮平原，自古多茂林修竹、奇花异木却无崇山峻岭、峭壁悬崖。据影园主人郑元勋在《影园自记》中说："予生江北，不见卷石，童子时从画幅中见高山峻岭，不胜爱慕"。由于本地不产石材，因此叠山石料皆取自外地。明清时期，园主多利用贩盐船回载造园所需石材，如太湖石、黄石、高资石、宣石、灵璧石、大理石、钟乳石等，品种多样，但受运输条件所限，石料体量较小，如图2.37、图2.38所示。

扬州宅园叠石筑山，或依山临水，或静立廊前，或为灌木簇拥，绿荫蔽空，翠色连云，仓谷幽深。山体外形或讲究古拙森严、无人工斧凿痕迹，或讲究奇突险峻以体现大自然的瑰丽奇妙，而山腹内多辟洞室磴道，且空间开合幽迷，弯道多通，富于变幻。因此，建造者既要从石形、石色、石纹、石理、石性等方面对小石进行逐块品相，按照皴合峰生的石理拼合选用，还要运用镶嵌、勾连、搭接等方法，辅助黏接材料使之固结成体；既使山体外形高峻显拔、主次俯仰呼应、山脉隐显勾连，还要山体坚实稳固，上可登临，内可休憩，穿游玩赏，怡然可居。由于扬州无山形可借，无脉势可循，而平地起孤山为造园大忌，因此，扬州宅园多借高墙重楼隔绝内外，山体多依墙而筑、或借楼势而起，成为扬州宅园山石布局的特色之一。

自明至清，对于扬州宅园的叠石规划与施工建造，始终不乏当时大师名工的参与及指导。如明代计成的寤园、影园，清代石涛的片石山房，张南垣的白沙翠竹江村的石壁，董道士的卷石洞天九狮湖石山，仇好石的怡性堂宣石山，戈裕良的秦氏意园小盘古湖石山等。

1. 太湖石

太湖石是扬州宅园中最为常用的石材，或单立、或对置，或三五成群，或叠石为山，无不生动宛转、灵秀多姿。太湖石本指产于苏州洞庭山太湖边的石灰岩，多为灰色，少见白色、黑色。在水浪的长年冲击及含有二氧化碳的水的溶蚀下，石体圆润、纹理纵横、孔穴通连、清秀玲珑，形成瘦、漏、透、秀的状貌，又称为水石，自唐代起即为宅园石材上品。明画家及造园家文震亨在《长物志》中写道："太湖石在水中者为贵，岁久被波涛冲击，皆成空石，面面玲珑。"而广义上的太湖石则包括在酸性红壤的历久侵蚀下而形成的皱皱多孔、变化多端的碳酸盐岩，称为旱石。旱石纹理特点与湖石颇多相似；为加以区别，一般将太湖石称为真湖石。《扬州画舫录》中有"石工张南山尝谓'澄空宇'二峰为真太湖石"的记载。相比较太湖水石的清秀瘦漏，旱石嶙峋曲折，质地硬韧，外观沉实浑厚，颇具坚柔浑朴之姿态。

为充分发挥太湖石婉转多姿的形态效果，一般多临池筑山，以其影入水面，丰富宅园景色，称为池山，如图2.39所示。计成在《园冶》卷三中提到："池上理山，园中第一胜也。若大若小，更有妙境。就水点其步石，从巅架以飞梁。洞穴潜藏，穿岩径水；峰峦飘渺，漏月招云。莫言世上无仙，斯住世之瀛壶也"。如图2.40、图2.41所示为造园名家石涛的叠石遗迹片石山房，堪称池山胜景。石涛是清初杰出的画家，他的画作笔意纵横恣肆，风格清新立异、苍莽超脱，对扬州画派影响深远。此外，他兼工书法、诗歌，亦擅长园林叠石。

钱泳在《履园丛话》中说："扬州新城花园巷，又有片石山房者，二厅之后，澈

图2.39 个园太湖石山外景及内部空间

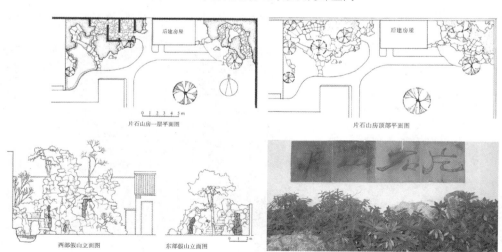

图2.40 片石山房平立面图及题额（陈从周《扬州园林》）

图2.41 片石山房湖石山及水中月

以方池，池上有太湖石山子一座，高五六丈，甚奇峭，相传为石涛和尚手笔"。园之西廊壁间镶嵌有石涛的书法石刻，飘逸苍古；园之池北即为奇峭变幻的湖石壁山。湖石山背依北墙，南临碧池，多由小块湖石层层相叠而起，崎岖交错，横逸舒展而富有节奏；后部山体与园墙结合，形成围拱合抱之势；前部石洞潜藏，山体若浮水上，石梁飞渡，汀步度水，步步幽微，引人探胜。山腹内藏小石室两间，是谓"片石山房"。更为奇妙的是，游人若在池南北望岩下碧水，可在石洞影荫处见一轮明月随波荡漾，并随游人观察角度的转移而呈现盈缺变幻，当为计成所谓"峰峦飘渺，漏月招云"的绝妙呈现。

湖石尤以高大者为贵，宜做立峰独置。如图2.42所示，湖石卓然而立的巍峨身姿和奇妙变幻的纵横纹理具有或统领全园、或形成视觉中心的作用。寄啸山庄牡丹亭东侧的湖石立峰与东侧园门相对，其玲珑体态和曼妙身姿与园门构成对景，给门外的游人产生深刻的第一印象。

如图2.43所示中，何园西园的复道长廊纵贯南北、绕池而建，形成以横向构图为主的画面；转角处，一峰太湖石拔地而起、依栏而立，其竖向造型既与横向伸展的层层楼栏和飞檐形成生动的方向性对比而使画面充满张力，又柔化了复道廊生硬的直角空间；脚下的湖石迤逦散卧，既有助于稳固立峰的根基，又自然形成了池水的驳岸；石罅处绿草恣肆，枝叶纷批。这峰湖石既在建筑与水体之间构成了良好的过度与衔接，又使建筑、水体、花木构成有机的整体，一石当置，满园皆活，体现出

图2.42 寄啸山庄牡丹亭东侧湖石（良友供图）

图2.43 寄啸山庄西园水池一角湖石

人工与自然的和谐互生、一体相依。

湖石多与花木、水体相合配置。湖石或蹲伏，或竖立，或依壁抱角，或兀立水中，或滨水成岸，或成漏窗之景，或可于庭前陪衬花木，使其对花木托扶拱卫，玲珑的姿态与柔婉枝叶颇为相合；石间绿草蔓生、青苔腻浓，山石坚柔而树木华芳，颇具画意。如《影园自记》中所述："庭前选石之透、瘦、秀者，高下散布，不落常格，而有画理"。湖石与水相合。"洞旁皆大石，怒立如斗。石隙俱五色梅，绕阁三面，至水而穷，不穷也，一石孤立水中，梅亦就之。"总之，窗外、庭前、屋角、池滨无不相宜，有的散点成景，有的高叠成岩，各异其趣，不落常格。

2. 黄石

黄石质坚色黄，纹理刚直劲削，既可叠石为山，又宜贴壁为壑，也宜散置于台角池边，主要取其或嶙峋峻峭、或粗玩古拙之态。在扬州宅园中一般喜用黄石高叠为山，以呈现浑厚质朴、沉实坚重之意境。如图2.44所示的静香书屋本为读书、治学之所，其内外皆以黄石点缀，且于园角累叠为山，黄石的坚重古朴之貌赋予宅园沉静之气，与严谨务实的为学之道深相契合，堪称书屋不可或缺之要。

个园的黄石山系由巨大黄石堆叠而成，依墙而起、沿墙南去，岩壁如削、巍峨耸立，集悬崖、峭壁、幽谷、峰峦、深涧、飞梁于一体；东、西、南三峰绵延起伏，山上峰回路转，磴道崎岖，高低上下，变幻多端。东部主峰高约9米，耸峙于长楼之东；主峰北侧设有三处入口，东西两入口虽宽敞明亮，但若由此二处进入，必定东进西出或西进东出难以进阶而上；唯中间一穴洞暗窄，虽盘曲通幽却能通达上层洞室。上层洞室较为宽大，能容十几人，且有多处出口，但仅一略显幽迷的出口可通达下层洞室。下层洞室内则宽敞明亮，顶部石岩累垂、状似钟乳，东、西、南三面均设有出口；自南洞口出之，辄发现身处幽谷，两侧峭壁深岩、峰峦接天；转过障目大石，一条由黄石夹持而成的小路迤逦远去，若沿路随行，则不觉间忽至山之南峰西麓。黄石山的游览动线幽迷多曲、开合辄变，当地俗谓之为"大路不通小路通，明处不通暗处通"，其设计既代表了扬州黄石叠山"外观雄奇、内多折变"的布居及堆叠技艺的典型特色，又折射出扬州当地颇具特色的处世哲学。

图2.44 静香书屋散置黄石

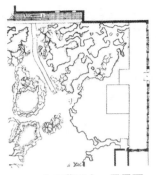

a. 个园黄石山一层平面

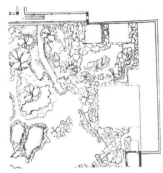

b. 个园黄石山二层平面

图2.45 个园黄石山（陈从周《扬州园林》）

黄石多平面，因此亦可用作砌筑平台或石磴。郑元勋在《影园自记》中论述：绕池以黄石砌高下磴，或如台，如生水中，大者容十余人，小者四五人，人呼为"小千人座"。

正是由于扬州叠石材料种类较多，因此扬州宅园中亦有一园内由二、三种山石分别堆叠山体的做法。其中个园最为突出，一园之内，宜雨轩四周，有太湖石、黄石、宣石叠制出的四种山景，其间又夹杂笋石与茂竹相伴，堪为多石园的典型。个园的立意颇为不凡，它采取分峰用石的方法，并结合石峰营造的意境主题，选用不同的植物进行配置，如春景选用茂竹与石笋为伴，夏景则栽植青松于太湖石山，秋景为黄石山与柏树相依，冬景的雪石不用植物以象征荒漠疏寒，如图2.45所示。这四组假山环绕于园林的四周，以三度空间的形象表现了山水《画论》中所概括的"春山怡淡而如笑，夏天苍翠而如滴，秋山明净而如妆，东山惨淡而如睡"，以及"春山宜游，夏山宜看，秋山宜登，冬山宜居"的画理，并且从冬山透过墙垣上的墙孔又可以看到春日之景，寓意着隆冬虽届、春天在即，四季轮回、周而复始，从而为宅园创造出一种别开生面、耐人寻味的悠长意境。

（七）水体

扬州之名得自于水，因此"水"堪称扬州传统文化的重要载体。扬州宅园中的水源主要分地上水和雨水（俗称天落水）两类。前者多用凿池引水，或碧水池蓄、或成岩壁流淙之态，水中游鱼戏影，安闲自在；若承接雨水，多成檐下滴泉、飞瀑溅玉，或随山势泠泠而下、谱出天籁清音。另外，亦有以卵石旱铺取水意的做法，如二分明月楼旱池设计：楼前一片低洼之地满铺卵石、四周点石成岸，月光临照、水意粼粼。

计成在园治中说："卜筑贵从水面"。扬州宅园用水喜聚水成面，以营造含蓄沉

图2.46　个园壶天自春长楼前一池静水　　　　图2.47　池水天光

婉的意境，亦喜澄澈清浅、意态朴野悠然，如李斗在《扬州画舫录》中描述"水竹居"园内："门中石径逶迤，小水清浅"。一方面，水面可自成好景，或波平如镜、或轻漾涟漪、或澄澈青碧、或浮金跃银，柔润妩媚，含蓄温婉，气象万千；平静的水面还能倒映出天上的云彩与地上的景物。"半亩方塘一鉴开，天光云影共徘徊。"虚实相生的天光云影，会给人带来无穷无尽的遐想，如图2.46、图2.47所示。

　　另一方面，扬州宅园多以水面为背景将多种要素协调在一起，营造出或沉静安闲或情趣盎然的恬适境地。想水榭临流，横廊枕波，池岸牙错，垂柳拂波，碧桃照影，红蓼、菖蒲葱郁蓬勃；池内曲桥横卧，步石凌波，睡莲依依，青荷摇曳，蛙伏蝶恋，鹂声婉转，在天光的映照下，生动地呈现出一片春草池塘的蓬勃雅趣。

　　具体来讲，扬州宅园内的水型有水池、溪涧、深潭、涌泉等。其中以水池最为常见。较小的宅园以水池为中心，水池形状多取自由不规则式，池岸蜿蜒曲折，池周设置建筑，借以形成向心、内聚的格局，使人在有限的空间内感到开朗而宁静。稍大一点的宅园多使水池稍偏一侧，腾出一块面积堆山叠石，可使山因水而秀、水因山而幽；石山临池耸立，危峰高耸，苍岩临流，深罅幽壑，吞流回荡，不见首尾，形成幽深苍古的自然之态；沿池广种花木，池面架设平桥，水中点置步石与岛屿，池边以块石叠砌，高下曲折，岸线在石下及廊底忽隐忽显，池水穿岩出洞，来去无踪，回流不尽，自然朴野。

　　寄啸山庄园内理水手法生动多样，或凿池引水、或旱做铺陈、或积聚为点、或引流成线、或扩展为面，共计有六种水形水态回绕全园，水体形态丰富、变化多端、情趣幽然。如图2.48、图2.49所示，东部北侧的浅溪起自东西廊墙之下，一路湖石拱卫、玉桥横陈、游鱼暗潜、落花相随，至东北角近月亭下则积回成潭；然后沿壁山一路西行北续，额而倏忽不见，唯有船厅周围一片"波光潋滟"的卵石小瓦极尽水意；而西部北侧，一池静水幽游静谧，池上有仙亭翼然，颇具瀛壶之意；片石山房入口处，一角线瀑落潭击底，天籁清音，堪可赏玩；片石山房内，南侧有片石营山、池盈碧水、漏月招云、情趣盎然，水面东窄西阔、与西侧主峰及东侧余脉和谐呼应，

图2.48　寄啸山庄水体布局与形式

图2.49　寄啸山庄水体形态

而山池对面的台榭厅廊曲折错落、花俏书香，一方涌泉栏于井内，上承天落雨水，下与碧池潜通，突流暗涌、野趣清幽；至此，可知东部北侧廊墙下的水口与片石山房的碧池幽通，而山房南侧涌泉则为全园水之源头；各种形态的水体在园内周游回落，伏脉千里，忽隐突现，聚散弥漫。

尤其寄啸山庄的池园理水堪称佳妙。如图2.50所示，宅园西北部蝴蝶厅前水面宽阔，尺度适中围建筑及山石树木倒映其中，水面一派楼廊山影。池的西、北两边以湖石驳岸，蜿蜒曲折，棕榈、玉兰，临池照影、高比楼檐。西岸有湖石小山临水，山上枫林婆娑、桂丛翁郁。东、南两边以条石叠岸，上为复道回廊，但见廊壁粉白、洞窗灵秀、水光漾晃，清新怡人。水心亭位置略偏东侧，与北岸水心亭位置略偏东侧，与北岸湖石相依、衔接自然，与南岸驳接一条石板平桥、弯折舒展；整个池面平静无

波、布局均衡、张弛有度、和谐统一。小坐亭内，四围廊拥楼护、山岩环抱、静谧安然，俯瞰水面映照天地、气象万千，不禁令人忘却身居何处，顿起今夕何夕、飘然似仙之感，从而深得瀛壶之况味。

图2.50　寄啸山庄小方壶平面及空间（陈从周《扬州园林》）

另外，激流飞溅的"石壁流淙"作为扬州宅园的理水案例亦不可漏记。"石壁流淙"为瘦西湖二十四景之一，原为徐氏别墅。据《扬州画舫录》描述："石壁流淙，以水石胜也。是园荟巧石，磊奇峰，潴泉水，飞出巅崖峻壁，而成碧淀红涔，此'石壁流淙'之胜也……如新篁出箨，匹练悬空，挂岸盘溪，披苔裂石，激射柔滑，令湖水全活，故名曰'淙'。淙者众水攒冲，鸣湍叠濑，喷若雷风，四面丛流也"，可见此激流飞瀑，下落时迅疾如风，声若雷鸣，落水处水花四溅、蔚为壮观，亦堪为扬州传统宅园理水典型。

（八）树木

扬州气候温和，雨量充沛，土地肥沃，适宜树木生长，因而在扬州传统宅园内，鲜花丽木成为居住空间的重要组成部分。扬州传统小院多在天井内栽植一棵观花乔木，如此既可在花时观花，又可于夏日得绿荫庇护，还可随花叶荣枯感知四季更迭、领略自然的气息；较大的宅园则在住房一侧另辟花园，园中建花厅，四周衬以山石树木，而往往在嶙峋山石的陪衬下，蓊郁华硕的树木几为宅园主体，如图2.51所示。

图2.51　寄啸山庄树木繁硕葱茏

扬州宅园中的树木既有观叶木，也有观花木，种类多样，参差鲜明。观叶木以柳、松、柏、枫、槐、银杏、梧桐最为常见，其中以柳树最为代表，地方色彩强烈；观花木则以桂花、桃花、梅花、琼花为多。在宅园内的植物栽植及选配方面，无论是观花木还是观叶木，无论是孤植、群植还是与山石、水体结合，无不遵从画理、讲究构图，结合地势的高低及树木特点，考虑树木的方向、树木与山石的关系、花卉对树木的衬托、常绿树与落叶树的搭配、开花季节的先后、不同色彩的对比与调和等。在山石、水体、花卉的衬托下，使不同树木的色彩、姿态相互映衬，在多种对比中取得自然而生动的统一，如图2.52所示。正如郑元勋在《影园自记》记述："趾水际者，尽芙蓉；土者，梅、玉兰、垂丝海棠、绯白桃；石隙种兰、惠、虞美人、

图2.52　庭园树木色彩丰富造型美观（自由子供图）

良姜、洛阳诸花草"，又"窗外方墀，置大石数块，树芭蕉三四本，莎罗树一株，来自西域，又秋海棠无数，布地皆鹅卵石。"

同时，扬州宅园中的树木选配亦注重表达其传统意义上的象征寓意和精神体现。如汪氏小苑中将核桃树、石榴树、柏树栽植于一园，以表达百年好合的美好寓意；将紫薇树栽植于东纵第一进院落，寓意紫气东来，福贵绵长；诸如此类，不胜枚举。

总之，花木葱茏，芳华繁茂，新柳玉成、古木参天的景象堪称扬州宅园的一大特色。人们既可充分感受自然的生机与美好、怡情悦性于树木娟丽的形象，又可借由树木被赋予的象征寓意抒发情怀、代为言志，寄托美好期许，表达对幸福生活的向往。因此，宅园内栽植树木，既是爱树，更是爱人，尤爱与自然和谐一体的美好生活。

1. 柳

柳树天性喜水，喜湿耐旱，且极易生长，是我国有文字记述的人工栽培最早、分布范围最广的原生树种之一。倾身侧立于池畔路旁、柔丝绻卷、枝叶飘拂的杨柳自古被赋予人世的悲欢柔情和幽怨别意。早在《诗经》中"昔我往矣，杨柳依依；今我来思，雨雪霏霏"之句，已形象地借杨柳飘逸婀娜的柔婉姿态表达离别情谊。李渔在《闲情偶寄》中说："柳贵乎垂，不垂则无柳。柳贵乎长，不长则无袅娜之致，徒垂无益"。张潮在《幽梦影》里说："物之能感人者……在植物莫如柳"。柳枝千丝万缕、柔韧飘垂，远望涌绿叠翠而又呈婀娜之姿，颇有袅娜缠绵之致。

柳树在扬州大规模的栽植始自隋炀帝。他开通运河，沿岸栽柳，自汴而淮，逶迤千里，形成一派柳色绵延、连天贯地的无尽气象。隋帝杨广为柳树赐姓为杨，"自此柳树皆姓杨"，并作诗咏赋"含露桃花开未飞，临风杨柳自依依"，足见其对柳树颇多喜爱与欣赏。及至唐代，扬州"绿杨如荠绕扬州"（窦巩），"街垂千步柳"（杜牧），城里城外早已是一派柳烟葱茏、绿满城郭的景象；李白也曾"系马垂杨下，衔杯大道间"（《广陵赠别》）。柳树从展叶到开花、再到果熟一般在一个月之内，所以每年阳历4月中上旬就会柳絮飘飞，如雾似雪；李白曾为之吟诵"杨花满江来，疑是龙山雪"。及至冬日，万里霜天之下，柳树叶落枝枯，冰裹雪覆，则又呈现出清丽幽远之致；李嘉祐曾诗中描述到："雪深扬子津，看柳尽成梅"，想雪中杨柳冰垂淞挂、玉树琼枝，恰如白梅盛开。

扬州地势低平，堪称水城，尤其适于柳树生长，因此到宋代时，环城绕郭的杨柳更加浓密。它们依岸探水，垂丝拂波，腰枝轻摆，清丽脱俗而柔婉动人，引得文人墨客争相咏叹。韩琦在《望江南·维扬好》诗中描述："二十四桥千步柳，春风十里上珠帘"。自此人们更多地借舒卷飘逸、仪态万方的柳丝表达柔思缠卷、依依难离之情意。庆历八年（公元1048年），人们为了纪念欧阳修在扬州做太守时的宽简爱民和筑堂修文，亲切地称他在平山堂前栽下的柳树为"欧公柳"。而"杨柳岸，晓风残月"的诗词则生动地描述了冷风残月、垂柳无言的凄然境地；杨柳承载着词人柳永深切浩远的离愁与别念，被人一直记念至今。此后千年，柳树随着扬州的数度兴废而历经风雨却繁茂不衰。

扬州的柳属植物主要有垂柳、旱柳、湖柳和龙爪柳，其中尤以垂柳为最，如图2.53、图2.54所示。由于垂柳柳枝的顶芽不耐霜冻，冬天容易冻死，因此到来年春天时，顶芽左右的两个侧芽便开始发芽长成枝条，由此一根变两根，两年变四根，年复一年越来越多，兼益柔长而下垂到水面，形成柳枝拂波、涟漪荡漾的迷人景象。"沾衣不湿杏花雨，吹面不寒杨柳风"，柳水相依的氛围造就了扬州的城市形象，也温润着扬州的城市性格；"两岸花柳全依水，一路楼台直到山"，扬州宅园中，凡临水处，必有柳枝随风漂浮，撩波照影。绿水脉脉，杨柳依依，澄澈清碧的池水与婀娜柔曲的杨柳晕染出一派葱茏而又清幽的诗意，瘦西湖两岸更是柳色如烟。清代诗人王渔洋在《浣溪沙·虹桥怀古》中赞叹曰："北部清溪一带流，红桥风物眼中秋，绿杨城郭是扬

图2.53 个园池边垂柳

图2.54 徐园池边垂柳

图2.55　瘦西湖杨柳碧桃

图2.56　寄啸山庄夹竹桃

图2.57　寄啸山庄绣楼庭园内的玉兰

州"。自此，"绿杨城郭"便成为扬州的代名词。

扬城的柳树多沿池岸栽植并与桃树搭配，有"三步一桃，五步一柳"之说，自唐以来便流行不殆。每到4月份，池岸边烟笼新绿，垂丝漫舞，桃花妩媚，风情万种，在翠波荡漾中相互映照，观之令人神清气爽，心旷神怡，如图2.55所示。由此，柳桃相间成为中国园林绿化最典型的范例并一直传承至今。杨柳婉约缠绵的气质、婀娜袅柔的形态，氤氲着扬州厚重的历史，润泽着扬州浓稠的城市气质。

2. 古木

计成在《园冶》中说："雕栋飞楹易构，荫槐挺玉难成"。苍古厚重的古木历经风雨而依然挺立于宅园、深巷，见证着时代的沉浮兴寂，刻录着时光的，殊为宝贵。因此，扬州建宅历史上因木构园的事例不胜枚举，宅园中古木多为废园故址旧植，苍枝新叶，高可参天，在宅园中颇具主导地位，如图2.56—图2.59所示。

国际上习惯以一百年作为古书树龄的起点。据1981年扬州园林部门的调查，当时扬州共有古木十八种三百零六株，其中多为古宅旧园栽植。根据《扬州画舫录》记述，乾隆时静香园（又名"江园"）内"树石皆数百年物，牡丹本大如桐"；石壁流淙园内，"种老梅数百株，枝枝交柯，尽成画格"。卷石洞天"石隙老杏一株，横

图2.58 汪氏小苑古柏　　图2.59 寄啸山庄白皮松

卧水上，矢矫屈曲，莫可名状"；南园九峰园内有"辛夷一树，老根隐见石隙，盘踞两弓之地"；明末清初的影园建成之初，即"旧有蜀府海棠二，高二丈，广十围，不知植何年，称江北仅有。今仅存一株，有鲁殿灵光之感"；驼铃巷内的千年唐槐，胸径达一点六米，虽主干朽空，但其余部分仍然枝干遒劲、叶翠花香。

寄啸山庄内百年以上的古树有白皮松、圆柏、罗汉松、瓜子黄杨、广玉兰、女贞、朴树、石楠、紫薇、白玉兰、桂树、夹竹桃等。其中白皮松从湖石假山石隙长出，枝干挺拔，秀丽潇洒；玉绣楼院内的广玉兰已三百多年，根茎虬曲，枝干壮硕，冷光艳翠，荫庇如伞；远观玉绣楼院，檐廊四面围合，院角古木参天，虬枝横逸，姿态巍然。个园内几株龄皆在二百年之上的广玉兰树，苍翠葱茏、古茂森然；桂花厅西、湖石池畔的一株百年枫杨挺玉百尺、枝摇晴空，颇有玉树临风、招云揽月之姿；园内更有几株近二百年之圆柏，枝干虬曲、苍冷古朴，为宅园陡增幽静古雅之气。其他如汪氏小苑内的古柏、可徐迟庭园内的女贞树也已有一百多年的历史。

3. 竹子

竹子既非草本也非木本，它在植物界中自成特殊的一族。在植物分类学上，竹子属于禾本科竹亚科，分丛生和散生两大类，从观赏角度分则有观秆和观叶两大类型。据相关统计，全世界竹类植物约有50余属1300余种，其中在我国自然分布的竹种约有30余属500余种。扬州地处江淮，适宜散生竹种和少数比较耐寒的丛生品种。

竹子葱翠挺秀、意态潇然，历来深受人们喜爱。早在《诗经·卫风》中就有"绿竹绮绮"、"绿竹青青"的描写。竹子枝干劲直，空心多节，被文人雅士赋予虚心向上、刚正守节的精神品质，因此千百年来竹子始终以其翩然萧疏的外在形态和正直高洁的内在文化意向愉悦着人们的视觉和心灵。人们乐于以竹为居、与竹为伴，用竹子美化居所、陶冶情操，使人能避俗趋雅、升华心灵。苏轼在《於潜僧绿筠轩》诗中所言："可使食无肉，不可居无竹。无肉令人瘦，无竹令人俗"，成为竹子最好的说明。李渔亦在《闲情偶寄》中说，种竹"能令俗人之舍，不转盼而成高士之庐"。

从唐代诗人姚合在《扬州春词》的诗句"有地惟栽竹，无家不养鹅"中，可知扬州自古多竹，其载竹的历史至少可追溯至唐朝。据《扬州画舫录》中记述，至清乾隆年间，扬州宅园中处处修篁、片片竹海；如休园内金鹅书屋后"有修竹万竿"、石壁流淙阆风堂后"种竹十余顷"，江园清华堂后"……篔筜数万，摇曳檐际。……长廊逶迤，修竹映带。由廊下门入竹径，中藏矮屋曰'青琅玕馆'，联云'遥岑出寸碧（韩愈），野竹上青霄（杜甫）'。"清代扬州以竹为名的宅园主要有篠园、个园、听簫园、水竹居。其中，篠的本意是箭竹，或是指一种小竹子；而个园全园以竹为主，园主以竹为喻、标榜自身，如诗如画的绿竹修篁既为宅园增添了潇洒意态，又象征了园主的高尚情操和风流雅意；水竹居位于瘦西湖上，又名"石壁流淙"，为扬州二十四景之一，最早为歙县盐商徐赞侯别墅，乾隆于乙酉年间巡幸该园，赐名"水竹居"，并赋诗赞咏："柳堤系桂双，散步俗尘降。水色清依榻，竹声凉入窗。幽偏诚独擅，揽结喜无双。凭底静诸虑，试听石壁淙。"曾经有宋人周密在《癸辛杂识》中，对"水竹居"有所诠释："人家住屋须是三分水、二分竹、一分屋，方好"；另据《江都县续志》记载，扬州有左都御史申甫，他家宅园就名为"三分水二分竹书屋"。实际上，水的清澈与生机，竹的清丽与脱俗，使"水竹居"已经超越了它的栖居形式意义，而成为一种于喧嚣中能与自然诗意相融、与精神深度对话的符号和意境，体现出外在环境与人的内在精神境界的高度谐调。

扬州宅园中所种竹子主要为芊芊摇曳的刚竹属，如镶玉竹、刚竹、早园竹、紫竹，以及分枝簇生、生动潇洒的孝慈竹，而毛竹则不多见。刚竹秆高在8—22m之间，直径40—140mm，一般有二至五枚竹叶生于小枝顶端。竹叶为长椭圆状披针形，夏秋季翠绿色，冬季转黄色。由于扬州土质呈略碱性，而竹子适宜酸性土壤，因此扬州的竹子较少大面积栽植，宅园中也多以群植、散植、丛植为主。如图2.60—图2.63所示，若在建筑四围成片栽植，则可成林海葱茏、小径幽深、几无路可寻的意境，远望惟见雅室一角掩映于绿烟之中，想身处其中不啻凡俗神仙。或将翠竹丛植于院内或是书房窗前，身处雅室，看窗外风过竹摇、青翠明媚，则清心除虑，堪可脱俗。其他，或可筑台丛植于灰墙黛瓦之前，有石笋或湖石与之相依相伴、摇曳生姿；或与松树、梅花共植，形成"岁寒三友"之情境；或沿廊列植，疏姿丽影、清美娇柔；无不呈现出纤秀清雅之姿、青葱可人之意，令人深可赏玩。

4. 琼花

琼花又叫聚八仙、蝴蝶花，为忍冬科落叶或半常绿灌木。株高一般在四至五米，四、五月间开花，花大如盘、洁白如玉，花形奇特、姿态优美，是最具扬州地方色彩和传奇的名花。琼花花朵中间花蕊拥簇、聚如连珠，为可孕花；四周八九朵五瓣

图2.60 个园内绿竹环绕

图2.61 寄啸山庄翠竹丛生

图2.62 寄啸山庄花厅竹景

图2.63 个园竹子

小花，洁白清丽，为不孕花；琼花温润如白玉，皎洁似明月，香味清幽淡远，如图2.64—图2.66所示。宋代张问在《琼花赋》中赞咏其为："俪靓容于茉莉，抗素馨于蔷葡，笑玫瑰于凡尘，鄙荼蘼于浅俗。惟水仙可并其悠闲，而江梅似同其清淑"。

对琼花的记载最早见于北宋文学家、政治家王禹偁的《后土庙琼花》诗前小序中："扬州后土庙有花一株，洁白可爱，其树大而花繁，不知实何木也。俗谓之琼花，因赋诗以状其态"。诗为二首，其一为："春冰薄薄压枝柯，分与清香是月娥。忽似暑天深涧底，老松擎雪白婆娑"。其二曰："谁移琪树下仙乡？二月轻冰八月霜。若使寿阳公主在，自当羞见落梅妆。"宋代胡宿学曾赋诗赞颂："楚地五千里，扬州独一株。香名从此贵，芳格飒然殊。国艳何芳粉，天姿不掩瑜。浓熏霏麝气，细蕊列其中。云朵垂三素，仙衣著六铢。"欧阳修在扬州做太守时，在后土庙旧址建"无双

图2.64 琼花花型

图2.65 琼花树型

图2.66 果实

亭"，并在此饮酒赋诗。据曾敏行《独醒杂记》和周密《齐东野语》记载，琼花曾于北宋仁宗庆历初年及南宋孝宗淳熙年间，两度被移植宫中，皆渐次枯萎且花时无发，而发还故土后又茂盛如初。因此被历代文人大家所赞咏，赋予它美妙神奇的形象和刚正高洁的品性。

庆历五年（公元1045年），韩琦知守扬州，他在《望江南》中赞咏琼花："维扬好，灵宇有琼花。千点真珠擎素蕊，一环明月破仙葩。芳艳信难加。如雪貌，绰约最堪怜。疑是八仙乘皓月，羽衣摇曳上云车。来到列仙家"；后又在《后土庙琼花》中更加着力赞扬："维扬一枝花，四海无同类。年年后土祠，独比琼瑶贵。中舍散水芳，外围蝴蝶戏。荼蘼不见象，芍药暂多媚。扶疏翠盖圆，散乱珍珠缀。不从众格繁，自守幽姿粹。尝闻好事家，欲移京毂地。既违孤洁情，终误栽塔意。洛阳红牡丹，适时名转异。新荣托旧枝，万状呈妖丽。天工借颜色，深浅随人智。三春爱赏时，车马喧如市。草木禀赋殊，得失岂轻议。我来首见花，对花聊自醉"。这分明是作者在赞赏琼花之余，以琼花自喻品格高洁、自守幽姿、不似牡丹"车马喧如市"了，可见琼花已经超越了本身植物的属性而升华为一种精神的象征，代表着高尚的气节和冰清玉洁的品质。

琼花作为具传奇色彩的稀世名花，更吸引了历代的文人墨客为其赋诗作记，如宋代杜游所作《琼花记》、张昌的《琼花赋》、郑兴裔的《琼花辨》、明代杨端的《琼花谱》、清代俞曲园的《琼花小录》等。张三丰赞颂曰："琼花玉树属仙家，未识人间有此花。清致不占凡雨露，高标犹带古烟霞。历年既久何曾老，举世无双莫漫夸。便欲载回天上去，拟从博望供灵搓。"清代扬州籍名士阮元，根据古文献记载，画了一幅"琼花真本"图，就刻在琼花台旁，对扬州的古琼花进行了充分的描述。琼花的殊姿丽容和其所代表的高洁品性令人流连赞叹，但在传统宅园中栽植较少。

5. 桂花

桂花别称木樨，喜阳耐阴，易于成活。桂花树木体态端庄圆润，树叶终年苍翠，每年中秋前后开花，花朵颗粒细小而芳香四溢，既赏心悦目又令人情志怡然。根据品种不同，桂花有金桂、银桂、丹桂之分；金桂花香浓烈，银桂香浓色淡，丹桂花色橙黄而香气似有若无。因"桂"与"贵"同音，且有"蟾宫折桂"之联想寓意，因而金桂、银桂颇受青睐，在宅园中被广为种植。至明清时期，桂花是扬州传统宅园不可缺少的栽植树种之一，如图2.67、图2.68所示。据郑元勋在《影园自记》中记述："室隅作两岩，岩上多植桂，缭枝连卷，溪谷崭谷，似小山招隐处"；《扬州画舫录》中亦记载："白塔晴云水中有桂花屿，种桂数百株，中多老桂，蜀岗朝旭园内十字厅，名为青桂山房，厅前有老桂数十株"。截至目前，扬州市区内共有39颗百岁以上的桂花树。

扬州传统宅园中常喜欢在花厅的前后种植桂花，并称之为"桂花厅"；花开时节，人坐厅上，香盈衣袖。个园于嘉庆年间在寿芝园旧址上新建而成；其后花园的花厅处于全园的中心；由于厅南有住宅和花墙遮挡，因而日照并不充分，于是在花厅前方花坛上遍栽相对耐阴的桂花；身处堂中，四周湖石错落、室内馨香满怀，不由情志畅悦而心清神安。寄啸山庄的桂花厅位于西园最西侧，其对面的湖石山西侧满布丛桂、蓊郁苍翠，每至清秋，桂花展华吐芳，满园芳香弥漫，而厅内更是绿荫笼罩、馨浸香绕，令人迷醉沉酣；康有为曾深感此"桂子月中落，天香云外飘"之妙境，欣然题额"桂花飘香"，笔墨气韵生动、飘逸酣畅。

图2.67　金桂

为追求富贵圆润的观赏效果，扬州宅园中孤植的桂花树多修剪成圆球状。除孤植外，桂花树亦多作列植、散植和群植，具体视功能布局及宅园大小而定。小园占地局促，桂花一般多孤植于庭前，或列植于路旁，或散植于山坡或池岸。大型宅园地域开阔，多将桂花成排群植，既与周围的建筑形成丰富的色彩及造型对比，又可使人身处浓烈的花香之中而怡然若醉。如瘦西湖水云胜概堂两侧阶下密植有成排的桂花树，每至

图2.68　个园银桂路

花时幽香四溢，人若穿行其中则香浸衣衫，使人微熏沉醉。清乾隆时期，位于瘦西湖上的黄园（即四桥烟雨处）颇多古桂树，林苏门的竹枝词中即有"黄园古树桂盈盈"之述；另据李斗《扬州画舫录》十二卷介绍，黄园横跨长春桥两岸，有锦镜阁、丛桂亭、四照轩、金粟庵、水云胜概诸胜，以四照轩附近的丛桂亭和金粟庵处的桂花最盛："每夜地上落子盈尺。"

6. 桃花

春光明媚的三月，桃花柔美娇艳、香气馨甜、沁人脾肺、令人流连。《诗经·桃夭》中有"桃之夭夭，灼灼其华"之句，可见对桃花的喜爱之情古已有之。扬州植桃历史颇久，有笔记记载江南茅山乾元观（即南朝齐代陶弘景归隐旧居）的道士姜某，从扬州得烂桃数担，种其核于空山，次年萌发新苗无数，长达五里。

扬州桃花品种繁多，有单瓣粉红、粉白桃花，有重瓣、花色淡红的碧桃（千叶桃）、花色深红的绛桃，花色红白的日月桃和鸳鸯桃，叶色紫红的紫叶桃，枝条

图2.69 碧桃花（自由子供图）

图2.70 白桃花

图2.71 与杨柳间植

图2.72 散植

下垂的垂枝桃，低枝矮脚的寿星桃，以及洒金碧桃等，如图2.69—图2.72所示。

扬州宅园中桃树的种植方式一般有两种。一种是密植于土坡岗阜、成为桃林；或湖心堆屿，遍植桃花，如盛世桃源。周瘦鹃在（《拈花集》第二辑）中说："桃花必须密植成林，花时云蒸霞蔚，如火如荼，才觉得分外好看"。清时，虹桥东岸江园内有桃花池馆，附近坡阜上遍植桃花，引其位置在高阜之后，花时游人不得见，而当山溪水发时，则落花如锦，随水漫流；对此《扬州画舫录》中记述曰："一片红霞，泪没波际，如挂帆分波。为湖上流水桃花，一胜也"。江园以白桃为多，与之隔湖的西岸桃花坞，则以红桃花为最胜。园内坡阜起伏，芳华烂漫，人行其中，须发皆香。瘦西湖上长春桥西，于丹楼翠阁间植桃树数百株，花时，红艳如霞，芳菲映水，其景为"临水红霞"。

另一种栽植方式是沿小径或临湖岸边，将桃树与柳树间植，一柳一桃，青翠明媚。明末时的影园即在临湖一侧夹岸遍植桃柳，延袤映带，称为"小桃源"；瘦西湖西园曲水浣香榭曲池之南，亦散植有碧桃三五株于柳间、池畔，柳色清新，桃花夭碧，柳影花香，芳醉迷人。

7. 梅花

梅花原产于川、鄂一带，在我国已经有三千年以上的栽培史。《诗经》中有描写青年女子在梅树下唱着情歌的《摽有梅》，表明当时黄河流域普遍生长着梅树。人们赏梅赞花应始于春秋时代；西汉刘向曾在《说苑》一书中提到，越国使臣执梅花赠梁惠王，可见当时江浙一带已产梅花且以花为贵。

梅花不畏严寒，可凌霜傲雪而开，因而有"二十四番花信子之首"之称，历代文人对梅花皆赞咏有加。王冕的"不要人夸好颜色，只留清气满乾坤"、陆游的"零落成泥碾作尘，唯有香如故"以及"疏影横斜水清浅，暗香浮动月黄昏"等千古佳

图2.73 梅花岭及梅花

句皆赋予梅花以深厚的文化寓意。

　　扬州地处亚热带季风性湿润气候向温带季风气候的过渡区，冬天最低温度约在零下10℃左右，比较适宜梅花生长。扬州梅花主要有玉蝶型梅、绿萼型梅、宫粉型梅和朱砂型梅和山桃系梅，它们的代表品种分别有小玉蝶、小绿萼、重瓣粉口、骨里红、美人红、檀香、头红、二红、墨梅、送春、垂梅、龙梅、花梅、杏梅等几十个品种。扬州自宋以来即盛行艺梅之风。为适应梅花生长，扬州多堆土成山，成片栽植，如图2.73所示。北宋时期，扬州西数十里处有"十里低平路，千株雪作堆"的"梅园"；元末在城北竹西佳处有"梅所"；明朝末年位于荷花池北的影园（郑元勋宅院）内有"梅涧"；清代天宁寺西院的让圃内有"梅坪"；而堡城更是清代扬州乃至全国的"艺梅"中心，提倡"梅以曲为美、直则无姿，以欹为美、正则无景，以疏为美、密则无态"，产生了当时引为时尚的"提篮梅"、"疙瘩梅"两种梅型。

　　乾隆皇帝六下江南，对扬州宅园中的报早梅多有题咏，如趣园的"沿堤柳叶护梅花"，九峰园"风前梅朵始敷荣"，倚虹园"梅展芳姿初试噘"，竹西精舍"梅庭入画欲开齐"，康山"爱他梅竹秀而野"等；最让乾隆惊艳的是平山堂的十亩梅园：蜀冈之上，平山环坡，千万株盛开的白梅洁似雪、浩如海，连天接地、馨香盈怀，乾隆遂援毫题名"小香雪"。《平山堂图志》中对此亦有所记载："小香雪，旧称十亩梅园……乾隆三十年，我皇上临幸，赐今名，又赐'竹里寻幽径，梅间卜野居'一联"。每逢花时，居于金陵随园的诗人袁枚竟舟车百里往来邗上一探梅花。与此同时，扬州爱梅之人亦多不胜数。郑板桥在《梅庄记》中记述有"广陵城东二里许"的一位敬斋先生，性嗜梅，"与梅最亲切，扑者培之，卧者扶之，缺者补之，茸者削之"，不仅如此，这位梅痴还于霜凄月冷、冰魂雪魄之时，"徘徊其下，漏点频催，不忍就卧，盖念梅之寒，与同寒也；"而当室外风号雨溢、电击雷奔之际，他"披衣而起，挑灯达旦，周遭巡视，视梅之安而后即安"，足见其视梅如友、爱梅如子、相依相伴、难分彼此之情。

　　从隋唐至明清，梅花一直是扬州宅园中最先吐香争艳的春之信使，引领满园春色。《扬州画舫录》作者李斗当时住在纟秋阁（在今新胜街）时，窗外便有庭梅与之日日相对。"扬州二马"马曰琯（1688—1755）、马曰璐兄弟不但在其用于藏书宴集的街南书屋一角植有数株白梅，而且在其天宁寺西马氏家庵（行庵）、城东霍家桥南的马氏别业（南庄）内，都有梅香芬馥。另外，马氏兄弟于乾隆八年（公元1743）从南京白下精心挑选了13株古梅移植于街南书屋七峰草亭之南。《扬州画舫录》里尤其对梅花的记述颇多，如瘦西湖小金山上的梅岭春深："岭上下遍植松柏榆柳，山麓多树梅。……湖上梅花以此地为最胜。盖其枝枝临水，得疏影横斜之态"；又如莲花桥北岸的白塔晴云："由长堤沿山麓而西，山上有梅花如雪"；石壁流淙："屋在两山间，梅花极多"、"种老梅数百株，枝枝交让"；其他还有"蜀冈朝旭"靠山处，多粉白色的玉蝶梅；"万松叠翠"旷观楼后，三四株老梅姿若矫龙；漕河南岸的"平冈艳雪"，数里平冈上遍植梅花，花时如雪，枝枝临水横斜，是湖上梅花最胜之地。另据《扬州画舫录》卷四记载，城北崇宁寺旁坡阜，增土为岭，岭上"栽梅花数百株，皆玉蝶种。花比十亩梅园迟开一月。极高处有山亭，六角。花时便不见亭"。在扬州传统宅园中，在中国传统文化语境下，梅的品格成为宅园主人修身养性的崇高目标，梅花成为园主自身高洁人格的自拟与写照，人们植梅、赏梅、爱梅，与梅为伴，无不寄予了此种精神追求和文化情操。

（九）藤本花木

在扬州传统宅园中，恣肆烂漫的藤本花木是不可或缺的重要组成。对于小户人家来说，它可使灰墙黛瓦披萝绮绣，为古朴的小院点染出勃勃生机；而在大型宅园内，它攀墙附山、铺华陈锦，成为润碧全园的华美基底，如图2.74所示。扬州宅园中的藤本花木种类较多，主要有紫藤、凌霄、爬山虎、木香、金银花、茑萝、牵牛花等。

1. 紫藤

紫藤又名藤萝、朱藤，是一种落叶攀援缠绕性观花藤本植物，原产于我国，喜光耐阴，对气候和土壤的适应性强，广泛分布于我国境内。紫藤花色淡紫，花型如蝶，玲珑温婉、清雅绝俗，无论是扬州的富商雅士还是平民布衣，皆对其深为喜爱，

图2.74　扬州宅园中的藤本花木（麦隆供图）

在宅园中被广为种植。据《扬州画舫录》记述，东关街马氏的"紫藤书屋"之名即来源于园内栽植有数颗紫藤，篠园旧雨亭的"花木三绝"是指一亩老桂、一墙薜荔与一架古藤，石壁流淙园内的石壁之中有"古藤数本，春天新绿初发，夏天花开累络、清香悠远、夏秋之时，枝虬叶茂、山经几断"，瘦西湖锦泉花屿上的藤花榭绵延一里有余；其他如湖上卷石洞天、西园曲水、徐园、长堤春柳等处皆有栽植。

扬州传统宅园内百年以上的紫藤很多，仅收录进《扬州古树古木目录》的紫藤就有4棵。其中最为年长的一颗树龄有700多岁，位于紫藤园内，俗称马可·波罗紫藤（相传为马可波罗手植）；它风霜历尽，根径如斗，盘旋虬曲有如龙腾鹤舞，如图2.75所示。其二为盐商卢少绪住宅内藏书楼西侧的紫藤，它历经150多年的岁月仍枝繁叶茂、苍翠葱茏，每至仲春则紫花纷披，璎络累垂，与藏书楼东西相对，营造出既古朴幽远而又清新脱俗的优雅氛围。其他两枝分别在瘦西湖及珍园内，树龄均已超过百年。

扬州宅园中的紫藤一般为单植或列植。紫藤主干皮色深灰，苍古遒劲，若单独栽植于庭前，则枝干纵横，蓊郁葱翠，加之钟玲悬垂，芬芳柔美，堪可品玩；若与山石缠绕相依，则嶙峋山石与虬枝逸干相辅相成，呈现出一派坚秀华美而又生动妙曼的身姿。如图2.76所示，东关街黄氏个园内鹤亭东，一根紫藤立于湖石山道出口处，藤石缠绕，枝叶交错，紫花悬垂；风摇香飘，湖石增媚。若沿小路列植而架设成廊，则浓荫匝地、紫花烂漫，人入其中、如处仙境，心清神怡、流连难去；如冶春园水榭对岸沿坡架设有数十米长的紫藤长廊，但见虬干蜿蜒屈曲、缘柱而上，枝叶葱翠纷披、覆盖整个廊架，串串花序悬挂于绿叶藤蔓之间，散发幽幽清香，芳沁心脾。

2. 凌霄花

凌霄花原名"紫葳"，为多年生木质落叶藤本，始载于《神农本草经》。《图经本

图2.75　七百年老藤　　　　　　　　　图2.76　个园紫藤

图2.77　小金山枯木新藤（扬州老人供图）

草》中也有记载："紫蔚，凌霄花也。……依大木，岁久延引至巅……"。凌霄花枝
丫间生有气生根，可以此攀缘于山石、墙面或树干而向上生长，高可达数丈，故此
名曰"凌霄"。李时珍在《本草纲目》中曾对其有详细的描述："凌霄野生，蔓才数
尺，得木而上，即高数丈，年久者藤大如杯，初春生枝，一枝数叶，尖长有齿，深
青色。自夏至秋开花，一枝十余朵，大如牵牛花，而头开五瓣，赭黄色，有细点，
秋深更赤。"

　　凌霄花生性强健，色彩艳丽，枝叶繁茂，气息热烈，多植于宅园内的墙根、树
旁、竹篱边。东圈门刘文淇故居清溪旧屋小院内，一丛凌霄花沿墙攀援而上，花枝
伸展，迎风飘舞，一簇簇橘红色的喇叭花映照着灰墙黛瓦，古朴艳丽，生机勃发。
小金山湖上草堂北山墙边有棵五百多年树龄的枯树，树高约三米，一株凌霄花攀附
而上；每逢花时，枯树苍褐而肌理温润，攀萝繁茂而鲜靓活泼，呈现出古雅而又俏
丽的绝伦风姿，如图2.77所示。

　　3. 爬山虎

　　爬山虎又称巴山虎、常青藤、地锦、飞天蜈蚣、捆石龙、枫藤等，是多年生木
质大藤本攀缘植物，藤茎柔韧，枝条细长，枝上有卷须，卷须顶端有黏性吸盘，无
论是岩石、墙壁或是树木均能吸附其上，因此可以沿壁攀缘漫爬。爬山虎生命力顽
强，生长速度快，绿化覆盖效果非常好。著名作家叶圣陶先生在《爬山虎的脚》一
文中曾对此有生动的描述："爬山虎的叶子绿得那样新鲜，看着非常舒服，叶尖一顺
儿朝下，在墙上铺得那样均匀，没有重叠起来的，也不留一点儿空隙，一阵风吹过，
一墙的叶子就漾起波纹，好看得很。"

　　在扬州传统宅园内，爬山虎是最为恣肆的植物，它们攀墙附壁，翻岩覆石；与
山石融为一体，与建筑亲密相依，如图2.78、图2.79所示。作为全园绿植的基底，他
们或柔碧帘垂，或绿云漫铺，荫润全园。春天，爬山虎枝叶葱翠，蓊郁弥漫；夏天，
黄绿色的小花在一片翠碧中若隐若现；秋天，绿色的叶子由黄转红，紫黑色浆果累

垂繁硕，色彩浓郁鲜艳而又沉实透亮，使得全园的建筑、山石色彩斑斓。扬州宅园中，这种对爬山虎纵容般的喜爱，折射出扬州传统文化中尊重自然、喜爱生命、和谐质朴、互依互存的天人合一思想。

图2.78　寄啸山庄的爬山虎

图2.79　个园爬山虎（海角天涯供图）

（十）花草

扬州历来有爱花的传统。早在南朝宋文帝元嘉年间，营造出一派"果竹繁盛、花木成行"的景象；及至唐代，扬州已是"园林多是宅"（姚合），当时扬州人家的宅院一定是花木扶疏，景象葱茏。据郑元勋在《影园自记》中的记述："岩下牡丹，蜀府垂丝海棠、玉兰、黄白大红珠宝茶、馨口香梅、千叶梅、青白紫薇，香橼，备四时之色。"可见明代的扬州宅园花草繁盛、草木葱茏。

清代的扬州繁华富庶，在富商显贵讲究居住环境和生活品位的引领下，花木栽植与欣赏成为扬州民居内不可或缺的重要内容。人们乐于在庭前、屋角叠石栽花，四时赏玩。当时的豪门富户还专门辟有花园或花房。据李斗《扬州画舫录》卷二中记载："湖上园亭，皆有花园，为莳花之地。……养花人谓之花匠，莳养盆景，蓄短松矮杨杉柏梅柳之属。海桐黄杨虎刺，以小为最。花则月季丛菊为最。冬于暖室烘出芍药牡丹。以备正月园亭之用"；花匠每天清晨都要把精心培育出的四时鲜花装盆后送到主家的客厅、书房和庭院中的花架上，使得宅园内一年四季繁花似锦、花木葱茏。据考证扬州富春茶社的前身为富春花局，花局主人在盐阜路上有一处花园，花匠每天清晨都会准时将花卉送到主人的住处。

对于空间狭小的宅园，人们一般在天井一角筑一方花台。花台用矮墙砌筑，墙身用小瓦和旺砖拼搭出形似花窗的装饰图案；花台所植花木一般为秋海棠、玉簪花、炮杖红、凤仙花、天竹、菊花、腊梅等当地常见花木。在主人的莳养下，花台上花木扶疏，繁茂葱茏，使宅园充满勃勃生机。而若天井过小、无处筑台，则多在窗下架设阶梯形花架，架上盆花层层置放，错落有致，颇具匠心。朱自清的散文《看花》

即道出了扬州传统人家的宅院花事："……有些爱花的人，大都只是将花栽在盆里，一盆盆搁在架上；架子横放在院子里。院子照例是小小的，只够放下一个架子；架上至多搁二十多盆花罢了。有时院子里依墙筑起一座"花台"，台上种一株开花的树，也有在院子里地上种的。"

扬州民居宅园中对花卉的需求造就了养花产业的兴盛。清代的扬州"十里栽花当种田"，莳养花木成为扬州当时的经济支柱产业。扬州北郊的傍花村、堡城、鹤来村等皆世代以种花为业，春以盆梅、月季为主，夏产栀子，秋以菊花为盛。扬州人历来还有郊外赏花的习俗。据《扬州画舫录》卷十一载："画舫有市有会，春为梅花桃花二市，夏为牡丹芍药荷花三市，秋为桂花芙蓉二市"。足见养花赏卉已成为扬州传统生活中不可缺少的组成部分。

1. 芍药

芍药风姿绰约，艳丽美好，是我国最古老的传统名花之一。《诗经·郑风·溱洧》中说："维士与女，伊其相谑，赠之以芍药"，因此芍药自古即被视为爱情的象征，用以表达情人之间的深情厚谊。因为芍药多被作为礼品赠给即将离别的情人，所以又名"将离"。

古人留存至今的芍药谱共有四本，其中三本皆为宋人所写，如刘攽所著《维扬芍药谱》（作于公元1073年），王观著有《扬州芍药谱》（作于公元1075年）、孔仲武所著《芍药谱》（作于公元1075年左右），且皆以扬州芍药为主。由此可知扬州芍药至宋代已称盛于世，名种迭出。孔仲武《芍药谱》中称："扬州芍药，名于天下，非特以多为夸也。其敷腴盛大而纤丽巧密，皆他州所不及"。苏轼在《题昌芍药赵》中提及："扬州近日红千叶，自是风流时世妆"；苏辙诗中也有"千叶团团一尺余，扬州绝品旧应无"等诗句，可见千叶是当时冠绝群芳的名品。扬州在明代时曾出现过一种极为罕见的黑芍药，花色深紫近黑；人赠徐渭两枝，徐渭则为此题诗曰："花是扬州种，瓶是汝州窑。注以东吴水，春风锁二乔"；诗人在诗中以人喻花，谓其芳华绝代、艳姿风流。

宋时扬州种花之家舍园相望，一派万紫千红。宋神宗时词人王观在其所著的《扬州芍药谱》中说："今则有朱氏园最为冠绝，南北二圃所种几于五六万株，意其古之种花之盛，未有之也。朱氏当其花之盛开，饰亭宇以待来游者，逾月不绝"。种花人、赏花人皆殷勤待客，繁花弥望，游赏不绝，多么纯朴而又浪漫的美丽风情。

清初扬州大型宅园渐盛，园内多辟花圃、种芍药、建芍厅，因此清代扬州的芍药种植与栽培技术得到进一步发展。康熙二十七年（公元1688年），陈淏子在《花镜》中说："芍药惟广陵者为天下最"，并详细记述扬州芍药八十八个品种。据考证二十四桥旁旧有"小园"，园方四十亩，中有十余亩尽为芍药田；花开时节，游人如织，士女如云。小园后改为三贤祠，中有观芍亭，如图2.80所示。另据《扬州画舫录》卷十四记载，瘦西湖白塔晴云"园中芍药十余亩，花时植木为棚，织苇为帘，编竹为篱，倚树为关。游人步畦町，路窄如线，纵横屈曲，时或迷失不知来去。行久足疲，有茶屋于其中。看花者皆得契而饮焉，名曰芍厅"。作为扬州传统花

图2.80　瘦西湖芍药与芍药亭

木的代表，杨柳与芍药均是温柔缠卷和离愁别绪的情谊象征，遂由此可见扬州城市的气质品格和风貌特色于一斑。

2. 荷花

荷花为宿根水生花卉，喜湿怕干，宜生殖于相对稳定的静水。扬州地处里下河平原地区，大多数时间水流较缓且气候适宜，因此荷花广有栽植。扬州本地的荷花名品为"扬州红"，花大色正，腴丽饱满。

荷花皎洁清秀、淡逸芬芳，堪为夏日清赏。荷钱刚冒出水面之时，田田新绿点缀碧波，令人期待；待碧叶高擎则如伞如盖，"有风即作飘飘之态，无风亦呈袅娜之姿"（李渔《闲情偶寄》）；若承露带雨则晃漾不已、轻灵可爱；及至荷箭高举、蜻蜓飞歇，则苞含香蕊、清丽悠远；及至满塘荷花盛开之时，朵朵亭亭玉立、随风婀娜，姿态娴雅美丽。另外，在扬州传统文化中，荷花及莲藕因象征多子多福而备受人们喜爱。扬州民俗中有农历六月二十四日为荷花生日之说，是日满池翠华如盖、荷花盛开、盛美腴丽，池畔游人如织、赏玩不歇。

在宅园中凿池载荷是扬州当地的传统。据考扬州司徒庙北旧有养志园，乃晚清山东人于昌遂在扬州做淮扬兵备道时所筑，园中特地开池种荷。主人对荷花的栽种、成活、生叶、结朵、怒放、观赏等，观察得非常仔细，并在《规塘新种荷花盛开》诗中加以详尽描绘，如"凿池像阙月"、"方春种藕苗"，枝叶长出"竦若青琅玕"，花朵"红霞冒屋脊，素月悬檐端"，可见园主对塘荷的钟爱。篠园主人曾在园外湖边疏浚芹田十数亩，尽植荷花，并筑水榭其中；《扬州画舫录》对此亦有所记述："塘中荷花皆清明前种，开时出叶（瓣）尺许，叶大如蕉"；以荷花为主题的"荷浦熏风"是湖上二十四景中之一："桥西为荷浦熏风，桥东为香海慈云，诗地前湖后浦，湖种红荷花，植木为标以护之；浦种白荷花，筑土为堤以护。堤上开小口，使浦

图2.81 池载及盆栽荷花

水与湖水通。"而若宅院狭小，盆载荷花则是扬州宅园中必不可少的风景，如图2.81所示；水池之中亦多用盆荷入池。

3. 菊花

菊，古字为"鞠"，《礼记·月令》中即有"季秋之月，鞠有黄华"的记述，可见菊花在我国栽培历史悠久。晋时菊花品种渐多；清代，扬州菊花的种植和栽培技艺达到顶峰。据嘉庆《重修扬州府志》记载："菊种亦近年为繁，士人多从洛中移佳本"。近人王振世的《扬州览胜录》中提到，扬州赏菊佳处很多，如堡城、傍花村、绿杨村和冶春花社等。"堡城在北门外，距城五里……秋则以菊花为最盛"，"次则以北门之傍花村、绿杨村、冶春花社，产菊亦颇盛。"傍花村在扬州北郊，李斗在《扬州画舫录》卷一中有所描述："居人多种菊。薜萝周匝，完若墙壁。南邻北垞，园种户植。连架接荫，生意各殊。花时填街绕陌，品水征茶。"嘉道时的浙江郎葆辰所作《广陵竹枝词》（《桃花仙馆吟稿》卷三）中有"傍花村里坐团圞，酒压金樽花压栏"的诗句，描写了秋日士女云集傍花村赏菊的胜景。据考餐英别墅原主人于继之尤爱种菊，因此将其位于冶春花社西侧的住宅取名为"餐英"。

扬州有很多艺菊名家，如乾隆时的叶梅夫以及清末民初的藏谷、萧畏之，陈履之等人。据《扬州画舫录》卷十中记述："六安秀才叶梅夫，善种菊。与傍花村种发异，不接艾梗，不植篷篰……都归自然。著有《将就山房花谱》。以色分类，如铜雀争辉、老圃秋容皆异艳绝世"。乾隆四十二年（公元1777年），这位自号"花癖"、"菊花和尚"的秀才携着他的菊谱、菊种和独特的技艺来到扬州，寓居于虹桥之畔的田氏冶春诗社年余。当其时，扬州正处于历史上最鼎盛的时期，"碧树平围野，黄花直到门"。在叶梅夫的影响下，"干高不盈二尺，花头只留两三，专取淡逸之致，以瘦为得菊之本真"的菊艺引领当时的审美时尚。这与一般花农养菊皆接以艾梗，取其干高而花多之法迥然不同。又据《扬州画舫录》卷十记述："土人周叟，有田数亩，屋数椽，与园为邻。田氏以金购之，弗肯售，愿为园丁于园内种花养鱼。其子扣子，得叶梅夫养菊法，称绝技。"

根据叶氏在《将就山房花谱》中所言，艺菊共有28道工序；前27道为栽植技术，第28道是为菊"命名"。他在数以万计的菊花品种中遴选出142种佳品，以黄、绿、白、粉、红、紫、间七色分类，凭其雅逸的联想为菊花命名。如名"碧云天"的菊花，其"色碧瓣宽，洁净圆明，环心微露。黄花遍地忽开成碧云满天，倘教折取赠行人，恐触西风壮雁，又惹出无限离情"。

菊花喜凉爽，既耐寒又耐旱，最适宜在20℃左右生长。每年8月到9月中旬是菊花的营养生长期，但此时扬州气温依然居高不下，湿度也较大。为使菊花能良好地生长发育，艺菊者每每需要付出较大的辛劳。据《扬州览胜录》记载，光绪十四年（公元1888年），曾授翰林院庶吉士的扬州人臧谷著有《问秋馆菊录》。臧谷居于府东街桥西花墅，以"种菊"生、"菊隐翁"自称，爱菊成癖，筑有问秋馆为艺菊之地。他"早将短褐换朝衫，榛棘重重手自芟"，身穿粗袄，手持长铲，掘地护垄，亲手培植。而当菊花盛开之时，臧谷召集冶春后社的诗人们赏菊吟诗，一派风流雅逸之致。从他"豪门无计畅秋怀，买得丛芳满架排"的诗句中，可见当时扬州富商显贵对菊花的崇尚和扬州菊市的繁盛。

萧畏之居于文昌阁西之楼西草堂，离桥西花墅不远，幼时学诗于臧谷，亦为后社诗人。其艺菊之名为"萧斋"。萧斋之菊，霉扦为多，花迟耐久，可开至来年春二月。萧有诗曰："二月犹开秋后菊，六时不断雨前茶"。据记载，扬州于清朝前期、后期和民国后期各有10大名品菊花，统称为前十大名品菊（虎须、金饶、乱云、麦穗、粉霓裳、鸳鸯霓裳、翡翠绿、素娥、玉狮子和柳线）、后十大名品菊（麒麟阁、麒麟芦、麒麟甲、玉飞、海棠魂、紫阁、杏红藕衣、玉套环、金套环和白龙须），以及新十大名品菊（猩猩冠、醉红妆、绿衣红裳、紫宸殿、绿牡丹、鹤舞云霄、金飞舞、外霞满月、燕尾吐雾和醉宝）。菊花种类约至数百，花型千姿百态；时至今日，在灰砖黛瓦的院落中，菊花仍然以其耀眼的金黄或皎洁的粉白独傲秋霜，从而愉悦着人们的心情，如图2.82所示。

4. 腊梅

腊梅花色金黄，因而在宋之前称为"黄梅"。据传北宋大文豪苏东城、黄庭坚鉴于其花黄似蜜蜡，遂将其更名为腊梅；杨万里有诗"岁晚略无花可采，却将香蜡吐成花"，即为赞咏腊梅所作。扬州大致在唐宋便有蜡梅的踪迹，明末影园中已见磬口蜡梅，至清代则大小园圃多有栽培。素心腊梅中的"扬州黄"、磬口蜡梅中的"乔种腊梅"花粒较大、香沁心脾，

图2.82 菊花

图2.83　馨口腊梅（夏天的台风供图）

皆为扬州名品，如图2.83所示。

腊梅寒冬开花、清香四溢，庭院栽植最为适宜。扬州传统宅园之内，腊梅多秀立于庭前、旁有山石托护；或幽处于园径两侧丛枝之中，独于冬日清寒料峭之时、万物萧索之中倩姿舒逸、展华吐芳，使满院寒香浮动，令人志悦情怡；或当人匆匆行过之时，倏忽闻得一阵异香扑鼻而讶然追寻、宝爱所获，并于寒冬之中平添一丝对春天的向往和希冀。

扬州清代著名学者焦循曾于嘉庆十四年（1809）修葺半九书塾，雕菰楼、蜜梅花馆为其馆堂居室。半九书塾远有黄钰湖波与田畴村陌，近有四时花卉和园林小筑，小有湖光山色之胜；雕菰楼为焦循读书著书之处，轩窗为框，柳竹为画，庭前有一株其曾祖亲手栽植的黄梅，每至寒冬、素萼横苍干、老梅溢古香，相伴焦循潜心著写；《里堂学算记》、《易通释》、《孟子正义》、《剧说》、《花部农谭》、《雕菰集》，每一部著作都深沁腊梅的幽香。焦循的妹夫、清代著名学者阮元在《半九书塾八咏》中，以蜜梅花馆为题赋诗曰："众卉已惊寒，黄梅独相耐。况是先人遗，书馆忽翦拜。一片冰雪心，留在湖波外。"以素洁无瑕、独展芳华的腊梅赞誉焦循的冰雪之心和脱俗之志。

今东关街冬荣园内仍有梅影绰约，至冬寒而花愈盛；据此园主取其冬日吐露荣华之意，故命园名为"冬荣"。瘦西湖上的徐园内，在听鹂馆前后、疏峰馆左右，一片枝枯叶黄之中，满树的腊梅花在虬枝上盈盈欲舞，朵朵蜜花玲珑纤丽，花瓣绵薄脂腻，幽芳清洌，沁人心脾。若于腊梅深处久立，则香满衣襟，恍然迷醉。

5. 书带草

书带草又名康成读书草，据传因东汉淄川（今山东淄博）城北经学家郑康成读书处多此草而得名。书带草叶形如韭，色泽苍翠，柔曼纷披，四季常青，生命力非常强韧，无论是厅堂阶边还是假山脚下、古木根沿，只要获得一点土壤和水分，就能抱角沿阶、繁茂生长，因此在扬州有"台沿草"之称谓。

书带草在扬州宅园中非常常见，并因此而成为扬州宅园的特色之一。它既可大面积栽植以用于植被、护根、护坡，又可将其点缀于山脚、石隙，以增加地面色彩及质感层次、突出山石造型，并渲染出宅园繁茂幽深、温润苍古之意趣，如图2.84所示。陈从周在《扬州园林与住宅》一文中说："书带草不论在山石边、树木跟旁，以及阶前路旁，均给人以四季常青的好感。冬季初雪匀被，粉白若球。它与石隙中的秋海棠，都是园林绿化中不可缺少的小点缀。至于以书带草增假山生趣，或掩饰假山堆叠的疵病处，真有山水画中点苔的妙处"。

图2.84 寄啸山庄书带草

三、游赏空间布局艺术特色

（一）注重生活，强调享乐

扬州大中型宅园园主多愿标榜自己为儒商。他们经济实力雄厚，既以推崇文化为风雅，又追求富丽高贵之气，并喜在园中设厅、榭、轩、堂以作为招待宾客、洽谈商务的交际场所；因此，扬州宅园的游赏空间虽与苏州园林一样，以组景立意为基础，以建筑、山石、水体、花木为主要构建要素，以人文和自然的结合为欣赏客体，致力于将各种造景要素组成一个有机、和谐的统一整体；但二者的价值观与视角指向决然不同，甚至可以说完全相反。无论是营建恢宏浑朴的大型宅园，还是精思巧构小型山水空间，扬州传统游赏空间最终的价值指向更强调于空间的社交和娱乐的功能性表达，建筑、山石、水体、花木皆以其自身明确的存在感揭示着扬州传统文化中强调现世、立足当下、注重自我的本体生活、追求感官享乐的价值观和审美观。

在对大中型游赏空间进行平面布局时，首先确定主要建筑如花厅、楼阁的位置；然后根据游赏效果凿池叠山、聚水为面，以山石为岩体、为岸线，使之或临池矗立、或绕池回旋；然后用游廊、亭子进一步组织和丰富空间；树木花卉在园内或为主体、或为陪衬，既讲究树形、花色的对比与协调，又注重利用花木的象征与寓意表达对生活的美好期许；空间整体布局具有大开大合、收放有度、有节奏、有气势、有留白、有细节的特色。立面构图则从山水画理出发，建筑喜用层楼、轩昂富丽，木材首选楠木、紫檀、红木，力求山石巍峨苍古、水体烟波浩森，树木花卉虽陪衬附丽而繁茂华硕、蓊郁苍翠，既致力于烘托浑朴大气的台阁气象，又追求朴野脱俗、无人工痕迹的写意山水境界。

（二）尽翻成格，变化多端

扬州传统宅园建筑造型丰富生动，平面布局灵活多变，从不生硬拘泥于固定形式，倾向于做到变化多端、不落常格。正如清乾嘉时期无锡人钱泳曾在其所著《履园丛话》卷十二中论述："造屋之工，当以扬州为第一，如作文之有变换，无雷同，虽数间小筑，必使门窗轩豁，曲折得宜，此苏、杭工匠断断不能也。盖厅堂要整齐如台阁气象，书房密室要参错如园亭布置，兼而有之，方称妙手。"

明代著名的造园家计成主持设计和施工的影园堪称扬州宅园"尽翻成格、变化多端"的优秀范例。影园面积较小，大约五亩左右，地处旧城墙外的南湖长岛的南端。它以一个水池为中心，由此形成湖中有岛、岛中有池的格局，使园内池水与园外湖水一脉相连。影园东面堆筑蜿蜒连绵的土石假山作为全园主山，以此把城墙障隔开来；北面堆筑较小的客山与主山呼应，并可代为园墙以使空间完整；其余两面大开四敞，广纳远近山水景色、借景入园。郑元勋在《影园自记》中说："大抵地方广不过数亩，而无易尽之患""尽翻成格，庶几有朴野之致"；加之园内花木繁茂，蝶恋莺啼，建筑疏朗朴素，功能各有不同，因此全园既恬淡雅致，又以简胜繁，堪谓"略成小筑，足征大观"。

（三）相地立局，有法无式

扬州宅园的游赏空间在进行布局时，尤其注重审地度势，遵照"相题立局、随方逐圆"的原则进行建筑造型设计与山石树木的安排。宅内因地制宜布置亭园，大者构筑山水园林，意境幽深旷远；小者点石栽花，营造亲近自然、和谐秀美的人居环境，务使观之者畅、居之者适。在扬州宅园中，花厅是主体建筑，所以位置较为居中，四周环山绕水、栽花植木，花厅建筑四面设置花窗；其他建筑则随宜而设，如在山巅最高处、水之中央构亭，在临水处做船舫，在对水处建台设轩，在花园最深处藏书于楼阁。设计者因形就势、高下随宜、巧思精构，建筑式样随形而变、几无定式，体现出"有匠心，无匠气"的艺术高度。如图2.85所示为永胜街四十号魏宅轴侧图，游赏空间内的建筑局部及造型皆随形就势、形态丰富、变化多端。

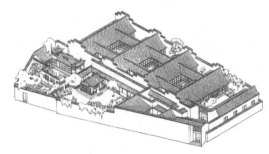

图2.85　永胜街四十号魏宅轴侧图

另外，汪氏小苑中船厅的设计也充分体现出"有法而无式"的设计思想。设计者从盐商对船运的依赖进行设计立意，取"船"之意对住宅西侧余出的一块狭长的三角形地带进行建造与处理，将较宽的部位设计成船形厅供女眷休闲娱乐，尖底处形成船尾。如此既巧妙处理了边角剩余空间，又增添了居住环境的情趣，堪称化腐朽为神奇的设计。

（四）以小见大，弯路多通

扬州宅园游赏空间的动线貌似通达而内多曲折。在四面围合的空间内，四面园墙一般皆设有门，而有的门起到的是迷惑方向的作用；在山石的陪衬下，表面看来门皆可通，但真正步入则蜿蜒曲折，不走到出口不知通向何处，具有外观明朗、内则多曲、幽深多变、极富趣味与巧思的特点；如建于清乾隆嘉庆年间、位于扬州市丁家湾大树巷内的小盘谷堪为此种典型。小盘古占地很小，建筑物和山石也不多，但整体布局紧凑、曲径通幽，使苍岩探水、溪谷幽深、石径盘旋、节奏多变，在有限的空间里充分利用园墙、廊子组织与划分空间，使空间层次丰富、动线明暗幽迷、空间开合生动，咫尺之间即令人左右回旋，构思奇巧、令人讶叹，充分体现出以小见大、弯路多通的布局特色。

（五）静观慢品，乐享自然

扬州文化所追求的生命形态始终是温婉闲适的，因此扬州传统文化中最为突出的一点是尊重自然本体、热爱生活本身这种对自然、对生命的尊重和对生活的认真已经内化为一种精神信仰，影响着人们的行为和环境。在扬州传统文化中，温润的生活是生命最本质的承载。人们将诗情画意融入工作、生活，是为创造出生活的美好和文雅。因此，扬州宅园游赏空间内山石苍古、花木繁硕、游鱼活泼、绮萝秀披、一派生机盎然、花木葱茏的自然朴野之致，其目的就是为人们创造与自然相和谐的、充满诗情画意的生活空间。

由于扬州本为平原之地、无高山大水，因此扬州宅园多用四围高耸的园墙以将市井喧闹隔绝在外，从而强化园内游赏空间悠然沉静的格调。在精工细作的厅堂轩榭内，在曲折得宜、起伏有致、婉转多姿的自然山水中，游人或可待清风于水阁，或数游鱼于栏下；或闲敲棋子、听落花簌簌，或逍遥于山顶，欣赏自然的鸟语花香；或徜徉于回廊，细品风清竹秀、月色如水；或倚楼纳凉，细品自然的四季更迭，无不使人浑然沉浸于其朴野之致而后深觉回味悠长。

第三节　藏的功能与空间布局

扬州传统居住空间的另一奇妙的功能是藏避。由于扬州地理位置独特，因此总是成为南北征战的前沿阵线，兵祸难挡、战乱频仍。为尽力确保财物及人身安全，

图2.86　汪氏小苑春晖室后东侧厢房地板暗洞

扬州传统豪门大户多筑起高墙深院以保家宅安宁，而建筑外在形象则力求简洁质朴、清雅端庄。为能藏匿财宝、隐蔽行踪，扬州很多传统民居内设有暗门、暗道、暗壁、暗洞以及暗室或暗阁等。

如图2.86所示，汪氏小苑春晖室后东侧有一北此房内地板下即设有暗洞，暗洞所在位置处的两块地板可以活动。掀开活动地板，可以看到下面有一块装有两只铁把手的厚铁板，铁板边沿处设有两只粗铁环，以便于套入铁栓将铁板锁定在洞口边沿。厚铁板下即为暗洞，洞深1.5m，长宽为1.2m见方，四壁光滑，据推测应为园主贮藏贵重财宝之处；另外，汪氏小苑内还有设于室内天花板上的暗阁。

从外观来看，寄啸山庄的楠木会客厅"与归堂"自成一体，与玉绣楼互不相连，但经后来考察发现，与归堂后侧设有暗门，并且与玉绣楼之间应有楼梯连通。可见寄啸山庄不但有凌空架设的复道回廊将亭台楼阁贯通相连，而且还设有暗藏的专属通道，将园内主体建筑楠木会客厅与回廊相通，从而使宅园内的动线回环往复、贯通全园，同时又具有或隐或显、富于变幻的丰富形态。

在体现扬州传统宅园藏的功能方面，胡仲涵故居的暗室设计堪称典型。胡宅第二进建筑为明三暗五格局，中间为正厅，两侧各有卧室，厅和卧室之间由木隔板隔开；其中卧室墙壁和顶层皆施合墙板和天花板，并且在板壁内设有暗橱和暗室，而暗室内更有暗门、暗道通往更深的地下室；另外，建筑西部套房内的西侧板壁还暗连两间暗房，且暗房西壁有暗门通联东关街312号后进住宅东房间，暗房北墙有暗门通北端东西向窄巷，东套房床后亦有小门通达窄巷，巷北置有六角小门，过巷穿门后可抵达后院与花厅，遇有紧急情况便于逃匿；另外，宅院园花厅底层还构筑有面积达六十余平米的地下室，并与后面庭院相通。这些暗橱、暗壁、暗门、暗房、暗地下室、暗窄巷的设置，以及房与房之间暗门相套、门门相绕的设计，反映出当时纷乱的社会背景和人们为求自保、随时准备藏匿财宝、逃匿避祸的心理。同时，扬州传统宅园内这些藏避功能的设置，也折射出扬州传统文化中外在谨慎持守、而内里灵活多通的处世哲学。

第三章

扬州传统居住建筑
装饰艺术

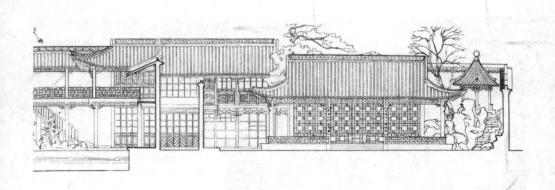

第一节 扬州传统居住建筑造型特征

一、居住建筑屋面形式

（一）住宅建筑屋面形式与结构

1. 单体建筑形式

扬州传统居住建筑基本形式为硬山顶，屋面出檐较大、屋顶坡度较缓；正中屋脊厚重平直，四条垂脊简洁明朗，整体形象稳重端雅，如图3.1所示。屋面黑色板瓦俯仰相扣、搭接厚密，两侧伸出屋面的山墙层次错落而又含蓄规整，反映出扬州传统文化中崇尚守制、欣赏优雅、表达方式温厚适度的特色。

为适应于多雨潮湿的气候环境、营造冬暖夏凉的居住空间，扬州传统居住建筑屋面构造层次清晰、功能合理。梁架之上、檩条之间，圆椽按大约一个半椽径的间距顺次铺钉，圆椽之上铺设一层垫层，俗称"望"。积弱之家多以芦帘、竹帘、芦席为旺，称为"芦柴望"；富庶之家则磨砖对缝、铺排望砖；然后底瓦顺坡仰面干铺于望层之上，瓦底两侧则用碎瓦片挤紧夹实，然后上覆盖瓦搭缝；如此，屋面底瓦、盖瓦仰覆相接，密铺厚搭，层层积叠，形似鱼鳞，因此当地俗称"鱼鳞鸳鸯瓦"。此种铺设方式，既利于防雨排水又厚重结实，可避免因风刮猫戏而掀翻瓦面，又可营造冬暖夏凉的室内空间。因屋面皆为干铺、不设草泥，

图3.1 扬州东关街俯瞰（吴国华供图）

因此利于通风防腐，延长建筑寿命，且屋面甚少长草。若室内光线不足，还可在屋顶阳面开设固定的玻璃采光天窗，四周用灰泥粘接牢固，俗称明瓦。

扬州传统住宅屋面正脊一般用方正小瓦竖向密排，在屋顶正中形成一条质朴稳重、通顺平直的粗实线，当地俗称为筑脊。屋脊中部，多以泥灰

图3.2　院子上空屋面四合

图3.3　屋顶明瓦

图3.4　花脊

图3.5　猫头式盖瓦及滴水

浮雕成吉祥图案，俗称"脊花"，也有嵌入一只圆镜子的，意在"驱邪"。屋脊两端常用瓦片编成端方平实回字形脊头，形似书卷起来的样子，当地俗称其为"万卷书"；或用小型板砖镂空架设形成寿字、福字或花卉造型，图案美观、寓意吉祥；屋面檐口处的盖瓦及滴水皆为如意头样式，线条丰润、轮廓饱满、造型灵秀憨玩，因此当地将盖瓦俗称为"猫头"。为表达吉祥寓意，盖瓦及滴水表面多烧制有福、禄、寿或倒挂蝙蝠等图案，如图3.2—图3.5所示。

2. 屋面组合形式

由于扬州潮湿多雨且夏季炎热，因此其传统的四合院式民居多留有方正宽敞的天井以采光纳阳，有时还在天井四周设有围廊以起到遮阳防雨的功能。沿正厅厢房及院墙搭设的檐廊四面围合，坡向院内天井的屋面交合处形成凹槽以泄落雨水，俗称落水斜沟，如图3.6、图3.7所示。如遇婚丧典庆，可于天井上部搭设玻璃顶棚并与屋檐相接，人们在天井内大排筵宴，从而有效拓展厅堂空间；夏日炎炎之时，当地人们还会在天井上部搭设遮阳篷以获得阴凉。规模宏大的豪门大户一般以南北轴向为主，前后多进院落相连、左右多路并列，每路建筑严格依循轴线进行院落组合。俯瞰全宅，可见屋面轴线明确、前后相连、虚实相映、比例和谐、方正规整，呈现出极强的韵律美感；加之左右五花山墙森严高耸、迭落有致，构成了扬州市老城区独特的肌理形态。

图3.6　天井

图3.7　个园中的天井

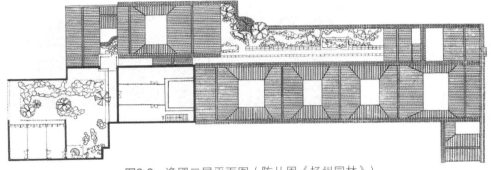

图3.8　逸圃二层平面图（陈从周《扬州园林》）

　　如图3.8所示的逸圃二层平面图为扬州传统住宅典型的屋面组合形式。住宅房屋及院落沿南北轴向严格布列，每进院落的天井长度一致，其进深则随院落大小而宽度不一，但总体与前后厅堂的进深比例较为合宜且显得方正阔朗；天井上部四面围合的檐廊既可遮阳防雨、利于人们的日常家居生活，又可使人们获得规整方正、内向安定的私密空间，并可使室内采光充足、阳气充盈。

（二）游赏建筑屋面形式与艺术特色

1. 单体建筑屋面形式

　　屋面形式是体现建筑类型的主要因素。扬州传统游赏建筑类型多样、变化随宜，无论是花厅、游廊、亭子、轩榭还是重楼、画舫，其屋面造型与细部装饰均充分折射出扬州传统文化的独特意味。如图3.9—图3.14所示，扬州传统游赏空间中的花厅多为歇山屋顶，游廊多为硬山或悬山顶，独立的亭子多为单檐角亭，体量较小的亭子或五角厅、六角亭顶部多为攒尖造型，而体量稍大的四角亭顶部则多为歇山造型，几与敞轩类似；而与游廊或园墙结合的亭子多为半亭或四分之一亭，其顶部造型亦在攒尖或歇山的基础上随宜多变，既巧妙生动又贴切自然。轩榭多临水照影，屋顶

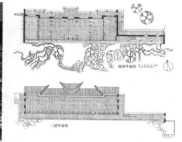

图3.9 个园抱山楼屋顶造型及一层、二层平面图（陈从周《扬州园林》）

图3.10 个园内花厅、角亭与抱山楼屋面造型

图3.11 寄啸山庄内前凸后展的楼宇造型

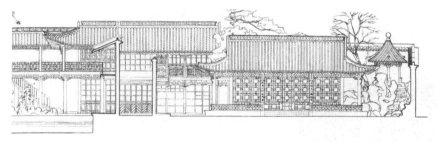

图3.12 寄啸山庄歇山顶船厅周边丰富的建筑形式（陈从周《扬州园林》）

图3.13 寄啸山庄歇山顶船厅

图3.14 圆亭

79

亦多取歇山式，一派深檐低宇、翼角横飞、大方舒展的气度。重楼多为硬山或歇山屋顶，造型雍容富丽、端庄飘逸。画舫形体狭长，前、中、后三段布局紧凑；舫首部分三面开敞，两侧筑矮墙，顶面或为攒尖造型或为歇山"简体"式样，屋顶较高；中舱前面为落地隔扇，两侧下为矮墙，中为连续透雕长窗，顶部为单檐或重檐硬山式，但整体高度较低；尾舱多为二层楼，屋顶最高，屋面采用歇山顶造型，尾舱与中舱之间设有楼梯以上下通达或登临远眺；画舫屋面紧凑合宜而又高低错落有致，使整个画舫呈现工整端丽、节奏鲜明而又丰富多彩的造型特征。

虽然每种建筑类型的屋面形式各有不同，但总体来讲，扬州传统游赏建筑屋面翼角舒展、发戗含蓄、曲直和度、妥贴适意，既不僵直生硬，又不弯尖凌厉，在气质格调方面显现出方圆融合、端雅精丽、雍容飘逸的共同特征。同时，扬州传统游赏建筑的平面布局注重因地随宜，正如钱泳在《履园丛话》卷十二载中曾说："如作文之有变换，无雷同，虽数间之筑，必使门窗轩豁，曲折得宜"；因此建筑形体方圆灵活、曲折多变，屋面也随之变化多端，因而总体呈现出丰富多样的面貌特征。多种建筑类型在游赏空间内相互呼应、衬托与统一，既丰富了空间的韵律和层次，又为游赏空间提供了富丽生动的屋面形式，从而构成游赏空间的欣赏主体，并以其鲜明的气质特征使空间的氛围格调独特而完整，体现出扬州游赏建筑秀逸闲适而又工整精丽的端雅气象。

图3.15 寄啸山庄牡丹厅

图3.16 牡丹亭山花砖雕

花厅是游赏空间中的主体建筑，其屋面形式一般采用硬山、歇山两种类型，屋面总体高度约为2.5—3.0m，具有上陡下缓、出檐深远、玲珑精丽、端雅飘逸的形象特征。花厅硬山屋面多在屋脊正中用磨砖或小瓦架设成镂空图案的花脊，如东关街逸圃花厅屋面上的正脊为精细磨砖架设的寿字，体现出扬州传统建筑的独特风格；有的硬山式花厅建筑将高出屋面的两侧山墙做成云山造型，闲适舒逸而颇具动感；若花厅采用歇山屋面，则不但构筑花脊，而且在山花处多雕饰丰满腴丽的花卉花鸟造型。如图3.15、图3.16所示为寄啸山庄四面围廊牡丹花厅造型，屋面玲珑舒展的海棠纹饰花脊系由水磨青砖镂空叠砌而成，两侧山墙精雕细刻有凤戏牡丹图案，砖雕纹饰精美、造型腴丽、线条流畅、气韵生动，在图案形式及线条韵律方面掺杂有西洋传统风格的因素及影响;整个花厅屋面舒展平和、出檐深远,呈现出一派端雅大方的富贵气象。

2. 组合建筑屋面形式

在扬州传统游赏空间中,游赏建筑重楼叠宇、翼牙交错,不但建筑自身端雅精丽的造型成为游赏空间的重要景观要素,而且以其丰富的组合形式起着分隔空间、组织空间、联系空间、丰富空间层次、衬托花木山石的作用。在扬州传统游赏空间中,游赏建筑最常用的建筑组合形式是层次叠落、回旋曲折的游廊与亭子的生动相接、歇山建筑一角与厅榭的丰富结合,如图3.17、图3.18所示。与其他区域相比,扬州传统游赏建筑生动灵活的组合形式,既创造出在形态、方向及幽明变化多端的建筑空间,使人在巡游时获得丰富的空间感受;并且将生动丰富的造型赋予精雅的青灰色屋面,从而使屋面造型层次丰富而和谐统一,突出了扬州传统游赏建筑灵活生动、格调清新而又优雅富丽的地域特色。

图3.17 卷石洞天

图3.18 凫庄

如图3.19所示为寄啸山庄片石山房景区,其主体建筑为明代楠木厅,厅左屈曲弯折的游廊将楠木厅、书房和半亭连缀成为一体,使整个景区内的建筑组合既张弛有度、主次分明而又均衡稳定、舒缓得宜。如图3.20所示,楠木花厅屋面为前后两坡硬山,出檐深远,端雅整肃,大方得宜,是扬州传统花厅建筑主要的屋面形式,而山墙东侧的歇山式半亭花脊玲珑、翼角高啄,与花厅山墙直面相接。半亭屋面巧妙融合了歇山与角亭的屋面形制,屋面上部采用歇山屋顶山花、垂脊、坡顶等丰富绚丽的造型,而翼角部分则取用角亭的轻盈欲举,从而创造出歇山式半亭端雅灵秀、富丽玲珑而又生动和谐的独特形制。此楠木厅与歇山式半亭的

图3.19 曲折游廊和半亭

图3.20　楠木厅与半亭

结合堪称扬州传统游赏建筑典型的屋面组合形式，充分折射出当地的传统文化特色，并且由此可见，扬州匠人在房屋建造设计方面应该已经达到了随心所欲不逾矩的高超境界。

二、居住建筑立面形式

（一）住宅建筑立面形式与艺术特色

为利于采光、通风、防火、防盗，营造冬暖夏凉、清幽安静的居住环境，扬州传统住宅外观墙体厚重、山墙高耸、森严壁立；而进入院落内部则可见格局方正、门窗轩豁而工整、装饰图案大方玲珑、整体效果既明亮雅洁又协调统一，如图3.21所示。

扬州传统住宅前檐檐高一般为3—4m，有的大型住宅正厅檐高甚至达到5m以上，如怡庐正厅、个园清颂堂。由檐檩而下，依次为随檩枋、横披采光窗、门窗隔扇及槛墙；建筑檐面横向划分层次清晰、尺度亲切、比例适度、雅洁宜居。有的民居槛窗下部木雕花格内侧木板可装卸，冬可保暖，夏可通风，如图3.22所示；有的民居前檐全部为落地隔扇，关闭后气派华丽，打开后室内明亮，如图3.23所示。墙下的白帆石阶条与室内地面齐平，既可保护墙基、木柱，又可在卸掉门槛、并在天井内满铺与台阶齐平的木板之后，使内外空间地面整体齐平以利行走。檐枋与门窗上框之间木花格采光横披窗为固定装设，其高度一般为35cm左右，具体依据檐高尺度大小而变化不一；下面安设活动式落地花格隔扇及槛窗（有的槛窗采用支摘窗），可随时启闭或装卸。也有的住宅建筑在檐下挂有匾额，

图3.21　寄啸山庄内的石涛书屋

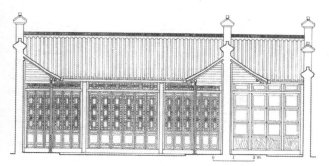

图3.22　朱自清故居　　　图3.23　小武城巷许宅正厅院落剖立面图（陈从周《扬州园林》）

并在檐柱上设有抱柱楹联，如此既可赋予居所以高雅的内涵和意境，同时彰显了屋主人的格调及品味。建筑后檐若为宅院外墙时，一般不开窗，或在檐下高处开设小窗以利通风；若另有院墙则或在正厅后檐设中门以供穿越，或在卧室设后窗以利于通风采光。

　　大型住宅中的大门楼及后面几进院落多为二层楼形式。高为二层的大门楼门洞高阔，上层的檐高较低，一般为1.8—2.0m左右，而位于后进院落内的楼宅上层檐高则多在2.5—3.5m左右。有的楼宅在下层房内设暗梯上下相连，有的则在厢房外侧设有明梯。当前后两进均为楼宅时，一般在楼宅之间设回廊使前后相连形成串楼。如图3.24、图3.25所示为逸圃第五进小院的双层楼宅，其下层檐高3.5m，上层檐高2.5m；上下均为三间两厢式布局，下层为内厅和厢房，上层为内眷的活动空间。檐椽外端设有封椽板。上层檐明间为敞厅，檐檩及随檩枋下不装设任何隔扇；敞厅后部有门通向后花园的平台廊道，敞厅内东、西墙壁皆有门通向两侧厢房；两侧厢房面向天井装设一顺可启可闭的花格木窗；上侧窗框直接与檐檩下的随檩枋相连，中

图3.24　逸圃第五进小院的双层楼宅

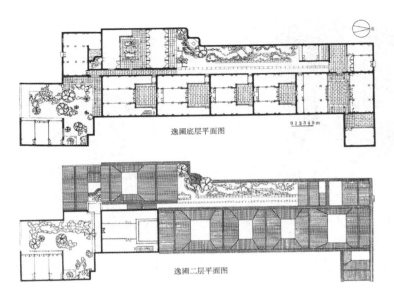

图3.25　逸圃一层、二层平面图

间不设采光横披窗。二楼前檐平台尺度较窄，外侧装设雕花栏杆，其高度与槛墙齐平；两侧厢房前的雕花栏杆内侧装有封护木板，夏天取下可通风纳凉，冬日装上可防风保温。平台下部外侧设封檐板，表面镶贴不断头卷草如意雕花砖，图案造型饱满腴丽，线条生动流畅，既保护平台木结构不受风雨侵蚀，又使建筑立面美观大方、精研整饬，充分体现出扬州当地的艺术风格特色和审美倾向。

（二）游赏建筑立面形式与艺术特色

在扬州传统游赏空间中，花厅是不可或缺的主体建筑，游廊是空间组织及布局的重要建筑元素，而轩、馆、舫、榭、亭、楼在空间中或用于点景和衬景，或用于组景或对景，同样功能鲜明、地位重要，因此游赏建筑的立面形式对游赏功能及景观效果具有决定性的影响作用，如图3.26、图3.27所示。

扬州传统游赏空间的花厅主要具有两个方面功能，一是为主人提供尽情赏景、放达心胸、轻松游玩、安静会客的休闲空间，二是以其玲珑富丽、端雅大方的形象体现主人的雍容气度和高雅品味。花厅前后檐一般均采用落地隔扇及透空花窗，两侧山墙或为砖砌但开有较大方窗、或装设透空花格窗形成四面厅，如图3.28、图3.29所示，从而营造出玲珑透亮、富丽华美的室内空间，使人能坐于室内而拥四时美景；花窗下部若为外设花栏、内衬木板的双层做法，夏天可撤掉木板以通风，冬日可装上木板以挡避风雪，如图3.30所示。

扬州传统花厅一般面阔三间，前檐檐高约为4—5m左右，有的花厅檐高甚至达到

图3.26 寄啸山庄双面游廊及复道廊

图3.27 透风漏月轩及画舫

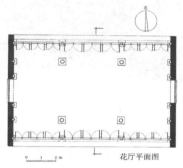
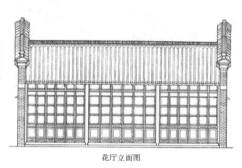

花厅平面图

花厅立面图

图3.28 沧州别墅花厅平面及立面图（陈从周《扬州园林》）

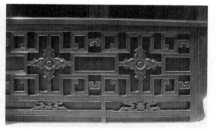

图3.29 片石山房楠木花厅窗格

图3.30 逸圃花厅木栏板

6m，如沧州别墅花厅。除一些装饰性花罩或飞罩之外，花厅内部空间基本不进行垂直分隔，以突出整体空间的阔朗高大。花厅建筑檐面的落地隔扇、横批采光窗及花格窗皆力求使装饰图案在造型及尺度方面保持协调一致，使建筑显得精丽齐整、通透阔朗的气象；也有花厅不设横披采光窗，在檐檩及随檩枋下直接安装落地隔扇及花格窗。花厅前檐明间一般采用4—6扇六抹隔扇，每扇宽度在65—70cm之间，高度在3—4m之间。木花格是隔扇的主体部分，高度约为隔扇总体高度的60%—90%，其余为裙板或绦环板高度。隔扇裙板装饰图案多为花卉蜂鸟及拐子卷草纹饰，格调轻松适意、寓意吉祥美好。有的在前后檐面或山墙两侧设有回廊（此时外檐柱称为廊柱），廊柱间上设随檩枋、倒挂楣子和雀替，下设或木或石质坐凳栏杆；木质坐凳栏杆上一般装设有美人靠，有的甚至在坐凳上间隔装设小木几以放置茶具，如图3.31所示；如此可使廊下空间变得更为亲切适意。为体现主人的高雅品味，花厅明间的外檐柱或檐柱上多挂设由当地名士撰写的抱柱楹联，联词意境优美，字体洒脱旷达，与厅堂匾额一起，共同美化和提升了游赏空间的品味与格调。

图3.31 个园宜雨轩围廊设置坐凳栏杆

如图3.32所示为寄啸山庄四面厅桴海轩，因其周边地面有用卵石铺砌的水波纹，而使花厅状似船浮海上，因此又称其为船厅。花厅面阔三间，明间面阔5.5m，两次间面阔各为3m，通面阔11.5m；花厅自台阶至屋脊的建筑主体总高度为8.5m，建筑整体高宽比例约为7∶10；老檐柱倒挂楣子下皮至台基上皮为4m，屋面高度为3.75m，屋面高度几乎占整个建筑主体高度的50%，顶面造型持重端庄而又出檐深远、翼角飘飞，使建筑呈现气度雍容、方正端雅而又舒展飘逸的气质形象。桴海轩明间檐柱挂设抱柱联为：月作主人梅作客，花为四壁船为家；该联词既将眼前的花月美景、船板碧波与花厅的主题高度契合，又以直白而生动的文词营造出飘逸、旷达的意境而使人心神荡漾，并传达出宅主对浮世人生的几多感悟和深刻理解。

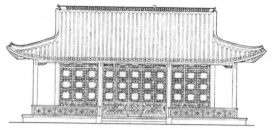

a. 立面图（陈从周《扬州园林》）

b. 室内景观

c. 角檐部

d. 檐面

图3.32　寄啸山庄桴海轩

三、居住建筑墙体砌筑工艺与造型特征

　　不同于苏州粉墙黛瓦、白色灰泥抹面的墙体造型及砌筑工艺，扬州传统民居建筑墙体大多为青砖砌筑、清水原色，如图3.33所示。建筑墙体高大厚实，砌筑效果工整精丽，使扬州传统民居建筑呈现出一派质本色清、雄浑儒雅的伟岸气象，并在砌筑工艺、造型效果等方面呈现出鲜明的地方特色。

　　（一）墙体砌筑材料与工艺

　　汉代以前，扬州地区民居墙体主要有竹篱茅草夹泥墙、土坯墙以及版筑墙等类型；其中版筑墙是用干拌好的黏土填入两侧用木板夹起的板框内，然

图3.33　清水砖墙

后分层夯实的墙体，墙体厚实坚固、保温隔热，多用于城墙建造或王公贵族的居住建筑；在汉墓中也曾见到夯土墙遗迹。从汉代一直到唐宋时期，扬州地上建房一直以夯土墙和土坯墙为主，有的或外包砖皮。扬州当地夯筑墙体的黏土一般由黏质细沙土（俗称小粉土）、石灰渣、麦芒屑（俗称麦稳子）加水搅拌而成；土坯则是由黏质细沙土拌入麦芒屑、然后灌入木模捣制成大块土砖并风干而成。

从明代开始，砖建民居在扬州富贵阶层渐趋普遍，至今在扬州东关街老城区仍可见到少数明代砖建民居遗存。目前扬州砖建民居遗存主要为清朝至民国初年的建筑，现在老城区一带还随处可见巍然屹立的百年老墙，如图3.34所示。扬州当地砖墙砌筑的方式较为多样，有单用乱砖相叠而成的"干摆墙"，有用黏质细沙土拌石灰膏为灰浆、每砌几层乱砖则夹砌一两层整砖的"玉带围腰墙"，有用整砖立砌并在空心内用碎砖填砌的"斗子墙"，还有用整砖扁砌到顶的"整砖清水墙"，以及磨砖对缝、用浓糯米浆拌草木灰砌筑的"磨砖对缝清水墙"。为营造冬暖夏凉的居住环境，百年老墙厚度一般为0.37m，匠人称之为"三七墙"，亦有墙体厚度甚至达到0.42—0.52m左右。

图3.34　东关街及寄啸山庄百年老墙

1. 青砖

扬州传统民居墙体砌筑所用青砖系用黏土高温烧制而成，也叫板砖、条砖、标准砖，其表面青灰砖色是后期水焖干处理的结果，因此每块砖于青灰中隐含丰富的色彩微差，透露出荧紫的明亮和土黄的温暖，磨光后砖色更加朗洁明净、含蓄自然，从而赋予建筑呼吸的特质和生命的质感。由青砖砌筑而成的清水砖墙远望庄重质朴、紫气氤氲而又生动典雅，随着岁月的打磨而日益呈现出历史的沧桑厚重，以及老房子的质朴与温暖，如图3.35所示。

质量好的青砖外形尺寸规整，质地颜色均匀，硬度高，耐冻融性好，用指节叩击

图3.35　磨砖对缝清水砖

可发出金属声，常见规格有$280 \times 160 \times 80mm$，$270 \times 105 \times 40mm$，$260 \times 140 \times 60mm$，$260 \times 100 \times 65mm$，$250 \times 105 \times 55mm$，$230 \times 100 \times 40mm$，$230 \times 90 \times 45mm$，$220 \times 85 \times 55mm$，$220 \times 85 \times 40mm$，$220 \times 80 \times 45mm$，$215 \times 90 \times 35mm$。砖墙砌筑常用工具有瓦刀、木刀、灰板、抹子、方尺、平尺、折尺、皮数杆、托线板等。

2．清水墙砌筑基本程序

（1）调制灰浆。砌筑砖墙的灰浆有两种，一是由草灰、石灰膏拌和而成，俗称"青灰"；另一种是用浓糯米浆和草木灰拌和而成的灰浆。

（2）选砖。选砖时采用"分表里、选看面"的方法，将边角整齐、色泽均匀的砖用于清水墙体外面，有缺角、颜色不一的砖用于覆里。夏天砌墙时可将砖块放入水桶浸泡，冬天砌筑时也应使砖面在一定程度上保持湿润。

（3）校核尺寸。用丈杆校核墙体尺寸，以保证墙体砌筑始终在允许的偏差范围内。

（4）放线定位。俗称"架角"，即先在房屋四角部位砌筑三皮角砖，然后立角柱并在其顶部找到控制点以架设角线，以此作为墙体砌筑的标准。

（5）设置皮数杆。在房屋四角设置皮数杆，在皮数杆上明确标明砖的皮数、灰缝的厚度及砖的摆置方式。

（6）试放。在砌筑之前先按照砖的砌筑位置试放，俗称"派花"，然后在相对的两个皮数杆处设置水平线。

（7）砌筑。砌筑清水砖墙时，每砌一皮砖都要设置一次水平控制线；砌筑乱砖墙时，可每砌3—5皮砖设置一次水平线，但需在墙体双面设置。扬州砌墙工匠具有"质量至上"的意识，"不问工是多少，只问谁是好佬，不问钱是多少，只要'生伙'做好"。严格的质量意识源于业主的高要求，据说东关街"逸圃"主人李鹤生要求瓦匠"慢工出细活"，每天只准砌筑一定的墙砖皮数，且每天检查工程量，若发现砌多了就扒掉，以确保墙体砌筑工艺精美、质量过关。

3. 铁扒锔

对于高大的建筑外墙，为加强其结构的稳定和牢固性能，扬州当地多采用丁字形铁牵（俗称"铁扒锔"）将外墙与沿墙柱子或墙内的顺墙木进行连接，如图3.36所示。铁牵头部呈梭形并紧贴外墙设置，铁牵端尾带钩，钉入设于墙内的顺墙木上，或直接由墙外侧从砖缝中插进去钉在沿墙柱子上。墙内的横向顺墙木与排架木柱勾搭相连，如此可使墙体、铁扒锔、顺墙木及沿墙边柱相互连接构成稳定的骨架，以切实提高墙体的稳定性和牢固性。

图3.36　铁扒锔

（二）墙体砌筑工艺种类与造型特征

1. 磨砖对缝墙

在砌墙之前，每一块砖都要经过"剥皮、铲面、刨平、磨光、对缝"等多道工序，然后方能砌筑。砌筑时在墙体内分层灌灰浆，若灰浆中加有糯米汁进行灌注，则墙体外观整洁、结构更为牢固。如图3.37所示，磨砖对缝墙外表细腻光洁，富于质感，砌筑工艺精湛，砖缝细如丝线甚或浑然难辨，是扬州砌墙技术的最高体现，主要应用于传统居住建筑中的门楼和照壁砌筑。

2. 青灰丝缝扁砌清水墙

系指用青灰及青砖扁砌到顶、墙表面不进行任何粉饰的墙体，当地称之为"清

图3.37　磨砖对缝砌筑工艺

水货砖墙"，主要用于传统居住建筑外墙及门楼砌筑，是扬州传统建筑及砌墙工艺特色的重要体现，如图3.38所示。青灰丝缝扁砌清水墙尽显材质及工艺本色，砖与砖之间横平竖直，层层错缝，砖缝不大于4mm，其砌法之细致仅次于磨砖对缝墙，有些要求较高的墙体甚或在砌筑之前将青砖进行刨平和砍直。

扬州老城区南河下卢邵绪住宅墙体全部用青整砖、青灰丝缝扁砌到顶，其用于砌墙的砖料规格尺度较大，全部为特订烧制。卢宅墙体厚实高耸，墙宽达0.42m，檐墙通常达到6m多，其楼室山墙尖顶处更是高达12.20m。由

图3.38　青灰丝缝扁砌清水墙

外观望，宅院高深，墙体耸立、火巷蜿蜒不尽，呈现出一派威赫森严之势，不但显示出宅主强大的经济实力，而且起到有效防止火灾相互蔓延及盗贼翻墙行窃的作用。

3. 乱砖丝缝清水墙

系指主要由碎砖砌筑而成的青灰丝缝清水墙。一方面，由于扬州历史战乱频仍，城池建筑屡被损毁，扬州人多次面临墙塌壁断、砖碎瓦毁的局面；另一方面，聪明、勤劳的扬州匠人凭借高超的技艺和对美好生活的热爱，乐观惜物、细致处理以求物尽其用，使乱砖墙的砌筑效果古朴严整，其美观度不亚于整砖墙面，使乱砖清水墙建筑成为扬州地方独有的建筑特色和当地高超砌墙工艺的充分体现。砌筑此种墙体时，扬州匠人严格遵循"三分砌墙、七分填馅，长砖丁砌、灰缝饱满"的原则，不但对碎砖进行刨面处理，而且用瓦刀将砖的棱角砍齐直，墙内填馅搭接严密，并用素泥抹平。乱砖丝缝清水墙既从侧面反映了扬州多灾多难的历史轨迹，又是扬州传统文化中热爱生活、踏实柔韧、积极务实的精神体现。

根据砌筑形式及操作方式不同，乱砖墙一般有四种类型，即扁砌墙、玉带墙、相思墙和干码墙，如图3.39所示。其中玉带墙系指碎砖扁砌横铺与竖砌成排交替叠砌，外观形式如编织带状，故美其名曰"玉带墙"。相思墙是指在砌筑墙体时，将竖砌与扁

图3.39　乱砖丝缝扁砌清水墙及玉带墙（供图/赵立昌）

砌相结合、半边竖砌、半边扁砌，使扁砌高度与竖砌高度持平，且里、外皮砖上下交替砌筑，然后再在其上扁砌一层横砖，当地美其名曰"相思墙"。此种墙宽一般只有18cm左右，常用做室内隔墙。干码墙是指外皮砖不打灰膏，主要依靠内外皮砖之间的相互搭接（俗称"踩脚"）保持墙体牢固和咬合严密，砌数皮砖后用素泥找平，主要用作院墙或为以前的穷苦人家所用。乱砖墙墙体一般较为厚实，具有很好的隔音隔热、防寒保暖效果。

4. 和合墙

俗称鸳鸯墙，系指墙体下半段用青砖（整砖或乱砖）青灰丝缝扁砌，上半段则竖砌成空斗式，且与扁砌两相结合；扁砌与竖砌的组合形式通常是"三斗一扁"，即三层竖砌，一层扁砌，如图3.40所示。个园火巷两侧的墙面即为此种墙体。和合墙墙体中空、省砖省料又具有保温隔热性能，是非常实用的墙体形式，至今仍在沿用。此种砌筑方式在其他地区亦有采用，不为扬州独有。

图3.40　和合墙

5. 水磨青砖漏窗墙与洞窗墙

（1）水磨青砖漏窗墙。系指砌筑有漏窗的墙体，多用于宅院外墙及划分院内空间的室外分隔墙。扬州宅园漏窗尺度较大，窗芯多由水磨砖架空组合而成，图案造型规整、式样丰富、寓意吉祥；由水磨砖镶嵌而成的边框打磨细腻、拼缝严密、工艺考究，俗称磨砖大花窗，如图3.41、图3.42所示。为起到较好的防护作用，院墙上的磨砖大花窗装设位置较高，一般多装设在接近院墙顶部位置；由于砖片组成的窗格厚度较大，因此既与森严的高墙大屋风格协调，又可使外墙具有生动的虚实对比，使扬州传统建筑艺术特色更为鲜明。

图3.41　冰裂纹水磨青砖漏窗墙　　　　图3.42　什锦纹水磨青砖漏窗墙

图3.43 漏窗上的磨砖花格　图3.44 汪氏小苑分隔宅园的水磨青砖漏窗墙　图3.45 居于墙体正中的漏窗

图3.46 吉祥图案

　　如图3.43、图3.44所示为扬州老城区汪氏小院内用于分隔前宅和后园的水磨青砖漏窗墙及磨砖花格。墙上嵌有五扇尺度均为1.5×2.5m、而图案各不相同的磨砖拼花漏窗，墙体厚重而窗体硕大，既起到围合住宅的防护作用，又使宅院内的空间前后渗透、相互连贯；透过磨砖大花窗上简洁明朗的海棠锦或龟背锦文饰，可见后园的疏竹青影、腊梅蕊黄，满园芳菲透窗而来，赏心悦目、清雅芬芳。如图3.45、图3.46所示，在墙体正对住宅后门的大花窗上，五道雕饰有吉祥图案的横向砖条将窗体竖向等分四份，其中三道横向砖条由上至下居中镶嵌着倒飞的蝙蝠、大象及春花、正向的蝙蝠，两侧衬以方胜、铜钱和卷草芳花，人们借助吉祥纹饰表达出对幸福生活的理解和祈望。

　　在中国吉祥文化中，倒飞的蝙蝠意寓"福到"，大象及春花寓意"万象更新"，正向蝙蝠正对住宅区后门，因此意为"福气临门"；由于此窗与对面建筑后檐门楣上的凤凰牡丹两相对应，因此暗含"荣华富贵，必有后福"的寓意。在此扇砖雕花窗中，无论是蝙蝠、大象还是芳花卷草，无不温顺憨玩，肥腴可喜，显示出扬州传统居住文化中喜爱现实生活、向往舒适自得、崇尚安然圆满的精神特质及审美倾向。

　　而划分院内空间的分隔墙上的花窗则以装饰梅花居住环境、丰富院内空间层次为主要功能，因此窗体装设位置较低、尺度较大，图案疏朗明透。如图3.47、图3.48

图3.47 卢邵绪住宅设于内院墙上的花窗

图3.48 院落之间由花窗墙分隔

图3.49 牡丹花形洞窗

图3.50 木框方形窗

图3.51 圆形无框洞窗

所示为卢邵绪住宅设于院内分隔墙上的花窗。花窗尺度阔大，图案工整而精丽明朗，远观如轻软的纱绣蕾丝，朦胧秀丽而又典雅大方，使居住空间似隔非隔、充满魅力。

（2）洞窗墙。洞窗墙是指在白色粉壁的适当位置开设洞窗，窗洞内不装设棂条，多用于游赏空间内的园墙上，以起到丰富空间层次、框景、取景的装饰作用。扬州传统洞窗尺度小巧、造型简洁，多采用方形、圆形及各式花卉图案，俗称什锦窗；窗盘及贴脸形式多样，常见的有清水磨砖边框、油漆木雕边框、无贴脸边框三种，如图3.49—图3.51所示。在粉墙及边框的衬托下，洞窗内的景色或生动明丽、或富于诗情画意，既丰富了园林立面的构图，又使空间小中见大，从而渲染出景深无尽之意。

6. 封火山墙

受徽派建筑的影响，为在出现火灾时能阻断火势、防止火灾牵连蔓延，有些房屋将山墙高砌出屋面至少一米左右，形成"封火山墙"。扬州传统居住建筑封火山墙墙体高大厚实，既可防火又能防盗。根据扇墙脊背的造型不同，扬州封火山墙有屏风式（又称为马头墙）、观音兜式、云山式三种，如图3.52—图3.56所示。

（1）屏风墙。扬州传统居住建筑的屏风墙与徽派建筑的马头墙具有基本相同的

图3.52 三山式山墙

图3.53 五山式山墙（赵立昌供图）

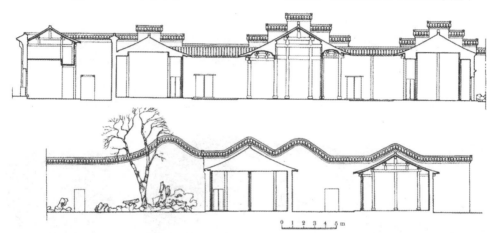

图3.54 屏风式及云山式封火山墙（陈从周《扬州园林》）

图3.55 观音兜式封火山墙（供图/赵立昌）

图3.56 云式封火山墙

形态，但其自身的造型特征使扬州传统居住建筑呈现出鲜明的地域性特色。与徽派建筑马头墙不同的是，扬州传统居民屏风墙墙脊平直端方，出山造型规整匀称，脊部两端常做成方形回纹式、卍字式等齐整造型；脊顶与清水砖墙之间砌筑有五层清水叠涩条（俗称"超五层"做法），使墙体层次清晰、节奏鲜明。另外，扬州传统居住建筑屏风墙出山数量及形式灵活多变，有独立屏风式、两山式、三山式、四山式、五山式甚至六山式等多种形式。

（2）云山式墙。云式山墙墙脊呈高低起伏、延绵不断的柔和曲线形式，如行云，如远山；墙顶部的屋脊、瓦当、叠涩条皆随势凹凸起伏，更加强化了山墙的飘逸舒展、轻盈律动的效果。此种形式墙体也多用于园林围墙。

（3）观音兜式墙。此种山墙墙脊砌成状如观音佛祖头顶披风帽兜的形状。观音兜式山墙造型简洁光素、线条舒缓、斜曲有度，体现出端雅庄穆又柔婉舒展的气度。

7. 拱券墙及山墙墀头装饰手法

扬州传统居住空间中通常砌有水井。为防止水井附近的墙体下沉，当地传统做法是在井旁墙面下部砌筑一道砖拱券，亦称"发券"，如图3.57所示。这种用砖发券抵抗墙体下沉的方法极为有效，成为当地的典型做法。扬州传统建筑的山墙墀头部分多做成砖条叠涩的形式，而富豪大家多在此位置镶嵌精致砖雕，如图3.58—图3.59所示；墀头砖雕构图均衡、形象生动、富丽饱满、端雅大方，为建筑增添了华色丽容。

图3.57 墙体发券　　　　图3.58 凤戏牡丹纹样　　　图3.59 福禄寿纹样

四、建筑铺地艺术

地面是居住空间重要的组成部分。地面铺设所用材料的种类、做法、组合形式及艺术效果在完善居住空间功能、提升环境舒适度和美观度、体现居住者的精神追求和时代审美观方面具有重要的作用，同时也是传达当地传统居住文化的重要载体。扬州传统建筑室内外铺地材料较为广泛，常见的有金砖、方砖、木板、青砖、砖条、青石板、白矾石片、卵石、瓦片、瓷片、乱砖、城砖、花岗岩条石等；铺地的形式有平铺（空铺及实铺）、侧立铺、斜铺等。扬州传统居住建筑室内铺地则注重美观防潮、易于清洁，力求提高空间舒适度及安全性；室外铺地则如铺锦陈绣，图案造型

图3.60　寄啸山庄富贵牡丹铺地图案　　　　图3.61　卢邵绪住宅喜寿铺地图案

活泼生动且寓意吉祥，同时具有极强的装饰效果，如图3.60、图3.61所示。

（一）室外铺地

1. 住宅天井铺地

扬州传统住宅天井中的铺地材料主要有两种，一是青砖，二是石板。中小户人家多以青砖铺地，有扁平铺、侧立铺两种，其中尤以侧立铺地的抗弯折强度好、使用长久而最为广泛。青砖铺地花样繁多，常见的有漩涡回字纹、芦席纹、人字纹、卍字纹等。漩涡回字纹表现的是水的涟漪荡漾，而水在中国风水学中象征财富，因此当地多在院内以青砖铺设成漩涡回字纹图样，以象征招财聚宝之寓意，如图3.62所示。天井四州一般装设砖牙披水排沟以排掉院中积水，并美其名曰"荷叶沟"。在排水沟四个转角部位，一般设置镂刻有阴阳鱼或钱币图案的圆形水笕（俗称沟头），院中积水可经此流入到渗井内或排出室外。

图3.62　院内铺设漩涡回字纹

扬州传统住宅天井中铺地的石板主要为青石板和白矾石，形状主要有长方形、方形两种。石板铺地形式讲究东西横排、南北错缝，如图3.63、图3.64所示。根据传统五行数理学说，也有在偏厅、女厅、花厅前天井内用正方形石板铺地的做法，如汪氏小苑西路秋嫣轩天井地面即为方正白矾石铺砌而成。

2. 庭园铺地

庭园铺地主要分甬路铺地和大范围墁地两类。甬路是游赏空间中的主要交通动

图3.63　长方形石板铺地形式

图3.64　方形石板铺地

线，为便于排水，扬州庭园甬路路面多略呈圆弧形拱起，即中间高、两旁略低，且两侧砖牙最低。甬路铺地材料主要为青砖和石板，具体使用时一般有青砖独铺、砖石相间、全铺石板三种类型，其中青砖铺砌形式讲究"竖立、横排、错缝"，如图3.65、图3.66所示。全部用青石板或白矾石进行铺砌的做法较为奢侈，如汪氏小苑东路与西路住宅之间的火巷地面全为青板铺设。此外，也有用卵石集锦铺设游赏空间甬路的做法，曲径通幽，富有情趣。

墁地，亦称花街，是指游赏空间内较大范围的铺地，如图3.67、图3.68所示。扬州花街铺地材料广泛、造型生动、寓意吉祥；多综合使用砖条、瓦片、瓷片、卵石以组织形成花木、鸟兽的生动形态；图案选择因景所需，主题鲜明，装饰效果富丽娴雅。如为映衬个园透风漏月轩前的雪景意境，并突出冬景的主题形象，厅前的地面用不规则白矾石铺成冰裂纹图案，并且表达出"碎碎平安"的吉祥寓意。

图3.65　石板与青砖相间铺设
的个园甬路

图3.66　寄啸山庄
青砖甬路

图3.69、图3.70为汪氏小苑春晖堂前的地面铺设。铺地材料主要有鹅卵石、砖片、

图3.67　寄啸山庄由卵石、瓦片铺
砌的五福盘寿纹饰地面

图3.68　个园白矾石铺砌的
冰裂纹式地面

瓦片、瓷片，铺砌图案充满吉祥寓意，如福寿双全（蝙蝠、桃子）、六合同春（梅花鹿、仙鹤、松树）、松鹤延年（松树、仙鹤）、麒麟送子（麒麟、松子）等。

图3.69　汪氏小苑春晖堂前地面图案

图3.70　"六合同春"中的仙鹤与梅花鹿造型

汪氏小苑中可徘迟小园的地面铺设同样丰富生动、寓意吉祥。如图3.71、图3.72所示，小园入口处，半月形汉白玉踏步表面雕刻由毛笔、银锭、绶带、如意和卍字组成的图案，寓意"必定万代如意"；一只花瓶内插着三支戟，意为"平升三级"。园中心的圆形寿字围以卍字符，意寓"万寿无疆"。另外，可徘迟与小苑春深两个小园入口皆为圆形的月洞门，再加上地面的圆形寿字图案，暗含有"三元及第"的美好期许。

寄啸山庄船厅四周的铺地可谓主题突出、形象鲜明。如图3.73所示，白色的鹅卵石与弧形瓦片细排密布，构成一派水波粼粼的景象，船厅宛若荡漾于碧波之上。材料平实而形象鲜活、寓意深厚，是扬州传统居住空间铺地的典型特色。

图3.71　半月形汉白玉踏步

图3.72　"平升三级"及"万寿无疆"图案

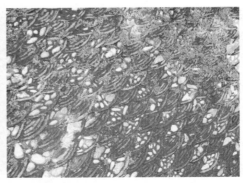

图3.73　寄啸山庄水波纹地面

图3.74　厅堂方砖铺地，书房地面为架空木地板

（二）室内铺地

扬州传统居住建筑室内地面铺设主要使用方砖和实木板两种材料。方砖规格多为400—500mm见方，主要用于厅堂地面铺设，实木地板则多用于卧室和书房，如图3.74所示。

铺设方砖地面时，需先在厅堂门口正中安放一块方砖进行"坐中"，以表达方正规矩之意，然后顺序向两侧及室铺排延伸；砖体排列横平直顺，砖缝顺直细密且用油灰进行嵌缝。为提高装饰效果及防潮功能，方砖多采用细磨、泼墨、桐油浸擦、烫蜡等数道工艺进行加工，以获得光洁如镜、防潮抗湿的效果，且便于清洁、利于保养；另外，为防止地面返潮，砖下地面或砌成地垄、或用倒扣瓦钵作为衬垫以使砖体架空。木地板的铺设与现在做法基本相同，即在地面铺设150mm左右高的松木木楞，将长条木地板钉接在木楞上，然后将表面刨平并打磨平整，最后涂饰深棕色油漆以加强对地板的防护。

第二节　扬州传统居住建筑细部装饰艺术

一、门楼造型及艺术特征

门楼原指在大门上设楼以供守卫进行瞭望和警戒，后借其高敞势派而成为体量高大或位置显耀的门的统称。扬州传统居住建筑堪称门楼的主要是大门和仪门，门楼的造型和装饰、尺度和比例、材料和砌筑工艺既是宅主财富和地位的表现，同时又折射出扬州传统居住建筑共同具有的地方特色和艺术特征。

扬州传统居住建筑门楼一般不超过二层，根据门楼高宽尺度可分为大型和小型门楼两类。根据门楼的立面造型和平面形式特征，主要可分为平直光素型、叠涩飞檐型、匾墙型、凹入型和八字凤楼型五种。然而，无论是昂然高耸的高门大户、还是尺度亲切的蓬门柴扉，扬州传统居住建筑门楼在施工工艺方面均匀清灰砖磨砖对缝及清水扁砌为最高标准。充分发掘并利用砖体本身细腻、真切的质感，以精良的加工砌筑工艺为手段，追求门楼整体造型的浑朴健劲和挺秀峭拔，使门楼既与两旁青砖高墙浑然一色，又凸显出自身端雅庄穆而又精妍高俊的气质特征，如图3.75所示。

（一）平直光素型门楼

平直光素形门楼立面平直光素、简洁齐整，门洞高宽尺度适宜，是小型门楼中最为简洁的形制，多用于普通住在的大门、二门或内院腰门处，是扬州传统民居门楼的主要形式，应用极为广泛。门楼与墙体齐平，在门楼外边界有大约4cm厚的"门"形砖线，此为门楼与墙体的分界线。整个门楼的点睛之处是洞口上侧磨砖对缝

图3.75　南河下康山街庐宅大门及仪门门楼

图3.76 平直光素型门楼造型及洞口叠涩

贴面立砌的一道青砖额枋；洞口两侧门垛或用青砖精工扁砌，或用方砖磨砖对缝立砌贴面；门垛与额枋相交处呈雀替造型，多由四皮青砖将尾端砍斫、雕刻并叠涩形成曲线，后来也有用砖雕角花进行镶嵌。青砖叠涩雀替造型具有层次鲜明、收放有度、舒展自然、富有节奏和弹性饱满的特征，既折射出扬州传统的审美倾向，又使整个门楼造型显得既简丽规整而又寓含有适度的灵动和弹性，如图3.76所示。门洞内装设有门框及活动门槛，两扇黑漆或褐色木门相对而掩，平直光素，端庄雅洁。

　　一般门楼在门洞下方设有门枕石（俗称抱鼓石）与门槛垂直相交。在扬州传统居住建筑中，门枕石又称为门当，多由白矾石制成，共有外侧石鼓、中间石腰和内侧石槽三部分组成。门外石鼓多选用代表文官宅邸的长方扁形，图案以花鸟鱼虫和几何纹样为主，高度约为700mm，宽度约为280—300mm；而较少选用代表武官宅邸的圆形石鼓；门枕石中间石腰起固定门槛的作用，内侧的窝槽用于插承门轴。长方扁形白矾石质门枕石堪称扬州传统居住建筑典型的造型特征，如图3.77、图3.78所示。

图3.77 平直光素型门楼及长方扁形白矾石门枕石装饰纹样

图3.78 长方扁型门枕石造型及装饰纹样

（二）叠涩飞檐型门楼

叠涩飞檐型门楼造型古朴简洁，形制规整完备，是普通民居常用的门楼形式，多用于普通民居的大门及豪门大户的内院腰门处。叠涩飞檐型门楼门洞口宽约1200mm，高在1900mm左右，尺度合理、比例协调；其基本形制是在平直光素型门楼的基础上，在贴面立砌的额枋上部大约二至三皮砖处添加简洁的出檐。即先横向叠涩二至三皮薄板条，并由下至上渐次出挑以形成出檐，其出檐最大的檐板两外端角做有飞冲反翘之势，型如"帽檐"；而"帽檐"上端由下至上依壁叠涩的三至五皮板条则构成倒梯形"帽体"，状如元宝、端正精神；"帽体"两端上部嵌装有卷草及花卉砖雕，形体反翘欲飞，寓意昌盛吉祥。叠涩飞檐型门楼属于小型门楼，此类门楼既简而不费又形神兼备，并可对大门入口进行鲜明地标识，因此在扬州传统居住建筑中应用极为广泛。如图3.79所示为曹起潛故居大门，门洞高2040mm、宽1295mm，两侧砖垛宽550mm、高2080mm，飞檐起自2092mm高度处；门洞上方转角处的叠涩总高150mm，向中间各探入300mm；皮条线宽40mm，门槛高70mm；整个门洞尺度合理、比例和谐、含蓄儒雅、端正大方如图3.80所示。也有豪门大户在大门处采用此种形制以体现含蓄保守的精神面貌。如汪氏小苑大门采用叠涩飞檐型门楼，而在仪门处却用高大气派的匾墙型门楼，折射出

图3.79 曹起潛故居大门

图3.80 汪氏小苑内院腰门

扬州传统文化中低调内敛、不喜张扬的处世哲学。

（三）匾墙型门楼

匾墙型门楼上檐与两侧墙体高度皆取一致，以门洞上部砌筑有状如厅堂内悬挂的匾额的造型而得名。匾墙型门楼是大型门楼的主要形式，主要用于大型宅院的大门及仪门处。根据门楼高度不同，其门洞口尺度也随之有所变化，但宽度通常保持在1300—1700mm之间，与人体的尺度比例基本协调。匾墙型门楼与墙体的分界一般有两种形式，如图3.81所示：一种是以一丁一顺的方式砌筑突出于墙面约一砖厚的门垛，门垛上部端头做成山墙墀头的形式，墀头处立体雕刻挂耳如意或镂空雕刻吉祥花卉图案，两墀头之间首先施以三层叠涩，然后在叠涩条之上做磨砖仿木作斗拱、檐椽、飞椽，即"三飞式"出檐，最外一层飞椽上排布勾头瓦当和滴水，使整个门楼立面构架形式与带山墙的建筑檐面相类似而呈现出刚劲厚重、气度雄浑的气象，因此一般用于大门门楼处；二是在门楼与两侧墙体之间竖向叠涩扁砌精工打磨的砖条，叠涩线条流畅、层次鲜明，砖面质感细腻、凹凸有度，砖条上部以半圆形海棠花托与檐部相接，下部以礅形砖饰托底，处处细腻精丽、圆润光洁，因此多用于仪门门楼处。

匾墙型门楼是扬州传统居住建筑鲜明而独特的建筑元素。门楼整体宽约2—3m，高4—5m，门洞上部由仿木作龙门枋、垫板及额枋将整个门楼划分为匾墙和门洞两部分，匾墙内的匾芯部分约为整个门楼高度的1/3；仪门门楼则大多只设一道龙门枋；匾墙上部或承小额枋，或直抵檐楼叠涩。方阔的匾墙及横向龙门枋是门楼的视觉中

a. 彩衣街30号大门门楼

b. 卢邵绪住宅大门门楼

c. 卢氏仪门门楼

d. 砂锅井巷某门楼及两侧砖条

图3.81 匾墙型门楼整体造型及细部

心及装饰重点。匾墙四边围以砖条边框，匾芯满镶磨砖斜角锦或龟背纹锦（亦称六角锦，寓意"六六大顺"），四角多装饰角花，也有的在匾芯四周饰以连续的纹样图案；匾芯或整体光洁明素无缀饰，或于居中处镶缀海棠形边框立体砖雕；龙门枋及额枋或整体光洁简素，不事雕琢，或镶嵌人物故事立体砖雕，或满雕四季花卉（俗称通景），如图3.82、图3.83所示；龙门枋与额枋之间的垫板俗称夹堂板，其上多雕饰吉祥花卉图案；龙门枋两端下部则饰以雀替形雕饰。

如图3.84所示为扬州市彩衣街30号杨氏大门门楼。门楼尺度高阔、宏丽高敞；匾芯满镶磨砖龟背纹锦，色调含蓄优雅、光润荧洁似镶珠嵌贝；匾芯居中缀饰海棠锦立体镂雕众仙献桃祝寿图案，海棠锦外形生动清丽，布局匀停紧凑，锦内花木姿态横逸、叶茂果硕，人物神情超逸、姿态飘然而又俯仰呼应、生动浑朴；海棠锦宽度约为匾墙总宽的五分之一，高度约为匾墙总高的三分之一，尺度适中，比例匀停。匾芯四周装饰深浮雕拐子锦（亦称卷草、香草、吉祥草），四角配饰拐子纹角花，回环周流、动感强烈而又繁密富丽；匾墙的拐子纹边框及中间的海棠锦图案以其繁密富丽与平整光洁的龟背纹锦形成鲜明的对比，既突出了匾墙的主体装饰及视觉中心，又使匾墙门楼富有节奏及层次；惜龙门枋表面的磨砖镶嵌已毁。为与匾墙装饰和谐统一，龙门枋下的雀替同样为深浮雕拐子锦图案；拐子锦钩挂回旋，中间镶嵌由八面如意锦围绕的饱满圆形雕饰，惜雕饰图案已毁，据传为寿字吉祥纹。

如图3.85所示，卢邵绪住宅仪门门楼堪称匾墙型门楼的典型代表。首先，最为突出的是精美高超的砌筑工艺。仪门两边墙壁满嵌磨砖斜角

图3.82 地官第十二号丁敬臣住宅仪门

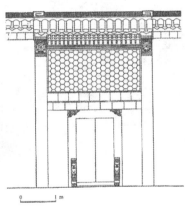

图3.83 某匾墙式门楼测绘立面

图3.84 彩衣街30号门楼

锦（扬州当地称之吊角萝底砖），门楼匾墙满铺六角锦图案，无论是扁砌还是斜角镶嵌皆砖砖精工水磨、块块对缝砌筑，光洁平整、难见缝隙，充分体现了水磨青砖细腻的质感和含蓄丰富的色调。整面墙于优雅的蓝灰中荧紫炫黄，呈现出温润清丽而又峻朗绝伦的气质面貌；此门楼匾墙的每个六边形单元图案是由居中的六边形与外围的五边形以及最外围的菱形图案组成，构成复杂、层次丰富而工艺效果平整光滑、质感细腻统一；高超的砌筑工艺使门楼拥有令人慨叹的神工丽质，凸显出扬州传统门楼建筑鲜明的地域性风格特征。

其次，卢宅仪门门楼尺度高阔而收放有度，整体比例协调、美观舒适；其门洞自身高宽比接近黄金比例，门洞宽度约为门楼总宽的二分之一，门扇与门垛宽度则一般为1：1。门楼纵贯顶地的叠涩砖条简洁流畅，与门洞两边的砖垛一起强调出门楼的纵向线条。该仪门门楼檐口为磨砖三层飞椽形式，出檐适度、匀停齐整而重叠有致，充分体现了门楼明晰简洁、端雅劲健的形象特征。由檐枋及龙门枋框出的匾墙约占门楼总高的三分之一，自身长宽比例为2：1左右，方正舒展，端雅稳健，既不过大而显得沉重，又不过小而显得寒酸局促。

图3.85　卢绍绪住宅仪门匾墙及龙门枋下的菊花纹样砖雕雀替

在此基础上，形态自然、丰满腴丽的砖雕不但赋予门楼清俊优雅的视觉魅力，而且使其充满文化哲理寓意。如图3.86所示，匾墙正中海棠式框景内是"李白殿上醉酒脱靴写蕃文"的场景雕饰，海棠式框景中的殿宇花绕云护、精致华丽，整体布局主次鲜明、均衡匀称，画面背景简洁、空间层次明晰、人物形象突出，无论是佯狂醉酒的李白、伏地脱靴的高力士还是周边人等，皆福体丰满、形态自然、面带笑容；这充满世俗喜乐的场景氛围既寓教于乐，又充分流露出人们对现世生活的由衷喜爱和适意满足之情。同时，门楼上生动美丽的四季花卉雕刻装饰使门楼的主题寓意和装饰效果得到进一步加强；如匾墙四角雕饰有桃子、荔枝、

图3.86　卢绍绪住宅仪门匾墙中间的海棠锦砖雕

石榴、佛手纹样，既对匾堂中心的海棠锦起到烘托围护的作用，又以其"多福、多寿、多子、多孙"的吉祥寓意表达出人们对幸福生活的理解和美好期许；尤其值得一提的是龙门枋下的砖雕菊花，图案布局匀停，造型生动舒展，线条简洁流畅、细腻圆润，其充满律动的回旋线条既包含有西方造型艺术的影响痕迹，又以其腴丽舒展的造型烘托出门楼劲健而又雍容的气质形象。

砖雕是匾墙型门楼重要的装饰手法和构成要素。扬州传统砖雕的原料为青灰水磨砖；其质地细腻纯净，制作过程繁琐复杂，对材料质地及工艺技术的要求极高：首先，将精选的无砂碛泥土进行多次过滤沉淀，得到上层泥浆后进行反复揉踩以制成泥筋，待将其做成砖坯、晾干后入窑烧制；封窑时用水浸烧，使砖色转以青灰为最佳；为适于雕刻，出窑成砖的抗烈度一般应控制在650至860度较好；雕刻前，把青灰砖用磨石进行沾水细磨，以获得平整如镜的效果；然后，进行雕刻的第一道工序"打坯"，即由富有经验的老艺人主刀凿出画面的轮廓、位置、深浅、层次；然后由助手进行第二道工序"出细"，即对其进行精雕细刻，使人物，楼台、树木、花果立体突出；最后是修整阶段，即在统观全局、掌握整体的基础上对重点细部进行精雕，同时对相关局部进行修饰、黏接，然后拼排成整体，最后做榫以便于安装。

匾墙式门楼的砖雕表现内容主要为祥瑞的动植物图案、具有教化寓意的人物典故场景以及几何图形和古董器物形象，其中植物花卉题材的应用最为普遍，多配套组合以表达美好主题，如采用桃、荷、菊、梅表达四季兴旺，以牡丹、菊花、柿子、石榴象征福寿安康、人丁兴旺，以梅、兰、竹、菊抒发"四君子"情怀，以梅花、海棠、牡丹、桂花赞咏"四佳人"的美丽姣好，而卷草则以其回旋不断的形象成为生生不息的生命力象征，并且以二方连续的拐子纹图案广泛应用于边框装饰。门楼砖雕喜用的祥鸟瑞兽有龙、麒麟、凤凰、仙鹤、喜鹊、象、牛、马、羊、蝙蝠，并与花草或器物进行组合以表达吉祥寓意，如蝙蝠与钱币组合寓意"福在眼前"，喜鹊与梅花组合寓意"喜上眉梢"；寿星与蟠桃组合寓意"福寿双全"。砖雕器物则有琴棋书画、铜钱、古玩，以及暗八仙器物如荷花、葫芦、云板、渔鼓、扇子、花篮、宝剑、笛子等，并多以"琴棋书画"、"暗八仙"表达对高雅脱俗、悠游自在的超然生活的羡慕和向往。如图3.87、图3.88所示，南河下卢绍绪住宅大门门楼匾墙四角浮

图3.87 卢绍绪住宅大门门楼的士子赶考、刘海戏金蟾、山人樵夫

图3.88 卢绍绪住宅门楼的二龙戏珠雀替、暗八仙雀替、佛手角花造型

a. 狸猫换太子　　　　　　b. 方卿羞姑　　　　　c. 汾阳王郭子仪带子上朝

图3.89 卢绍绪住宅仪门门楼

雕"琴棋书画"图案，额枋居中雕刻"刘海戏金蟾"，两侧对称雕饰"桃、荷、菊、梅"四季花卉图案；龙门枋居中雕刻弹琴、下棋、读书的"三逸图"场景，两侧的砖雕内容则为士子赶考、樵夫路遇山人等场景，表达出对诗书传家、羽化成仙、高雅脱俗生活的向往。如图3.89所示，仪门额枋中雕饰"汾阳王郭子仪带子上朝"及"狸猫换太子"、"方卿羞姑"等典故，雕刻精美清丽，寓意警世深刻，既起到繁简得宜、华素适度的装饰效果，又寓教于乐，深刻表达出宅主所崇尚的处事原则、道德伦理和人生价值取向。

在扬州传统建筑匾墙式门楼砖雕装饰中，多综合运用高浮雕、半圆雕、浅浮雕、透雕、线刻等手法，创造出层次清晰、背景简洁、布局匀称、形象鲜明、俯仰呼应、清新自然的图案和场景。门楼上吉花丰腴繁硕，瑞兽憨玩，人物表情喜乐祥和、形态栩栩如生，尤其在阳光的照耀下人物形象饱满圆润、光影层次清晰自然、轮廓线条简练生动，使刻画的每一个对象都被赋予明确的存在感，折射出扬州传统文化中对现世人生的积极肯定和追求生活福寿美满的心愿。

总之，扬州传统民居建筑中的匾墙型门楼尺度高敞，整体构图强调竖向线条，以凸显材料及施工工艺的丽质精工为能事，装饰简繁适度，不过分雕琢，不破坏整体形象的健劲宏丽，门楼整体形象清丽峻拔而又与整体建筑浑然一体。门楼砖雕图案内容多为雅俗共赏、耳熟能详、具有较强的伦理说教寓意的人物故事场景，或祥瑞美丽的四季花卉及禽鸟图案，力求以故事及图案的寓意和象征体现门户中人的身份地位、思想意识及对美好生活的期许。门楼雕饰手法多为深浮雕，形象立体，构图均衡匀朗，空间景深一般不超过三层；雕饰单元布局匀停，留白适度，主体形象明确而突出；雕饰图案精致生动，形象饱满腴丽而闲适自然，既不繁密局促又不生硬懈怠，观之令人感觉轻松舒适。总之，所有以上这些元素及处理手法使匾墙型门楼呈现出精整伟岸而又端雅自然的雍容气度，彰显了扬州传统居住建筑形象特色，同时折射出扬州传统文化中关注生命及生活本体、立足当下、极力追求美好现世生活的人生观和价值观。

（四）凹入式门楼

凹入式门楼是一种将门洞向后退入、而屋面保持连贯与整体的门楼形式，多用于住宅大门。在宅院围墙与后退的门洞之间，将二者紧密连接的墙体称为腮墙。根据门洞后退的尺度及与两侧腮墙的角度关系，凹入式门楼可细分为直角浅凹式（门楼后退深度一般不大于两个墙厚）、直角深凹式（门楼后退深度约在两个墙厚尺度以上）、八字抹角式、直角深凹带八字抹角式、八字深凹式等。直角凹入式、八字抹角式门楼两侧腮墙多用青砖扁砌到顶，如新民巷25号、青莲巷19号周扶九住宅直角深凹式大型门楼；而八字深凹式的大型门楼两侧腮墙樘内多镶嵌磨砖六角锦或斜角锦。凹入式门楼顶部多在檐椽下铺钉木质望板，使门前半开放凹入式空间的限定性和领域感得到加强，在一定程度上增强住宅及门楼的神秘性和吸引力。凹入式门楼生动多样，变化多端，既可为豪门富户营造高耸数丈、神秘宏伟的大型门楼，又可用于一般人家，营造含蓄保守而富有层次和意趣的柴门雅居，如图3.90、图3.91所示。

新民巷25号及青莲巷19号住宅大门为直角深凹及带八字抹角式大型门楼的典型范例。如图3.91、图3.92所示，直角深凹式大型门楼的门洞两侧设有门垛、上部有龙门枋及匾墙，匾墙四角装饰角花，其形制主体与匾墙式门楼基本一致，因此直角深凹式大型门楼可看作是匾墙式门楼与"门"形筒套的结合体。其中新民巷25号门楼

图3.90 直角浅凹式小型及大型门楼

图3.91　新民巷25号直角
深凹式大型门楼

图3.92　青莲巷19号周扶九住宅直角深凹带八字抹角大型门楼

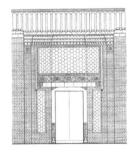

图3.93　东圈门22号瓠园八字
深凹大型门楼测绘

图3.94　李长乐故居八字深凹大型门楼

无论是圕墙还是腮墙皆青砖扁砌到顶，使门楼整体质朴而又富有层次、简洁而又伟岸挺拔。青莲巷19号周扶九住宅门楼总高二层，两侧门垛及腮墙皆清水磨砖对缝扁砌到顶，圕墙堂芯铺砌磨砖六角锦，整体清丽宏伟、劲健秀楚、幽深端穆、令人仰止。两侧腮墙外端退后一砖处设八字抹角，细节委婉，富有层次，如此则进一步强调了竖向线条，凸显出门楼墙体厚重而威严耸立之势。

　　如图3.93、图3.94所示，东圈门22号瓠园及李长乐故居挺秀健拔的门楼是八字深凹大型门楼的典型代表。八字深凹大型门楼的门洞两侧不设门垛，而是与八字形腮墙直接相接，砌筑工艺精美，体现出较高的技术水平；门洞与两侧腮墙上部的圕墙装饰做法连贯一体：圕芯满铺龟背纹锦或斜角锦，四周边框或为叠涩线条、或满雕吉祥图案如卷草拐子纹饰，圕墙四角无角花装饰，而在两侧腮墙上的圕墙外侧镶嵌垂莲砖柱，柱体秀挺光洁，柱端的垂莲纹饰玲珑细腻；匾墙下部的龙门枋面满雕植物花卉图案，寓意吉祥、造型富丽；由此可知，八字深凹式大型门楼的匾墙装饰手法既与匾墙式门楼一脉相承，又糅合了北方传统民居建筑垂花门上的垂帘做法，门楼形象优雅端庄而又浑朴大气。门楼两侧腮墙堂芯一般镶嵌龟背锦或斜角锦，图案与匾墙保持一致；堂芯四角多镶嵌有角花装饰。匾墙与顶部相交处为砖雕仿木三层飞檐叠涩，门楼顶部铺订棕红色木板。一般对于大型门楼来讲，顶部的木板只做大面积铺订，而在近外檐线处留出一段飞椽及青灰望砖，此种手法使门洞顶部富于层次且简繁对比鲜明，又突出了檐部飞椽齐整利落、富有韵律的形象特征，同时又与仿木飞檐叠涩互相呼应，使门楼既充满细节而又和谐统一。

（五）八字及凤楼式门楼

八字及凤楼式门楼是以匾墙式门楼为主体、两侧带八字门垛或腮墙及翼墙、门楼檐部随墙转折并于顶部各自起楼的大型门楼做法，主要用于居住建筑的大门处。八字及凤楼式门楼与八字凹式门楼的相同之处是门楼主体退后于外墙；两者的不同之处主要有三点，一是八字及凤楼式门楼的主楼与两侧腮墙在统一直线上，而两侧翼墙呈八字外撇形式；二是顶檐部开放，其顶檐部沿门楼及墙体高下而随势起落；三是八字及凤楼式门楼主楼多高耸突出，两侧墙体渐次跌落以形成五岳朝天之势。依据门楼面阔、两侧腮墙的尺度及顶部做法不同，门楼具体形式也各不相同，基本有小八字、大八字、八字凤楼式三种，如图3.95所示。

小八字式门楼实际是匾墙式门楼的一种变体，主楼为匾墙式，两侧呈八字式外撇的腮墙尺度较窄，甚至可看成是由墙端抹角而成；主楼与两侧腮墙高度一致，腮墙顶部做法与两侧相接的外墙体相同；门楼虽横向面阔较小但纵向直贯天地，因而

a. 小八字门楼　　　b. 现湖南会馆八字凤楼式门楼　　　c. 寄啸山庄大八字门楼

图3.95　八字及凤楼式门楼

显得更加伟岸挺拔。大八字式门楼的形象特征为四砖柱、五幅面、屏风状；五幅面是指中间匾墙形主楼、左右一字形腮墙形成的次楼，以及两侧八字形翼墙形成的边楼；居于中间的匾墙形主楼高大宏伟，两侧次楼及边楼附拥围护并渐次跌落，整体幅面宽阔、舒展大方而形象参差错落、富有韵律；各主、次、边楼顶部一般均为两坡硬山屋面做法，与两侧相接的外墙顶端做法一致，门楼整体气势开阔而又庄重威严。八字风楼式门楼与大八字门楼在布局和尺度方面基本相仿，不同之处是前者门楼的顶部呈凤楼状，因此当地俗称其为五凤楼造型。如图3.95b所示，八字风楼式门楼主楼顶部为四面出檐的庑殿顶做法，飞檐反宇、翼角高翘、形象突出、造型生动而又端雅昂然；主楼两侧的一字形腮墙顶部亦为庑殿顶做法，其顶部内端与主楼侧面直接相接，外端两个翼角飞冲反翘，含蓄飘逸而收放适度；最外侧八字翼墙与相接的外墙顶部做法相同，使门楼与建筑过渡优雅而衔接自然。综观八字风楼式门楼，它既丰富生动而又端雅稳健，并与整体建筑和谐统一，从而高调凸显出扬州大型传统居住建筑的浑然气魄和雍容气度。

如图3.96所示为南河下68号现湖南会馆八字凤楼式门楼。湖南会馆始建于明代，清初为陈汉瞻所有，名为"小方壶"；乾隆年间被转卖于黄阆峰并改名为"驻春园"，后屡次易主；道光年间包松溪购之，更名"棣园"，同治年间又为太平军叛将李昭所占；至光绪初年，湖南众盐商出资购之，方命其名为"湖南会馆"，因此该建筑本质隶属于传统居住建筑形制。现湖南会馆门楼横向铺排面阔达18m，主楼竖向高耸近11m，整体展示幅面接近200m²，全部为清水磨砖对缝砌筑；门楼主楼的匾墙、次楼及边楼的腮墙楹内皆

图3.96　现湖南会馆门楼

磨砖镶嵌寓意"六六大顺"的六角锦饰面，整体飞檐翘角、气势恢宏而又富丽雍容，无论是整体造型还是细部装饰都具有鲜明的艺术特色，并折射出扬州传统文化相关理念及内涵现湖南会馆门楼的主楼、次楼、边楼檐部为仿木作磨砖飞挑三重檐形式；三飞式出檐上下重叠有致、层次清晰、端雅方正，出挑尺度渐次增加。门楼出檐深度与门楼整体高度比例和谐适中，既不会使屋檐显得寒酸局促，又绝不致累垂沉重。主楼四角飞翘，檐牙高啄，飘逸灵动、气势恢宏；次楼外一端檐角飞翘，内一端侧镶嵌深浮雕卷叶菊花博风砖，线脚明晰，雕工精丽圆熟，造型腴丽丰婉。

湖南会馆门楼主楼飞檐之下、小额枋（俗称楞枋）之上的檩条及垫板部位为五层叠涩，叠涩节奏鲜明、方圆有度、层次清晰、富有韵律，中间较宽的一层叠涩条表面浮雕有莲花、卷草、拐子锦，图案绵延回旋，细腻华贵。门楼主楼小额枋为磨砖立砌而成并镶嵌五幅深浮雕图案，正中间的砖雕图案为蝙蝠啄绶带，绶带结为如意形，寓意"福寿如意"，其他从右到左、从上到下，分别雕刻有"方胜"、"双钱叠加"、"银锭"、"花生"图案，绶带在其间缠绕绵亘；其中蝙蝠、绶带、双钱串起来寓意"福寿双全"，银锭、双钱、绶带缠在一起寓为"银钱不断"；左右各两幅深浮雕图案分别为牡丹、荷花、菊花、梅花，祈愿一年四季、好花常开。主楼两侧的磨砖砖柱顶端各高浮雕一对柿子和一柄如意，寓为"事事如意"。主楼匾墙平直方阔、四周叠涩层次清晰，匾樘内满铺龟背锦纹饰，中嵌汉白玉石额并浅刻"湖南会馆"四个楷书大字，字匾的边框平浮雕有连绵的回纹锦；匾堂四角浮雕有四棵吉祥树作为角花图案，从左到右、从上到下分别为佛手树、桃子树、李子树、石榴树，寓意为"多福、多寿、多子、多孙"。匾墙下中额枋同样为磨砖立砌，镶嵌有四幅深浮雕花砖，图案布局匀称，层次明晰，雕有树木、人物（官员、武将与小童）、城门、山石。中额枋下为磨砖立砌垫板，其上对称雕刻有卷草连绵图案。主楼龙门枋为磨砖立砌而成，中间深浮雕一幅八仙厅堂聚会图案，两端对称平浮雕有卷草如意纹，形象饱满圆润，造型生动回旋。龙门枋两端下面各雕刻一幅莲花卷草，方圆有度、舒展大方。门洞上部两角部镶嵌砖雕雀替，下部竖立一对深浮雕狮子盘球圆形石鼓；门洞内一对墨漆大门严整厚实，门槛高厚沉重但可上下启合，以便于车轿进出及日常使用。

湖南会馆门楼两次楼额枋磨砖立砌，两额枋各深浮雕有四块花卉砖雕，分别是梅、兰、竹、菊"四君子"和梅花、海棠、牡丹、桂花"四佳人"，每块砖雕两边衬以如意卷草。边楼墙体樘芯满铺磨砖斜角锦，四角镶嵌浅浮雕角花。整座门楼比例舒展、气度雍容，砌筑精丽，富有质感，雕饰清晰、繁简适度，既不纤绘细琢、满雕满饰，又不板肃呆滞、粗硬乏味；装饰图案舒展自如、比例丰满，充满生命的欢愉和安闲。在屋檐的衬托下，在精妍的工艺整饬下，整座门楼像一位衣冠楚楚、气度轩昂、质本色真而又含蓄典雅的伟岸君子，显示出一派华贵挺拔而又温厚清朗的雍容气象。

二、照壁造型及艺术特征

照壁，亦称为"隐壁"或"影壁"，是正对大门而设的小墙，在古代文献中的称谓有塞门、屏、萧蔷等，扬州当地称其为照壁。照壁主要用于屏蔽遮挡外部视线、保护院内生活空间的私密性及封闭性，同时满足"财不外泄"、"挡蔽外来邪气冲入宅内"的传统风水理论要求。据《荀子·大略》："天子外屏，诸侯内屏，礼也"，可知我国早在春秋战国时就有砌筑照壁的做法，且在建筑中具有重要的地位和作用。按照古代礼制要求，天子需将照壁设置在门外，而诸侯王公则必须将照壁设置在门内，如同现在北方传统民居中的照壁设置位置，即砌筑于院内正对大门处。不同于古代礼制要求，扬州传统民居的照壁大都设置在大门外正对门楼处，且照壁的宽度和高度都要超过门楼尺寸，以求"不散财气"。客观来讲，将照壁设置于门外的方式一方面是因为当地民居建筑内部与大门相对的空间功能多被福祠占据，另一方面从某种程度上也折射出扬州当地具有地域特色的历史发展轨迹及社会文化心理。从功能上来讲，大门外设置照壁，一则可与大门门楼相互呼应，共同显示居住者的身份及地位，二则可屏蔽大门对面的杂乱景象，三则可将自家所属的建筑空间扩展至门外的街巷，并获得相对完整的门前空间。

根据门前空间的大小及环境状况，扬州传统照壁有两种设置方式，一是独立设置，二是辅设于大门对面的建筑墙体上。独立设置的照壁由底座、壁身和瓦顶三部分组成，其壁身高度约占照壁总高的三分之二，底座及瓦顶则各占照壁总高的六分之一左右，整体比例秀雅适中、主次分明；照壁造型规整简洁，底座表面多由青灰色条石板水磨镶嵌；豪华的照壁底座或可做成须弥座形式，但在民居中不为常用；照壁壁身多为青砖磨砖对缝、清水扁砌；其壁芯大多做方形开光，边框为砖条凸起扁砌；壁芯内由水磨笋底砖镶嵌成菱形状斜角锦，四角配以角花装饰；有菱形边框的福字砖雕镶嵌于居中略靠上的位置；整个壁身丽质精工而华素适度，尤其福字砖雕尺度适中、雕刻细腻、比例秀雅、效果突出，成为照壁的视觉中心和装饰重点。如图3.97所示为吴道台宅第照壁的福字砖雕，其菱形边框浅刻"卍字不到头"图案，在满布的立体浅雕如意云纹及四只飞舞的蝙蝠衬托下，居中平雕的福字光洁饱满、气韵生动，表达着"五福临门"的吉祥寓意，此图案也是扬州传统照壁中最为喜用的福字砖雕形式。独立式照壁的上部做法与墙体基本一致，即在五皮叠涩上调正脊、覆瓦顶；也有大型照壁在瓦顶下复加斗拱藻井的做法。

根据照壁的平面布局形式，独立式照壁主要有一字型和雁翅型两种。雁

图3.97　吴道台宅第照壁及福字砖雕（赵立昌供图）

翅型照壁由中间一字形主壁和两侧呈雁翅展开的八字形副壁组成，当地称其为八字大照壁。为确保照壁具有良好的稳定性，一字形照壁囿于结构形体的限制，其幅面尺度适中，整体形象敦实端雅、质朴秀丽。雁翅型照壁则体量高阔、幅面宽大，其八字形副壁既增加了照壁形象开阔宏伟的气势，有助于提升宅主的身份地位，又加强了照壁与大门门楼的呼应合围之势，从而进一步提升了建筑大门处外部空间的完整性和领域感。

如图3.98所示为东关街个园南门八字形照壁。照壁通面阔7.5m，主壁幅宽4.4m，副壁幅宽2.25m，主壁与副壁的夹角约为120度；照壁总高5.75m，其中基座高度0.625m，檐部总高0.875m，壁身总高4.25m，为照壁总高的60%。照壁上覆黛青布瓦，下衬石条基座，

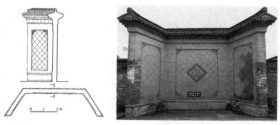

图3.98 东关街个园南门前雁翅型八字大照壁

中间壁身用水磨青砖清水扁砖到顶。照壁主壁及副壁壁芯皆镶嵌斜角锦；其中主壁壁心四角镶嵌蝙蝠角花，正中靠上部位镶贴菱形边框"福"字砖雕，副壁壁芯四角镶嵌象征"长寿"的桃形图案砖雕角花，表达出"福寿双全"的美好祈愿。整个照壁精整简洁、庄重气派，主题鲜明、效果突出。

若住宅大门前没有足够的空间设置独立式照壁，扬州当地典型做法是随形就势，或借助大门对面的墙壁，通过一定的手法隐出照壁壁心的形状并加以装饰；或因陋就简，直接在门外一侧墙体上镶嵌福字作为照壁。扬州当地将照壁砌于院内的做法较少，而如图3.99所示为西方寺金农寄居处砌在院内的照壁。附设于其他墙体的照壁壁芯或镶嵌磨砖斜角锦，或清水扁砌，或用灰浆抹面，以衬托并突出居中设置的"福"、"鸿禧"、"迎祥"等吉祥砖雕字样。如图3.100所示为胡笔江照壁"五福临门回纹边框"砖雕，居中平刻的福字形体腴丽丰泽，韵致润秀端雅，风姿飒爽稳健而又

图3.99 金农寓居处宅院内照壁及砖雕福字

图3.100 胡笔江照壁砖雕福字

神态安闲；另外，无论是周边的如意云纹雕饰还是框内蝙蝠，皆气韵生动、圆润可喜，使整个雕饰呈现出精丽的工艺和鲜明的艺术特色，堪称字雕珍品。

三、福祠造型及艺术特征

扬州传统建筑中的福祠又叫"福德祠"，一般设于正对大门处的院内墙壁上，用于当地人家祭祀本宅土地神。祭拜土地在汉民族及汉文化圈中古已有之，表达了人们对孕育万物的大地的敬畏与感恩。《左传·通俗篇》有云："凡有社里，必有土地神，土地神为守护社里之主，谓之上公。"《说文解字》对"社"字的解释为："社，地主也"，意即"社"为土地的主人，社祭就是对土地的祭祀。《礼记·祭法》中云："共工氏之霸九州也，其子曰后土，能平九州，故祀以为社"，"后土，社神也"；《史记·封禅书》云："汤以伐夏，祭告后土"，因此土地神还有"后土"之称，而且看似很早即具有了人格神属性。在道教中土地神被称为"五方五土龙神"、"前后地主财神"，五方是指东、南、西、北、中，五土是指山林、川泽、丘陵、水边平地、低洼地五种地形；地有龙脉，因此土地神又称为龙神；土地神的职责是"造福乡里、施德百姓"、驱邪魔、除鬼怪并使五谷丰登，因"有土斯有财"之说，故此土地神又被称为"福德正神"或"福德财神"。据《礼记·祭法》所记，土地神是有等级的："王为群姓立社曰大社，诸侯为百姓立社曰国社，诸侯自立社曰侯社，大夫以下成群立社曰暑社。"不同管辖范围的土地神其职能也会有所不同。如图3.101、图3.102所示，作为一户人家专供的土地神多为慈眉善目、亲切祥和的长者形象，其主要神职是为家宅驱赶邪气，临福降祉，以保六畜兴旺、万事顺遂。

图3.101　土地神（摘自维基百科）

图3.102　卢绍绪住宅福祠内供奉的土地神形象

中国民间认为有德之人死后可被玉帝封为土地神，因此土地神有地域性与人格化的区别。最早见于文字记载、被称为土地神的是汉代的广陵人（今扬州）蒋子文。据《搜神记》卷五记载："蒋子文者，广陵人也。……汉末为秣陵尉，逐贼到钟山下，贼击伤额，因解缓缚之，有顷刻死，及吴先主之初，其故吏见文于道，乘白马，执白羽，侍从如平生。见者惊走。文追之，曰：'我当为此土地神，以福尔下民。尔可宣告百姓，为我立祠。不尔，将有大咎。'……于是使使者封文为中都侯，……为立庙堂，转号钟山为蒋山。"此后，各地土地神渐为当地有功者死后所任。当年郑板桥的一副对联："乡里鼓儿乡里打，当方土地当方灵"，生动地表明了人们对土地神的地域性的认同。同样，其他地区也有在居住建筑门口处供奉土地神的做法，目的相同，形式各异，从而体现出不同的建筑文化特色。"祈福设专祠，当门位置之"，林苏门《邗江三百吟》生动地描绘出扬州福祠的独特位置。镶嵌于正对大门的院内墙壁上的福祠以其独特的位置、玲珑的造型和精美的砖雕成为扬州传统居住建筑特有的符号，并成为照耀扬州传统居住文化的璀璨明珠。

福祠一般建在正对大门的迎面墙上，距离地面50cm左右。福祠宽约75—85cm（屋檐部），通体高约1200—1500cm，如甘泉路匏庐福祠高约1.2m、宽约0.8m。福祠由上至下可分为屋顶、壁身和台面三部分，整体由水磨青砖雕刻拼镶而成，尺度小巧，比例秀雅，雕刻精致，图案充满吉祥寓意。福祠整体造型既有对殿堂类建筑屋面及檐面的模仿，又可看作是匾墙式门楼的缩微，同时还包含有庙宇类建筑的形象符号，如图3.103、图3.104所示。

福祠屋顶由正脊、出挑的屋檐和小额枋组成。正脊尺度高阔，脊

汪氏小苑大门与福祠

汪氏小苑仪门与福祠

福祠

图3.103　汪氏小苑大门与福祠

东关街个园福祠

钞关西后街10号殷家小宅福祠

南河下卢绍绪住宅福祠

图3.104　福祠

身用透雕或深浮雕的手法装饰有吉祥图案，如倒飞的蝙蝠、成串的金钱、折枝寿桃、吉祥花卉、如意祥云等，以寄托福寿富贵、代代不息的美好愿望。正脊两端仿照宫廷建筑屋面形式，镶嵌砖雕螭吻或鲤鱼。螭为传说中龙之九子之一，生性好吞，因此螭吻又称吞脊兽，以螭吞脊可保佑建筑避灾火、驱邪恶；正脊两端设置鲤鱼则象征对后代寄予"鱼跳龙门"而功成名就、光宗耀祖的厚望；有的福祠正脊当中设置宝瓶内插三戟图样，寓意"平升三级"。出挑的屋檐多模仿硬山屋面，如汪氏小苑福祠；其半坡屋面规整端正，筒瓦顺直均匀，瓦当处多以猴脸作为装饰图案，以表达世代封侯、显耀门庭的期许。也有的福祠顶部模仿庑殿顶造型，如南河下卢绍绪住宅福祠顶部，其垂脊刻画细致、檐角高翘飞扬，小小的屋顶雕饰细腻、造型生动，形象器宇轩昂。檐下檩枋部分一般以叠涩形式呈现，层次清晰、方圆有度；檩下垫板尺度不一，或宽大如汪氏小苑福祠，或窄秀如个园福祠，但均饰以二方连续回纹或卷草纹，并成为屋顶向壁身的良好过渡。

福祠造型主要借用建筑檐面构件作为装饰符号，并结合匾墙式门楼的局部要素；其壁身由上而下一般由匾堂、龙门枋、横批窗或走马板、隔扇及门洞共四层构件组成。大户人家的福祠壁身多雕饰繁复而又清朗有致，繁处密不透风，简处一马平川。匾樘为福祠的装饰重点，其高度一般为壁身总高的三分之一，四周多以深浮雕拐子夔龙或卷草纹饰围绕，匾樘内精雕细刻精美的吉祥图案如"龙凤呈祥"、"凤戏牡丹"、"石榴多子"、"三阳开泰"等，鲜明地突出整个福祠的表现主题。龙门枋一般尺度宽大、雕饰精美、主题鲜明、富有层次；龙门枋下或为镂雕的横批窗，或为磨砖立砌的走马板，其居中下沿处挖有类似莲花头形状的拱形缺口，并与下部门洞连贯相接。龙门枋与走马板所占高度一般约为壁身总高的三分之一。福祠壁身最下一层为镂空雕琢的槅扇及门洞，高度亦约为壁身总高的三分之一；其砖雕隔扇大多仿六抹隔扇形式，形制规整，雕饰细腻，图案端雅清丽；中间门洞亦俗称"门堂"，其宽度或占一个半隔扇宽度，或不超过壁身总宽的三分之一，门洞内凹入的空间放置有供奉的土地神像。

福祠下部则为宽阔的挑出平台，既有放置供品的功能，又与上部出檐形成良好的呼应，从而使福祠整体凹凸有致且形象更为完整。平台上日常放置小小的香炉一鼎、清香三支，烟雾缭绕，人神共享。有的福祠在平台下部还设有宽阔的壶门空间，内里设置高浮雕土地神祇形象，如南河下卢绍绪住宅福祠，神像坐姿端雅，神情祥和，衣履质朴，形神亲切可爱，使整个福祠无论是功能还是形式均堪称为袖珍祠堂。

在扬州传统居住建筑中，除门楼之外，福祠是砖雕最主要的施用位置。而不同于一般门楼雕刻的精简扼要甚至惜墨如金，福祠雕刻追求披绣着锦而又简繁适度，呈现出华丽精致、生动繁复的气质形象；同时，颇具扬州地方特色的砖雕艺术更加突出了福祠独特的艺术魅力。

图3.105 汪氏小苑福祠砖雕

图3.106 南河下钞关西后街10号殷家小宅福祠砖雕

如图3.105所示为汪氏小苑福祠砖雕，其深色部分为福祠原有留存，浅色部分为后人补修之处。细品此砖雕遗存，无论是正脊的卷草图案还是额枋处的拐子纹饰，皆布局明朗、层次鲜明、线条流畅、形象舒展、气韵生动、节奏鲜明，图案与留白比例协调，体现出扬州传统的审美倾向和艺术特色。如图3.106所示为殷家小宅福祠匾樘及龙门枋砖雕，匾樘四周深浮雕拐子夔龙纹饰与如意灵芝，夔龙雕饰细腻、节奏明朗、盘旋回绕、动感颇强；位于夔龙纹饰下边框中间部位的一颗灵芝处于人的视平线部位，比例协调、形体饱满、舒展自然、生机勃发；而其他部位的灵芝因与人的视平线有些偏离，因此稍显肥慵懒惫、面目模糊，此种处理手法折射出扬州传统文化中以人为本、目标明确、讲究经世致用、不过分追求面面俱到的价值观和人生哲学；樘芯部分以清丽的十字花铺地，椭圆的海棠形开光内亦浅雕什锦纹，内外协调而主次分明；海棠形开光居中处高浮雕大朵折枝牡丹，姿态生动、腴丽鲜艳；匾樘下的龙门枋则满雕细腻繁复而层次鲜明的吉祥花卉，两方海棠形开光内高浮雕有丹凤朝阳、百鸟朝凤图案；可见该福祠以匾樘及龙门枋作为雕饰主体，以牡丹及其他花卉为主要刻画内容，以日、月、云、龙、凤、鸟为辅助表达，图案繁复靡丽而又层次清晰，整体精美细腻而又主题鲜明，显示出富丽奢华而又雍容优雅的气质形象，堪称福祠精品。

四、建筑木构架形式及艺术特征

（一）屋架

扬州传统居住建筑梁架主要为单脊檩、人字顶的抬梁式结构，檩、梁、柱多取圆木直材，材径粗壮、梁柱肥硕，表面不髹厚漆，本色外露；如图3.107、图3.108所示。民居主体结构用材多为松木、榆木、杉木，其中因杉木在当地风水理论中称为"阳木"而颇受欢迎。更有豪门大户在正厅使用楠木或柏木以显奢华和尊贵。盐商汪

119

图3.107　寄啸山庄单面廊木构架

图3.108　个园清美堂木构

鲁门住宅第三进正厅取材楠木，其月梁式大栀梁高0.6m，尺度高阔、富丽奢华；第四进为杉木楼厅，粗梁方柱，颇具台阁气象。

1. 正身梁架

扬州传统居住建筑正厅多为三间，进深多为五架或七架，有的甚至达九架之多，如卢邵绪住宅正厅。圆木构架的梁端侧面多刻弧线做鱼鳃形拔亥；梁头外露部分或为直木断面，或雕为云式梁头，或为象鼻如意云式，如汪鲁门住宅正厅。也有大型住宅于偏厅、内厅中用方柱、方梁构架，称之为方厅，以与圆料制作的正厅对应，寓意此为有规矩、成方圆之家。也有正厅构架使用断面为矩形的扁作梁，梁端方直，梁身拱起，厚重浑朴而形如弯月，多见于明及清中期建筑。因屋顶无草泥，重量较小，所以梁、檩之下一般不设随枋。在装设门窗隔扇的檐檩或老檐檩下则需设置檐枋，或在前后檐步架设置有船篷轩时，则多在老檐檩下加设枋子与垫板；垫板高度随檐步架举折而定，俗称夹堂板。后檐金柱间的枋子称为抬头枋，取匾额挂设其上而抬头可见之意。

因屋架曲度上陡下缓，因此脊步架举度较大，金步架举度较小，由此单脊檩下的脊童柱比例细长，金檩下的童柱较为粗矮。一般比例细长的童柱下端粗圆、上部略有收分，造型秀朗；而比例较为粗矮的童柱则状如秤砣，或雕饰成荷叶翻卷及如意云头样式，俗称荷叶墩。安徽巡抚陈六舟宅为明代遗构，其第三楹杉木小厅檩下长方形的荷叶墩镂雕成一对相互顾盼的荷花、仙鹤形状，寓意"和合"。一般扁作梁下的童柱多为方形断面，如汪鲁门住宅第三进楠木大厅的童柱为方木形，且在下端垫有栌斗，其脊檩下的童柱亦用方形斗口承托。童柱下端两侧一般不附设可加强稳定效果的站牙。在金檩及脊檩与横梁、童柱的交接处，一般装设有精致清秀的斗拱形如意卷草纹水浪机，既可对檩、梁、柱三方在节点处的咬合强度起到一定的补强作用，又可适当增强檩子的抗弯强度，并且使顶部造型柔和细腻、层次丰富。每间的椽子总量皆为单数，其断面或为清前期、中期常用的方形做法，如盐商廖可亭住宅；或为清后期常用的半圆形作法，如个园、汪氏小苑等。如图3.109所示，扬州传统居住建筑顶部多为彻上露明造，构架层次清晰、结构合理、关系明确，外观多为清漆涂饰，少雕饰，无彩画（仅在胡笔江故居发现有贴金装饰），在青灰望砖的衬托下，梁、柱、檩、椽精丽圆熟、劲健清朗、质朴和谐。

2. 排山梁架

居住建筑排山梁架虽为抬梁式结构，但多根据建筑进深大小而灵活处理，因此形制较为多样，如图3.110a所示。胡笔江故居建筑进深较大，其排山梁架由前后檐柱、外围金柱及里围金柱支撑，无落地中柱；檐步架及金步架均设单步梁，脊步架

a. 个园两端做拔亥的圆作三架梁及五架梁

b. 个园扁作三架梁及五架梁

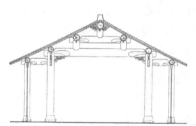

c. 大东门街毛宅楠木厅正身梁架剖立面图及老檐柱头节点详图

d. 梁、檩与童柱交接处

图3.109 正身梁架示例

a. 胡笔江故居梁架

b. 李长乐故居梁架

c. 汪氏小苑船厅梁架

图3.110 排山梁架示例

则由三架梁支撑，脊檩和上金檩落脚在脊童柱和矮童柱上，金柱之间装有穿枋。李常乐故居的排山梁架由前后檐柱及中柱支撑，为有中柱的立帖式梁架；中柱直抵脊檩，并与单步梁、双步梁垂直刻半相交；前后檐柱及中柱之间设有穿枋。汪氏小苑船厅进深较小，因此排山梁架由前后檐柱支撑，其梁架形式与正身梁架完全一致。

3. 卷棚轩

一般扬州传统居住建筑大型厅堂在前后檐步架多加施柏木扁作弯弧椽子以形成卷棚轩，因其造型与船篷相似，故当地俗称船篷轩。用柏木制作弧椽是为取其谐音以获得"百福"之吉祥寓意，如廉州知府张炳炎故居正厅构架前后檐各置有一道柏木卷棚。弯弧椽子也有圆做案例，如安徽巡抚陈六舟宅第三楹杉木小厅前的船篷轩即为圆作。这种将单脊檩硬山梁架与卷棚梁架结合的方式，可增加厅堂进深、丰富空间层次和顶部造型，从而体现大型厅堂的富丽轩赫。有的厅堂将门窗隔扇设置在老檐柱之间，前檐形成开敞檐廊并设置船篷轩，如此既可增加空间的生动韵律，又可使建筑整体出檐更为深远。汪鲁门住宅第三进楠木大厅前船篷轩跨度达2.50m，使建筑整体出檐深远，气度宽宏。

船篷轩构架一般为抬梁式，其木构架是整体大木作中的雕刻重点。如图3.111所示为个园厅堂檐步架卷棚轩构架，抬头梁俗称步川，两端做鱼鳃形拔亥，前端梁头落在檐柱头上，后尾插入老檐柱柱身；梁背支立两根矮童柱，多雕刻成荷叶翻卷的荷叶墩样式；童柱上托拱形月梁，月梁背承双脊檩；在檐檩及老檐檩侧面、双脊檩背部钉接弧形扁作弯椽，形成顶部的船篷样式；在月梁、童柱与双脊檩交接出插接斗拱燕尾形雀替。顶部构架质朴大方、构件雕饰率真洗练，弯椽曲度适宜，整体浑朴端雅而不伤于工巧。

a. 个园厅堂卷棚轩

b. 个园厅堂卷棚轩及屋架主体
图3.111 卷棚轩示例

（二）柱身及柱础

1. 柱身

扬州传统居住建筑木构架中的木柱多为圆木直材，表面清漆涂饰以体现原木本色；也有仿照北方宫室式建筑做法，即以小木拼接形成高大木柱，并以麻灰包裹、棕红油漆饰面，如吴道台宅第。作为木构架中唯一的纵向承力构件，木柱起着支撑屋架的重要作用，因此木柱材径较为粗壮，如汪鲁门住宅第三进正厅的圆木直柱径达0.35m。扬州传统居住建筑中，木柱尺度高大而浑圆劲朗，与肥梁、粗檩共同形成健硕稳定、质朴端雅的木构架。与《营造法式》做法要求相一致，一般木柱自三分之二高度处沿柱身向上渐次收分，使柱端头直径较柱根直径略为缩小，此上细下粗的柱式符合植物生长形态，因而如此做法使建筑显得轻盈挺拔，且增强了垂直方向的透视比例；同时，处于不同位置的木柱以不同的角度向建筑中心倾斜靠拢，形成"侧脚"；如此既有助于增强了建筑的整体稳定性，同时还可引导人的视线进一步斜向上方延伸，从而使建筑显得更为高拔轩赫。

由于承接屋顶重量不同，一般室内木柱粗壮健硕，外部檐廊木柱挺拔修长。如图3.112所示，个园餐厅三开间，进深五架加前后卷棚；前檐檐柱间装设隔扇槛窗，后檐外围金柱间装设太师壁，除排山梁架外，正身梁架无里围金柱，整个厅堂空间内只有两个前檐外围金柱完整可见；整体构架健挺粗壮，空间高敞宏阔、气宇轩昂。卢绍绪住宅为后人据相关史料及考据修缮而成，虽不是原物遗存但基本成功反映了建筑的原始风貌。如图3.113所示，卢绍绪住宅正厅檐廊木柱圆木直材、不加漆饰，尺度高大、比例修长，使廊下空间明阔疏朗。

图3.112　个园楠木厅室内木柱　　　　图3.113　卢绍绪住宅正厅
　　　　　　　　　　　　　　　　　　　　　　　　　檐廊木柱

虽然方形柱子的加工取直较圆柱更为容易，但由于深受传统的建筑风水及五行数理学说影响，因此在扬州传统居住建筑中，方形柱子的应用并不广泛，一般仅用于豪门大户的内厅、花厅以及楼宅的上层檐廊，或使方柱内厅与圆柱正厅相对而表达阴阳相和的宇宙观，或用于女厅以暗喻女性应方正为人的处世之道，或在花厅内用方形海棠柱以装点空间，或用于楼宅的上层檐廊以便于安装栏杆；如盐商汪鲁门住宅第三进楠木正厅为圆木直柱，第四进楼厅即取方柱、方梁及方形柱础，称之为方楼厅。如图3.114所示，个

a. 个园壶天自春   b. 个园透风漏月轩

图3.114 个园内的方柱

园壶天自春楼上层檐廊处为方形木柱，柱间安装笔杆式栏杆，端头明朗，简洁精丽。个园透风漏月轩全部采用海棠形方柱，柱形简秀平直，线条精巧细腻，颇具轻松娴雅的装饰意味。

扬州传统建筑的木柱端头一般不施加斗拱构件，木柱直接与梁头以箍头榫进行咬合。木柱端头部位是木构架中的关键节点，此处垂有直、纵横三方构件交汇，关系复杂、结构严密；尤其正身梁架的檐柱和外围金柱柱头部位，其外观造型对室内外空间的视觉效果有重要影响，因此是体现木构架结构形式和装饰艺术效果的重要部位。如个园餐厅室内，后檐外围金柱柱头部位与多个构件相交，自上而下依次为纵向大柁、横向随檩枋、横向垫板和抬头枋，梁头背承下金檩，此处柱头部位构件秩序严谨、咬合紧密、外观规整；如图3.115所示

图3.115 逸圃正厅前檐

图3.116 片石山房楠木厅侧廊

为逸圃正厅外檐，其檐柱柱头端部搭承抬头梁外端梁头，梁头外露部分随方就圆，砍斫精巧而不事雕琢，梁头两侧插槽装设随檩枋及垫板，两侧檐廊柱头间则加设倒挂楣子及雀替；如图3.117a所示为卢绍绪住宅上层檐柱，落于柱头的梁头向外挑出以支撑檐椽及飞椽，为加强梁头的支撑强度，在柱头外侧设有夔龙拐子图案站牙支撑于梁下。综观扬州传统建筑木柱柱头处理手法，可知在居住建筑外观及空间格调方面，追求沉静含蓄、简洁精致而浑朴大气的气质形象。

不同于居住建筑的浑朴端庄，扬州传统游赏建筑则力求雕饰秀雅、构架玲珑，于台阁气象中呈现精丽飘逸的建筑意向。如图3.116所示为游赏建筑寄啸山庄片石山房楠木厅侧廊，外漏梁头雕成如意云头样式，造型柔和、秀美大方，梁头下站牙图案繁复、雕工细腻而不伤于工巧，柱间倒挂楣子精致细巧、图案大方，两侧雀替采用镂空

a. 卢绍绪楼宅上层檐柱　　b. 蝴蝶厅下层角檐柱　　　c. 蝴蝶厅上层角檐柱

图3.117　檐柱柱头处理手法

雕饰，生动活泼、小巧精致，配合飞冲反宇的翼角以及翻卷的象牙由戗，整体檐面造型既水平舒展、层次丰富而又简繁适度、飘逸端庄，堪称丽构精工。图3.117b、c所示为蝴蝶厅下层角檐柱及上层角檐部构架，其下层檐柱为粗壮浑朴的圆柱，柱头收分及侧脚明显，柱头斜角梁下的站牙造型端方、雕饰细腻，柱间倒挂楣子及雀替均规整大方、质朴简洁；其上层角檐柱为方柱，由于明暗关系的影响使柱身显得挺直秀朗，柱头斜角梁下的站牙为一秀丽弯枝，曲线舒缓而劲挺、造型柔慢而自然，柱间倒挂楣子秀丽精美、生动玲珑。因此，虽然蝴蝶厅檐部飞冲深远、垂脊沉重，而观之则感觉轻盈飘逸、施然欲飞。

2. 柱础

柱础是施加于落地木柱柱脚下端质地坚实的块状物体，主要用于保护柱脚以防地面湿气侵蚀或人为碰损。文献中有关柱础的最早记载可见于《墨子》："山云蒸，柱础润"。柱础还有助于将荷载均布于地上较大的面积，并能完整柱子形象，使柱子整体造型收放有度、富有节奏。根据相关记载及遗存，柱础主要有石质、木质或铜质。《战国策》中有关铜质柱础的相关记载，如："智作攻赵襄子，襄子之晋阳，谓张孟谈曰：'吾城郭完，仓廪实，铜少耐何？'孟谈曰：'臣闻董安于之治晋阳，公之室皆以黄铜为柱础，请发而用之，则有馀铜矣'"。可见秦汉之前或许有铜质柱础的使用。宋代《营造法式》中称木质柱础为櫍，并对其尺度做出明确的规定："凡造柱下櫍，径周各出柱三分，厚十分；下三分为平，其上为欹，上径四周各杀三分；令与柱身通上匀平"，可见宋代对木质柱础的应用较为广泛。今扬州遗存櫍之实物仅见于庙堂殿宇建筑内，如文昌中路琼花观大殿廊柱下，以及仁丰里旌忠寺大殿的铁梨木櫍；而居住建筑中未发现相关遗存。由于石材来源广泛且坚固耐用，遂逐渐成为柱础的主要材质，安阳殷墟出土的天然卵石石础可能是现今所见最早的柱础。石质柱础俗称为柱顶石或础石，下多配置方形底座，圆形柱础与方形底座相配，符合中国传统文化中"天圆地方"的观念而被广泛应用与居住建筑之中，如图3.118—图3.121所示。扬州当地对柱础的称呼较多，如石礩、礩盘石、礩墩、鼓磴等。

汉代柱础形制简朴，主要为方形、扁圆柱式及覆盆式。唐宋时期柱础多为覆盆形，表面施以莲瓣、人物及动物雕饰。宋《营造法式》对柱础的尺度及雕饰有详细说明，如："造柱础之制，其方倍柱之径，谓柱径二尺即础方四尺之类。方一尺四寸以下者，每方一尺厚八寸，方三尺以上者，厚减方之半；方四尺以上者，以厚三尺为率"；可见当时柱础方正阔大，而以后则在柱础尺度方面呈精微缩减趋势；又如："其所造花纹制度有十一品：一曰海石榴花，二曰宝相花，三曰牡丹花，四曰蕙草，五曰方文，六曰水浪，七曰宝山，八曰宝阶，九曰铺地莲花，十曰仰覆莲花，

图3.118　个园汉学堂柏木厅古镜式柱础实例

图3.119　个园抱山楼鼓磴式柱础实例

图3.120　鼓磴式柱础　　　　图3.121　扬州传统居住建筑中的清代遗存柱础

十一曰宝装莲花；或于花纹之间，间以龙、凤、狮兽以及化生之类者，随其所宜分布用之"。元明时期柱础多为不加雕饰的素覆盆式。明清时期柱础的形制和雕饰丰富多彩、寓意吉祥，在方形、圆柱形、圆鼓形、八角形、瓜形、古镜形及花瓶等基本形式的基础上，进行多种形式的生动结合，层次繁复、造型多样；雕饰图案则以龙、凤、云、水、鹤、狮为主题，结合琴棋书画、花鸟鱼虫及一些吉祥图案如佛家八宝（法轮、法螺、白盖、莲花、盘长、宝瓶、宝伞、金鱼）、民间八宝（宝珠、古钱、玉磬、犀角、珊瑚、灵芝、银锭、方胜）、道家八宝（鱼鼓、玉笛、宝剑、葫芦、药篮、紫板、芭蕉、荷花）等，采用深、浅及高浮雕手法极尽刻画，以表达吉祥寓意和精神象征。但由于自宋代即有"非宫室寺观，毋得雕镂柱础"的规例，因此总体上居住建筑柱础多为单层，造型简洁质朴，雕刻图案吉祥大方。

扬州传统居住建筑中的石质柱础多为清代遗存，明及元宋时期遗存较少，石料主要为青石、大理石、白矾石等。如有的豪门大户在构筑内厅及女厅时取方形白矾石柱础以与方柱造型协调，并喻示主人的为人清白及品格高洁。石础造型主要有圆形、方形两大类，常见形式为古镜式、覆盆式、鼓蹬式、带束腰圆鼓式、花瓶式及覆盆莲花式等，其他如六面锤式、兽式柱础则不见使用，如图3.120、图3.121所示。其中鼓蹬式柱础一般置于圆形礅石之上，肩部窄秀，鼓肚微凸上挺，收腰轻缓而又明确，造型浑圆饱满，曲线富有张力，由于视觉重心在1/2处些微靠上，因此整体显得气度雍容而又健硕端庄；鼓蹬上半部一般多雕刻"卍"字四方连续图案的四角披巾。如南河下118号盐商廖可亭住宅楠木大厅柱下为浑圆青石圆形鼓蹬，下置"天圆地方"式礅石，整体坚实饱满、稳妥刚劲；吴道台花瓶式柱础有如意云纹浅雕及瓜形分瓣造型，线条流畅、雕饰细腻、富有韵律。高瘦型圆鼓式柱础肩部高耸，收腰自然流畅，形制简朴大方，由于重心靠上而具有明显的升腾之势。覆盆莲花式柱础花瓣造型饱满圆润，线条生动洗练，整体层次清晰、主次有致、生机盎然。

扬州传统居住建筑柱础无论是圆形还是方形、无论是鼓蹬式还是古镜式，皆造型浑朴，形制简洁，尺度和宜，比例适度，弧度变化精微细腻而富有弹性，雕饰单纯精浅、不伤于工巧，整体形象既不喧嚣张扬、喧宾夺主，又不肥慵怠惰，折射出扬州传统文化中求安稳、喜吉祥、欣赏优雅含蓄、崇尚大智若愚的人生哲学。

五、建筑小木作类型及艺术特征

小木作又称为"装折"，是建筑上用于组织和围护空间、分隔室内空间的木质构件，主要包括隔扇门窗、板壁屏门、花罩、博古架、栏杆、挂落等，又称为"木装修"。计成在《园冶·装折》中写道："门窗岂异寻常，窗棂遵时各式。掩宜何线，嵌不窥丝。落步栏杆，长廊犹胜；半墙窗隔，是室皆然。古以委花为巧，今之柳叶生奇……构合时宜，式微清赏"；指出在门窗隔扇等建筑装修中应灵活制作，种类及图案纹样丰富多变，以提高视觉美感。

中国传统建筑居住空间既注重私密性，又强调空间的弹性和灵活性，因此，装卸灵活的木装修使建筑室内外之间、室内不同空间之间的界限充满弹性和可变性。扬州传统居住建筑的空间组织与分隔形式很好地袭承了中国传统建筑空间的组织与界定理念，用隔扇、屏风、罩等构件灵活组织空间，使空间层次丰富、界限朦胧、隔而不断、气韵回旋畅通。尤其到明清时期，扬州传统居住建筑中的小木作丽构精工，装饰造型玲珑剔透、格调氛围和谐高雅、气质富丽生动，使建筑空间关系生动而富有层次，其功能性、艺术性已在相对意义上达到顶峰。扬州传统居住建筑小木作是建筑装饰艺术中一颗璀璨的明珠，在造型风格及装饰效果方面呈现出鲜明的地域性特征。

扬州传统居住建筑中的小木作主要用材有海梅（红木的一种）、楠木、紫檀、花梨、柏木、松木、榉木，表面多施以素色髹漆，装饰图案主要由雕刻和镶拼棂条花格构成，其中尤以雕刻装饰见长。同时，扬州传统居住建筑中的小木作既讲究用材良好，又讲究种类多样，且追求雕饰手法丰富全面，如汪氏小苑中的小木作材料有楠木、柏木、松木三种，雕刻技法有阴刻、平刻、浅刻、深浮雕、单面透雕、双面透雕等多种类型，如图3.122所示。而无论是雕刻图案还是花格样式，皆以充满世俗意趣的人物故事和美好吉祥的花卉鸟兽为装饰主题，形态生动、寓意深刻，体现出扬州传统居住建筑端庄秀雅的装饰艺术特色及向往和谐美好的祥瑞文化。

a. 瘦西湖月观小木作　　　　　　　　b. 个园中路正厅清颂堂小木作

图3.122　传统居住建筑中的小木作

（一）隔扇门窗

隔扇门窗是居住建筑小木作中的主要构件，总称"户牖"，为建筑门户及通风采光设施。隔扇自古称谓颇多，典籍中有的写作"槅扇"，宋代称作"格子门"，古时亦称为"阖扇"，可见其最主要的功能是用于建筑室内外空间的划分；明清时期称其为隔扇，并以其为模版形成碧纱橱样式，以用于室内空间的组织与划分，体现出中国传统建筑装饰艺术手法的灵活性特色。

1. 住宅建筑隔扇门窗

用于划分建筑室内外空间的隔扇门窗称为"隔扇门"和"槛窗"，安装于建筑前后檐面的檐柱之间的门槛座轴上。唐宋时期，隔扇门及窗棂的图案以直棂为主，体型宽矮；至明清时期，隔扇形体细长工整、比例匀停、花纹式样灵活多样，日益呈现细致秀丽的艺术特色。扬州传统隔扇门多为六抹长隔扇，宽度在50—70cm之间，高度在3—3.8m之间；两侧竖向边框与六根横向抹头组成隔扇的木骨架，木骨架内装设雕花腰板（又称为绦环板）、裙板及花格（又称隔芯），由上至下依次为绦环板、隔芯、绦环板、裙板、绦环板，其中隔芯高度约为隔扇总体高度的60%，裙板高度约为隔扇总高度的20%，二者是隔扇的主体部分。槛窗又称为"半窗"，安装于建筑前后檐面砖砌槛墙或木板壁之上。槛窗有短隔扇与和合窗两类。短隔扇可看作没有裙板的隔扇，其隔芯图案形式、高度位置与同处一面的隔扇门隔芯高度保持一致，如槛窗下部绦环板与隔扇门裙板上部的绦环板在一条水平线上，以使檐面整体保持和谐一致。和合窗又称为支摘窗，由支窗和摘窗组成，夏日可将摘窗取下，将支窗往外推出并用戊钩支起。在讲究吉祥寓意和装饰效果的基础上，隔扇门窗花格既要有采光效果，又要使日常起居空间具有安定和私密的氛围，因此棂条细窄，图案工整匀停，视觉效果大方玲珑。因灯笼锦花格在中间留有较大面积的采光面，视觉效果轻盈透亮，因此清后期的扬州传统居住空间中尤喜用灯笼锦花格图案。

隔芯一般占整个隔扇的2/3，既是采光通气的部位，又是整个隔扇装饰的重点所在。隔芯边框由四条仔边抹角拼合而成，中间以细木棂条拼组成书条式、灯笼锦、十字海棠锦、葵式、宫式、冰裂纹等各种花格图案；中间有灯笼锦相配以加强采光效果；花结处构件则雕成蝙蝠、如意以及梅、兰等花朵形状，隔芯背部多裱糊纱、纸或安装玻璃以遮挡风沙、采纳光线。

如图3.123、图3.124所示为个园中路正厅及穿廊门窗。正厅面阔三间，檐面檐枋与门上框之间装设固定的采光花窗，下面一顺安装十八扇可装卸的落地隔扇，上下均采用灯笼锦图案，视觉效果玲珑明朗、工整端庄；其中明间六扇隔扇日常向内开启以纳清风朗日，两次间的落地隔扇则关合紧闭并在内侧由衡木固定；院落东西两侧沿墙装

图3.123　个园清颂堂前檐隔扇及仪门门厅的　　图3.124　个园横向穿廊及廊内小木作
　　　　　六扇屏门

设檐廊以供避雨遮阳，增加日常家居活动的便利性；廊柱之间装设倒挂楣子及雀替，图案玲珑端秀；天井南侧、正厅对面正对仪门处装设有六扇木质屏门；遇有庆典之日，天井上部搭设遮阳篷、地面满铺木板，将正厅居中六扇落地隔扇和对面屏门一并卸下，届时层门洞开，空间豁朗且纵深不尽，居住空间的有效利用率得到极大的提升。

　　2. 游赏建筑隔扇门窗

　　在扬州传统游赏空间中，花厅作为主要的游赏建筑，其隔扇门窗的使用将花厅的游赏功能达到了极致。花厅隔扇门的裙板比例较小，隔扇门木骨架内一般只装有木花格和裙板，其中木花格的高度占隔扇门总高度的75%—85%左右，并且隔扇门窗花格不以图案表现为能事，而以采光、纳景、框景为要。当隔扇门关闭时，玲珑剔透的雕花格芯组成一面明洁朗秀的花墙，映衬窗外绿树繁花摇曳生姿；雅坐室内，但觉门窗轩豁、翠环丽抱、心旷神怡；若将隔扇门完全打开，则室内透风漏月、满室幽香，室内外空间得到最大限度的贯通相连。

图3.125　为个园花厅宜雨轩檐面及室内

　　如图3.125所示为个园花厅宜雨轩。宜雨轩前有湖石花台点缀，后有夏山长楼隔水相对，左为黄石山及浓艳红叶，右可见远处竹影摇曳，花厅可谓坐落于"四时山水之间"；花厅四面门窗轩豁，深色的隔框棂芯映衬着室外的青天丽日、绿树婆娑，令人心驰神骋、浑然忘我；厅堂之上，隔扇花窗日影横斜，幽香暗浮；静坐室内，安然乐享这大自然的馈赠和美好，令人不觉身心舒泰，神思悠然。

作为扬州传统居住建筑的重要构件，隔扇门窗为建筑空间提供了玲珑明丽的花格图案和美好景致，使空间关系富有弹性、变换灵活，满足了人们日常生活中对空间的多种功能需要，体现出扬州传统建筑的工艺水平和艺术特色；因此，用于室内外空间划分的隔扇门窗既具有构建生活空间、保障安全及私密的使用功能，又是体现建筑空间艺术效果的重要因素，使人与建筑、人与自然的关系变得舒适而亲密，在构建和谐宜居的建筑空间中发挥出重要的作用。

3. 碧纱橱

用于室内空间划分的隔扇称为碧纱橱或纱隔，一般安装在次间后金柱之间，与明间的屏门隔断共同形成太师壁格局。用作碧纱橱的隔扇数量一般为六扇，木花格背面多裱糊有白纸或薄纱，既可采光又遮挡视线。在《红楼梦》第三回中，贾母曾说："把林姑娘暂且安置在碧纱橱里"，可见"碧纱橱"具有较强的空间划分及围护功能。由于扬州厅堂很少构筑类似苏州鸳鸯厅的格局，所以进深一般不大，碧纱橱

的使用也是在空间分隔的功能基础上，以装饰厅堂为主要目的。如图3.126所示为个园清颂堂碧纱橱，中间六扇屏门与两侧碧纱橱一起构成厅堂的主立面，既雍容大方又不失玲珑端雅；日常使用时开启靠近明间屏门的左右各两扇，以供人穿过厅堂进入后进院落。

图3.126　正厅碧纱橱

4. 隔扇门窗雕刻艺术

雕刻是扬州传统居住建筑中隔扇装饰的重要手法，主要施加于裙板及绦环板等处，有平雕、浅刻、浅浮雕等方式，如图3.127所示。隔扇平雕图案轮廓简洁、层次清晰，图案与留白的比例关系均匀明朗；浅刻线条劲削、富有弹性，造型舒展饱满，布局大气简洁；图中的五福盘寿浅浮雕造型整体回旋盘绕、气韵生动，刻画细腻而富有韵律。

扬州传统隔扇的边挺和抹头断面多为扁方形，或中间有圆弧形隆起、两边錾刻叠涩线脚，整体框架浑朴大方、线条流畅而富有层次。绦环板和裙板由实木薄板拼镶而成，板面多做大方简洁的长方形开光，边角或稍微抹圆、或做成海棠形；开光边缘起凸成一道或两道皮条线。隔扇绦环板内一般雕刻琴、棋、书、画、笔、银锭、如意头、暗八仙器物、卷草等吉祥图案，以希冀家门昌隆、人才辈出；裙板多采用富有寓意吉祥的花鸟、香案、炉瓶、蝙蝠、祥云、吉祥文字及博古图案等进行浅浮雕装饰。在装饰手法及风格统一的前提下，一般一组隔扇的每个裙板雕饰图案各不

相同，追求多种图案的集锦式呈现，以表达对美满生活的深切期许。如汪氏小苑各进厅堂的隔扇门下部，或雕刻牡丹海棠、梅花喜鹊、兰竹荷菊等四季花卉，或雕刻五福盘寿、麻姑献寿、事事如意、鹤鹿同春、岁寒三友、富贵满堂等吉祥福寿图案，皆具有格调清新、布局明匀、画面安定适意的风格特色，使空间充满轻松自由、蓬勃美好的生命气息。

个园内某梢间正立面的四扇隔扇门的绦环板及裙板以山石花鸟为装饰题材，表面施以浅雕，装饰手法相同，布局结构相似，但花草类型丰富，鸟禽姿态各异，整体和谐统一而又充满细节。如图3.127、图3.128所示，裙板的花草类型各不相同，或为兰草含苞，或为修竹拔篁，或为羞花吐蕊绽放，但皆姿态婀娜，线条流畅，层次鲜明而富有韵律；图案下部的山石俯仰呼应，层次简约，轮廓生动；禽鸟或依偎相伴，或落脚石端，或在花间盘旋，形状各不相同，然皆顾盼生姿、情态殷切，富有情趣和动感。四扇隔扇的裙板雕饰皆布局匀停朗秀，刻画细腻生动而简繁适度，既不粗疏忽略，又没有程式化的呆板；花鸟姿态舒展自然，既生机活泼又恬然安适，体现出对生命和自由的由衷赞美，以及对美丽的自然、对美好生活的深切热爱。隔扇的整体雕饰没有喧嚣和张扬的惊艳，只用浅刻表达出一派石坚华芳、祥鸟时飞的丽日春光，不经意间会令人错过但若静心细品，则其和谐、恬美而充满生机的斑斓意趣不由令人深切赞叹。

图3.127　平雕、浅刻、浅浮雕三种雕刻方式

图3.128　个园内某梢间正立面的三扇隔扇门的绦环板及裙板

（二）花罩

花罩是一种空灵而富有诗意的象征性装饰隔断，是明清时期传统居住建筑划分内部空间的重要艺术手段。用花罩分隔的空间隔而不断，使建筑空间层次丰富、虽隔犹通，装饰意味颇强。扬州传统花罩取材优良，多为双面透雕，造型多样，具体有飞罩、落地罩、圆光罩、八角罩等形式。花罩的装饰手法主要有镂雕、浮雕与棂条拼镶。其雕刻图案多取具有吉祥寓意的动植物，如灵芝

如意、岁寒三友（松树、梅花、竹子）、富贵满堂（牡丹与海棠）、梅兰竹菊、松鹤延年（松树枝叶及栖于其间的仙鹤）富寿绵长（蝙蝠、寿桃及缠绕的枝蔓卷草）等；图案造型生动自然，刀法圆熟洒脱，强化了空间的精神性和艺术性效果。花罩的棂条拼镶图案主要取直线或方形组合而成的图案，如冰裂纹、灯笼锦等式样，图案灵秀端雅，虚实对比适度，视觉效果工整大方又玲珑明秀。

1. 飞罩

飞罩装在两柱间上部，又称为"天弯罩"。尺度较大的飞罩多为"门"字造型，尺度较小的飞罩则多处理为上弯圆弧的形式。"门"字造型的飞罩一般由上部横向楣板、两侧竖向花板以斜角拼合的方式组合而成，如图3.129—图3.131所示。飞罩顶部楣板部分与柱头枋底部相接，两侧竖向花板与柱头侧面相连。飞罩多双面透雕，并根据厅堂主题选择富有吉祥寓意的装饰图案，线条灵动缠卷、刻画富有层次；既象征性地对空间进行了划分以便于强调空间中主次尊卑的地位，又丰富了空间层次，并使空间具有曲直、虚实、简繁等多方面的对比与统一。扬州传统宅园中，尤以清末盐商诸青山住宅中花梨木双面透雕紫竹飞罩为最。

2. 落地罩

落地罩又形象地称为"地幛"，一般装设在两柱之间，既可强化空间层次、增强空间艺术效果，又可使空间尺度变得亲切宜人。根据落地罩两侧竖向花板的造型及做法不同，扬州传统落地罩有整雕落地罩、栏杆落地罩和隔扇落地罩三种形式。

整雕落地罩与栏杆落地罩基本形制相同，不同之处在于两侧竖向花板的底部造型。栏杆落地罩的竖向花板底部为花式栏杆的纹样，造型工稳端庄；整雕落地罩的竖板上下构图连贯，底部设有较矮的须弥座式托底，形制完整而气韵流畅。整雕落地罩双面透雕，尺度

图3.129 寄啸山庄与归堂棂条拼镶冰裂纹飞罩

图3.130 逸圃花厅透雕楠木飞罩

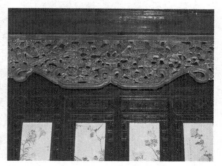

图3.131 逸圃花厅飞罩正中五福捧寿及暗八仙灵芝云纹图样

图3.132 个园宜雨轩整雕落地罩

阔大、造型生动，主要雕刻手法有圆雕、透雕、高浮雕、线刻等，装饰效果鲜明强烈。图3.132所示的个园宜雨轩整雕落地罩双面透雕、色调古朴、体量阔大、材质朴厚、布局匀朗，整体接天连地、气度雍容，以健朗通透、生机蓬勃的造型和图案赋予空间以奢华富丽、自然生动的气息。

图3.134所示为汪氏小苑静瑞馆安装于侧壁的金丝楠木整雕落地罩。静瑞馆是宅主用餐及宴请宾客之地，此罩将整个空间划分为东西两个厅堂，东厅为男宾用餐之处，西厅用于宴请女宾。花罩的图案纹样为"岁寒三友"松、竹、梅的生动组合。松、竹经冬不凋，梅花迎寒傲放、花香远溢，因此人们以"岁寒三友"来象征品质高洁、刚正不屈、潇洒处世的君子雅士。花罩双面透雕，呈现出藤攀古松、竹发嫩笋、梅花吐蕊的清新景致。该花罩材质优良、布局层次清晰、线条生动流畅、刀法精练细腻、刻画精致绝伦，堪称精品。

隔扇落地罩是指花罩中间楣板为飞罩形式，两边竖版为隔扇造型，图案玲珑、造型端方，是居住空间常用的花罩类型，如图3.135所示。隔扇隔芯多为棂条镶拼而成，纤细秀丽、空灵通透。图3.136为汪氏小苑船厅海梅木隔扇落地罩，隔扇整体修长秀雅、精致玲珑，隔芯镶嵌玻璃、四边饰以花牙；隔扇中间挂落式飞罩透雕有松鼠、葡萄、蝙蝠、莲花、猴子图案，表达出多子多福、望夫封侯及廉洁做人的美好希望。

图3.137为静瑞馆正厅内的金丝楠木冰裂纹组合罩，整体由居中的隔扇落地罩和

图3.133 听鹂馆楠木栏杆
式落地罩局部

图3.134 汪氏小苑静瑞馆金丝楠木整雕落地罩

图3.135　汪氏小苑正厅及个园正厅的隔扇落地罩

图3.136　汪氏小苑船厅海梅木隔扇落地罩

图3.137　汪氏小苑静瑞馆金丝楠木隔扇落地罩及两侧飞罩（陈从周《扬州园林》）

两侧飞罩组合而成。明间居中装设的冰裂纹隔扇落地罩整体由上部楣板、两侧隔扇及中间挂落组成，隔扇下部各设有须弥座式托脚，显得工稳端雅、秀丽大方；两侧的冰裂纹飞罩取饱满的上弯弧形，简洁挺秀、剔透玲珑。整个组合式花罩材质优良、色调温雅、主次关系明朗、方圆对比生动、图案和谐统一，既有效划分和突出了静瑞馆正中空间的主体地位，又为整个空间增添了鲜明丰润的艺术魅力。

如图3.138所示，在花罩正中楣板及两侧飞罩的海棠锦开光内，共雕刻有三组典故场景。中间的海棠锦开光内刻画有福、禄、寿三星，寓意"三星高照"；左侧为"文王求贤"，刻画有姜太公在水边钓鱼的场景典故；右侧海棠锦开光内刻画的是

a. 福、禄、寿三星高照

b. 文王求贤

c. 飞罩及文王求贤图案

d. 刘海戏金蟾

图3.138 静瑞馆组合罩雕刻纹样

"刘海戏金蟾"图案，均具美好吉祥的寓意。三个海棠锦大小一致、造型协调，海棠锦内场景布局工稳紧凑、强调横向构图，人物造型生动、形体丰满、富有体块量感，人物衣饰线条流畅而富有韵律，表情喜乐祥和，使空间充满美好乐观的情调与气氛。

（三）板壁与屏门

1. 板壁

在扬州传统居住建筑中，板壁主要用于室内空间的横向间断，以形成隔绝性较强的私密空间如卧室或书房，或用于在卧室中隔出密室。板壁最常用的装饰手法是涂饰深棕色或原木色漆，以营造沉静安详的居住空间氛围。也有做成碧纱橱或隔扇形式的板壁；此种板壁用材高档、装饰手法突出，多在隔芯、裙板甚至绦环板内镶嵌玻璃彩绘、瓷板彩画，或雕刻花鸟及文字图案，装饰效果生动清新而富丽雍容，如图3.139、图3.140所示。

如图3.141所示为寄啸山庄蝴蝶厅东侧厅堂内装设的红木雕文字碧纱橱式板壁。碧纱橱为六抹形式，由裙板、绦环板、隔芯组成；每扇碧纱橱宽500mm，高2385mm，其中隔芯部分高1440mm，裙板高515mm，每个绦环板高145mm；隔芯部分占整体高度的60%，整体比例修长，优雅精致；隔芯部分满雕隶书文字，每字占据90×90mm的幅面，字体结体严谨、骨架端正、笔画饱满、大气舒展；裙板内只设拐子方形开

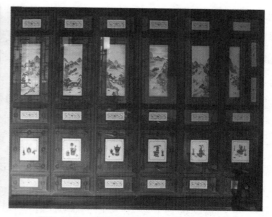

图3.139 逸圃嵌瓷板彩画碧纱橱式板壁

图3.140 瘦西湖月观内楠木嵌瓷板彩画碧纱橱式板壁

图3.141 寄啸山庄红木雕文字碧纱橱式板壁、雕刻文字及裙板

光，宽230mm，高320mm；绦环板为拐子卷草图案，简洁端庄、端雅明晰。满雕文字、大气沉雅的隔板使空间充盈着醇厚端方的人文气息。

在扬州传统游赏建筑中，板壁还多用于前后檐槛窗下以划分室内外空间，如南河下84号徐宅厅堂置木雕海棠如意和合窗，窗下槛墙即原为板式。如图3.142所示，用于槛窗下的板壁外多罩有一层花格栏杆；冬天装上板壁围护取暖，夏日可取下板壁以获凉风习习。

图3.142 个园丛书楼楼上槛窗下板壁

2. 屏门

屏门是装设在门厅后部或厅堂明间后金柱间的活动板壁，可起到遮挡视线、分割空间的作用，可根据需要取下以获得前后通透的整体空间。扬州传统居住建筑中的屏门一般为三或六扇，大型厅堂或有用八扇屏门。一般面阔三间的大型厅堂中的太师壁即是由中间的屏门与次间碧纱橱或隔扇落地罩组成。太师壁上方悬挂寿字匾、福字匾或其他匾额，居中挂设中堂及字画条幅，前面摆设条案、八仙桌及太师椅等厅堂家具；一般内厅的屏门多在夏日取下以获得凉爽的穿堂风。

如图3.143、图3.144所示，汪氏小苑春晖室内的太师壁由三块高阔的屏门及两侧隔扇落地罩组合而成。每扇屏门仿照隔扇造型，分成上部隔芯和下部裙板两部分，隔芯内共镶嵌六幅大理石天然山水画，画面上重峦夹涧、飞瀑溪流、龙蛇游走、飘渺神奇、意境旷远。裙板内满雕多宝格造型、博古图案和吉祥纹饰，如宝瓶、万年青、聚宝盆、牡丹海棠、暗八仙、柿子、如意、双鱼等，精美的雕饰既表达出事事如意、富贵满堂、连年有余等美好期望，又赋予空间华丽典雅、雍容大方的气度和形象。

图3.143 汪氏小苑春晖室由屏门及柏木隔扇落地罩组成的太师壁（陈从周《扬州园林》）

图3.144 屏门下部雕饰图案

（四）栏杆

扬州传统居住建筑中的栏杆通常用于厅、楼、廊、亭、舫等建筑中，有普通栏杆和靠背栏杆两种。

1. 普通栏杆

扬州传统居住建筑中的木质普通栏杆主要由寻杖及栏板组成，一般不设望柱，形制简洁大气、效果明朗流畅。普通栏杆主要用于楼阁上层外廊柱间，以起保障安全的围护作用，简称楼栏，如图3.145所示。楼上栏杆则用料粗实、雕饰图案富有吉祥寓意，讲究装饰性、结构安全性和材料的力学性能。若前后楼廊相通、檐廊回环围绕，则称为回廊栏杆，如图3.146所示。扬州传统居住建筑中也有在花厅外部檐廊下装设普通栏杆的做法，如个园宜雨轩前檐廊下装设有花板栏杆，从而起到分隔空间、丰富层次及增加建筑装饰性的效果。

栏杆板芯一般由木雕棂条组合成各式吉祥图案。扬州传统栏杆板芯常用纹样有十字海棠式（也称为葵式）、回纹式、工字式、卍字式（万字式）、笔杆式（川式）等，并根据装饰效果及寓意进行图样的变化与组织。扬州传统宅园中，湖广及闽浙总督卞宝第宅第、糙米巷安徽巡抚陈六舟宅第的楼宅栏杆均为木雕十字海棠如意锦，盐商方尔咸楼宅栏杆为木雕卍字海棠锦；盐商汪鲁门楼宅中，从第四进至第八进共前后五进相互串接，形成了气势宏伟、回旋不尽的串楼，每进楼间的回廊栏杆都雕有不同的装饰图案，从前到后依次分别为寿字与寿字相连的长方形寿字锦、卍字连绵锦（俗称万不断）、莲花莲藕如意锦、十字海棠锦、步步锦式样，以表达"步步有锦、年年如意、万代不断、长寿百岁"的美好寓意。

图3.145　个园抱山楼上层笔管式围栏

图3.146　卢绍绪住宅十字海棠式回廊栏杆

图3.147　卢绍绪住宅意园竖芯式坐凳栏杆

图3.148　朱草诗林院内半亭下的坐凳栏杆

图3.149　个园宜雨轩侧廊坐凳栏杆

2. 坐凳栏杆

坐凳栏杆是一种带有坐凳、凳面上设弯曲栏杆以便于凭靠的栏杆形制，俗称为"鹅颈椅"、"美人靠"、"吴王靠"、"廊椅"等，如图3.147、图3.148所示。

由于坐凳栏杆可便于人们坐观景色或临靠戏鱼消磨时日，因此在扬州传统游赏空间中颇受欢迎而应用广泛，多设置于游廊两侧、厅堂廊下、亭周及临水轩榭处，如寄啸山庄湖心亭四周设有美人靠以便于人们坐亭观景。为便于制作安装，弯曲的栏杆多为竖芯式造型，简洁流畅、花纹流空，既可使空间增色，又便于人们停留，因此极大地提高了空间的吸引力。坐凳上向外弯曲的栏杆高约尺许，一般以铁钩系挂于柱以提高结构的坚固稳定性。而个园宜雨轩侧廊带有桌台的美人靠则巧妙地解决了靠背的牢固性问题。如图3.149所示，弧度优美的S形弯铁两端与靠背及坐面相连，起着稳固靠背的拉结作用；而座面上的小桌既有承物功能，又可加强靠背栏杆的结构稳定性。该设计将功能、结构与

图3.150 游廊及建筑檐面柱头的倒挂楣子

造型巧妙地融为一体，线条明朗、功能妥贴、创意绝妙。

（五）倒挂楣子与雀替

1. 倒挂楣子

倒挂楣子是指装设于檐廊柱头之间的花格帘栊，其两竖边框雕成短柱垂莲头的形式，仔边框内由棂条拼装成具有吉祥寓意的程式化图案样式，如图3.150所示。因民间素有于年节喜庆之日在门窗及檐下悬挂剪纸图样的传统，因此人们形象地称其为"挂落"。扬州传统居住建筑中的倒挂楣子常用图案有灯笼锦、博古纹、套方、葵式万川、藤茎等，图案规整大方、疏密有致，装饰效果玲珑明秀、清丽娟雅。设若堂前设廊，檐廊柱间上置回纹挂落，下设鹅颈廊椅，或置木雕栏杆，则檐面柱间上下呼应、精巧和谐，从而使居住空间陡增玲珑雅韵。

2. 雀替

雀替在早称为"插角"、"托木"或"牛腿"，最初安置于梁枋与柱交接处，起着提高联系梁柱的拉结性能、辅助承托梁枋、增强梁枋构件局部抗弯能力、缩短构件悬空跨距的作用；随后其装饰及造型效果不断增强，到明清时期发展成为楣板及挂落下部两侧不可缺少的纯装饰性构件。

雀替轮廓柔和生动，像一对翅膀在柱的上部向两边伸出，因此雀替的使用可柔化建筑形象、丰富建筑细节。雀替装饰手法有圆雕、透雕、浮雕，装饰图案有龙、凤、仙鹤、花鸟、花篮、金蟾等，并根据建筑气质形象而选取不同的图案内容及装饰手法，如图3.151、图3.152所示。雀替线条生动、形象圆熟洒脱、内容变化多端，在丰富柱头造型及建筑形象方面具有重要的作用。

总之，扬州传统居住建筑小木作既具有分隔空间的实用性和空间艺术性，又具有精神象征功能及文化传承的作用。其玲珑通透的样式、自然生动的造型、洒脱简练的线条、象征性分隔手法、饱含教化及吉祥寓意的精美图案可使生活空间层次丰富、视野开阔、气氛祥和、充满浓郁的生命与生活情趣，从而为单调的空间增添活泼灵动的气息及丰富的人文内涵。扬州传统居住建筑小木作使当地人们的生活空间与自然、与历史、与文化充分融合，滋养心灵、丰富生活，体现出时代的审美与格调，寄托者着人们对美好生活的期许与愿望。

图3.151　寄啸山庄蝴蝶厅侧翼
沉雅端庄的雀替造型

图3.152　汪氏小苑书房前跨空廊下玲珑通透雀替造型

第四章

扬州传统民居建筑
室内装饰与陈设艺术

第一节　扬州传统居住建筑室内布局与装饰陈设

一、厅堂布局与装饰陈设

（一）中小户人家厅堂功能布局与陈设

《园冶》中对"堂"的解释为："堂者，当也。谓正向阳之屋，以取堂堂高显之意。"因此居住建筑中的厅堂讲究坐北朝南，尺度比两侧的卧室高阔，空间宽敞明亮。扬州中小户人家的厅堂俗称为堂屋，在扬州传统的"铜壳锁"式、"一颗印"式建筑模式中，堂屋最重要的功能是敬神祭祖，如清明时节的祖先祭祀和大年三十的敬拜神灵。堂屋还是举行重大礼仪的场所，也是接待亲友来宾的客厅，同时又可用于起居生活的其他方面如家庭会谈、娱乐、日常餐饮等；因此堂屋堪称居住空间的政治、生活和文化中心。

对于扬州传统住宅中堂屋的陈设，可从扬州高邮人汪曾祺在散文《我的家》的描述中获知大概："……正屋的东边的套间住着太爷、太太，西边是大伯父和大伯母（我们叫'大爷'、'大妈'），当中是一个堂屋，因为敬神祭祖都在这间堂屋里，所以叫做'正堂屋'。正堂屋北面靠墙是一个很大的'老爷柜'，即神案，但我们那里都叫做'老爷柜'，这东西也确实是一个很大的长柜，当中和两边都有抽屉，下面还有钉了铜环的柜门。老爷柜上，当中供的是家神菩萨，左边是文昌帝君神位，右边是祖宗龛——一个细木雕琢的像小庙一样的东西，里面放着祖宗的牌位——神主。这堂屋大概是在我曾祖父手里盖的，因为两边板壁上贴着他中秀才、中举人的报条。有年头了。"由此可知，不管空间大小、陈设繁简，扬州传统住宅堂屋里的标志性陈设是正中靠北墙摆放的神案，即当地俗称的"老爷柜"或"福柜"。"老爷柜"是一种由案面与带抽屉的橱柜的结合体，尺度宽大、用料厚实，多为柴木制作，通常漆成暗紫红色；案台上居中供奉家神菩萨像（各家专属的、用于保护合宅平安的菩萨），左边供奉文昌帝君神位，右侧设置木作庙形神龛用以供奉祖宗牌位，俗称神主。因此，"老爷柜"前一般留有足够的空间用来祭拜神灵、举行仪式。在老爷柜上面，墙壁正中挂设有中堂画，两侧陪衬联对；堂屋其他墙壁可挂设字画。

（二）豪门大户厅堂功能布局与陈设

1. 正厅

"诗礼簪缨"、"钟鸣鼎食"的豪门大户因另有家庙和祠堂，其厅堂则主要用于迎宾宴客、喜庆祭祀、亲朋往来、长幼教谕、日常三餐等家庭公共活动，俗称正厅。正厅一般设于每路建筑的第二进院落，有多路建筑的大型宅院会有多个功能各有不同侧重的正厅。

正厅一般面阔三间，坐北朝南，尺度阔朗，气势轩昂，用材考究，精致奢华，位置显要，是居住者身份地位、情志品格的象征，重要性极强。《扬州画舫录》卷十七中也说："厅事犹殿也"。建于清代的卢邵绪住宅正厅是扬州传统居住建筑中的规模最大者。其正厅东西横列一顺七间，通面阔27.20m，南北纵向进深达12.50m，檐高4.60m，承9桁步架，厅堂前后各置檐廊，廊宽达1.60m，厅前左右、厅后左右置对称厢廊，廊宽达2米m；厅堂宏敞高阔，器宇轩昂。另外，至今扬州仍留存有十七座明清时期建构的楠木厅，如建于明代的汶河路24号楠木厅，厅房坐北朝南，面阔三间共10m，进深7檩，高5.3m；同样建于明代的大东门街81号的大东门楠木厅面阔三间12m，进深7檩，高5.3m；片石山房内明代楠木厅结构严谨，典雅端庄，已有400多年历史；盐商廖可亭住宅楠木正厅宽阔高敞，通面阔达17.00m，进深达9.00m，建筑面积达160.00m²。楠木厅雕琢精美、用料硕大，不事油漆，清雅浑朴，体现出居住者身份地位和雄厚的财力，成为扬州传统居住空间正厅的典型代表。

正厅室内一般为青灰方砖铺地，其中大型方砖达0.5m×0.5m。顶部多为彻上露明造，不事雕琢彩绘，清朗简洁，质朴和谐。正厅前檐檐柱之间一般装设可装卸的隔扇门三对六扇，雕饰精美，图案吉祥，日启暮闭，通风纳阳；后檐墙正中设实木腰门，由正厅可达后进院落，因此设有腰门的厅堂又称为穿堂。正厅后檐金柱之间装设有板壁（实则为可装卸的屏门）及美观精致的落地花罩，俗称太师壁；正厅两侧山墙皆用木板壁封护至顶，板面涂刷深棕色漆，温暖沉静。

正厅陈设呈现南北中轴对称格局。北檐金柱间檩枋垫板处一般居中悬挂由名人题写的厅堂匾额，以凸显宅主的身份、地位、情志及品味格调，其匾额内容也往往成为厅堂的名号。据传乾隆第一次南巡扬州时赐写了很多"福"字，得赐者将"福"字制成匾额悬挂于正厅显赫之处，未得赐者则借其"福"字临摹制匾亦悬挂于自家正厅以求沾染福气，自此扬州亦将正厅称为"福字厅"，由此可见匾额作用之重要。太师壁正中挂设中堂条幅和对联，两侧金柱挂设木刻抱柱楹联；中堂画幅尺度较大，一般为最大号的整张宣纸；两侧配设条幅及楹联。字画内容皆与匾额题意深切呼应，既起到进一步烘托厅堂主题、增强文化气息的作用，又以名家的书法笔意为厅堂增色、提高居者的地位和格调。扬州当地有句俗话："堂前无字画，不是旧人家"，因此豪门大贾总希望以"文气"来提高自己格调品味；据《夜雨秋灯录》卷二记载："时扬州操雅者甚多，虽盐贾木商，亦复对花吟咏"，因此正厅的装饰皆注重显示美好高雅的格调和品味，是谓"文气重于财气"；对此，从《儒林外史》第二十二回中，借徽州文人牛玉圃和牛浦之眼可略知一二："当下走进一个虎座的门楼，过了磨砖的天井，到了厅上。举头一看，中间悬着一个大匾，金字是'慎思堂'三字，……两边金笺对联写'读书好，耕田好，学好便好；创业难，守成难，知难不难'。中间挂着一轴倪云林的画。书案上摆着一大块不曾琢过的璞。十二张花梨椅子。左边放着六尺高的一座穿衣镜。从镜子后边走进去，两扇门开了，鹅卵石砌成的地，循着塘沿走，一路的朱红栏杆。走了进去，三间花厅，隔子中间悬着斑竹帘。……揭开帘子让了进去，举目一看，里面摆的都是水磨楠木桌椅，中间悬着一个白纸墨字小匾，是'课花摘句'四个字。"

扬州传统居住建筑正厅太师壁前面一般正中陈列翘头长条大案。案体用材宽厚、体量硕大，长度视壁面宽度而定，有的长达4—5m。为取谐音讨口彩，条案上一般居中摆放钟乳石盆景或座钟，东边摆放陶瓷花瓶，西边设屏心为镜面或大理石的座镜（俗称帽镜），意寓"终生平静"。条案两侧对称摆放玲珑花几，上置时鲜花卉，有的还左右对称配置有宫灯；条案前面设八仙桌一张，两边配置靠背扶手椅或太师椅，前面沿中轴线两侧对称摆放客座四椅二几；家具装饰纹样的寓意与厅堂的匾额主题皆相呼应。遇有喜庆大事，八仙桌四面挂设桌帷，椅面铺设绣花椅披和椅垫。一些豪门大户喜欢在厅堂一侧，紧靠屏风板壁炫耀式地落地摆放尺度高达两米的插屏式大穿衣镜。

若正厅兼具餐厅的作用，一般在八仙桌前居中放一张圆桌，桌四周放置方凳或圆凳。正厅两侧山墙处的陈设较为多样，有的摆放博古架，有的陈设"靠山摆"，即沿墙而列一长条大案，案上摆设较大尺寸的珍宝古玩；有的在壁面悬挂长条画幅或挂屏，下侧摆放六仙桌及靠背椅，桌上陈设茶壶及盖碗等茶具；有的则摆放靠背椅和小方几，两侧配以花几、花架。正厅内多有鲜花摆设于花几及花托之上，由花园花匠于清晨差人送来，每日更换。落地花几有高有低，质料多为紫檀、红木；高几及肩而立、细腿高腰、雕刻精致，低几高仅过膝、小巧玲珑。由于花木适于泥盆栽植，因此用于室内陈设时，一般将泥盆套入罩盆，如青花、粉彩等瓷盆或乌泥、红袍等紫砂盆。搭配罩盆与鲜花时，一般讲究兰花配红袍、海棠配青瓷，以衬托出兰叶的青绿和殷红的花瓣。芬芳的鲜花与玲珑的花几相得益彰，赋予庄重的正厅以生动自然的造型和鲜活亮丽的生机。

如图4.1所示为个园中路第二进院落内的正厅汉学堂，为对外接待的正式礼仪场所。汉学堂面阔三间，抬梁式结构，横梁、立柱、连枋、垫板、童柱皆为柏木制成，因此亦称其为柏木厅。七架大梁方形扁作，雄浑古朴，青灰色望砖与石质柱础、地面方砖协调呼应；后檐金柱明次间装设由屏门及龟背锦纹落地花罩组合而成的太师壁，大方端雅、简洁清朗；明间后檐金柱间檩枋位置居中悬挂白底黑字"汉学堂"匾额，字体结构严谨，笔画秀逸，拙正古朴；明间金柱挂设抱柱楹联："三千余年上下古，一十七家文字奇"；太师壁壁面以中轴对称形式挂设中堂画和郑板桥所撰对联："咬定几句有用书可忘饮食，养成数杆新生竹直似儿孙。"满堂家具均为清代红榉木雕竹叶纹饰家具，有翘头案及两端花几，八仙桌，太师椅，堂前的四椅二几，以及沿墙设置的桌椅条案。家具用材均为材质坚重的红榉木，雕饰皆取竹枝叶形状，充分体现宅主对竹的崇尚和挚爱、对子女的殷切期望，希望子女做人像竹一样正直、虚心、有节。翘头长案上摆

图4.1 个园中路正厅汉学堂（淮南子/供图）

设座钟、石插屏和花瓶，谐音"终生平静"。厅堂家具上清雅劲洁、刚直雅逸的竹饰图案既与堂中高挂的牌匾字体相得益彰，又与太师壁正中悬挂的郑板桥的《竹石图》以及两侧对联所表达的境界高度契合。太师椅靠背正中镶嵌的圆形大理石镜芯更是呈现出一派高山远水、云雾迷蒙的气象。透过两侧落地花罩，可见后檐墙壁悬挂有黄至筠所作扇面拓片，一为工笔花鸟、一为仿宋人物山水小品，显示出宅主的文情雅意。正厅取名为"汉学堂"，标明宅主崇尚汉家正学以及儒家坚韧的精神和正直清朗的气概，因此整个厅堂陈设清雅节制而又质朴端方。

个园清颂堂位于西路第二进院落。如图4.2所示，厅堂迎门正中高挂深朱大匾，上刻"清颂堂"三个白色大字，古雅质朴而又秀逸清新。"清颂"为颂扬高洁的美德之意，故此该厅堂有赞誉园主"清誉有佳"之意，因而在整个宅第中，清颂堂地位

图4.2 个园西路正厅清颂堂

最高、体量最大、陈设最为豪华，是接待贵宾、举行庆典、全家举行重要聚会或进行重大议事的地方。厅堂面阔三楹，杉木构架，一根12.3m长的整木檐桁横陈三间，气势轩赫。厅檐、廊檐净高达5.2m，是扬州传统居住空间中最为高阔的厅堂遗存。厅前置三面回廊，廊宽达2m。天井白矾石（汉白玉）铺地，四面见方，并与高峻方柱、古拙方石磉呼应协调。檐下石阶取材于一整块花岗石，长达4.8m，宽度有0.6m，厚度为0.2m，质地坚实、光平如镜。明间后金柱抱柱楹联为："几百年人家无非积善，第一等好事只是读书"，表达出宅主风雅儒善的品质格调。太师壁正中悬挂六扇朱地绿字挂屏，古雅富丽、内涵深厚。厅堂之上，所有家具沿中轴线对称设置，条案、八仙桌、太师椅、客座椅几全部雕饰灵芝云纹、八仙祝寿及八仙过海纹饰，造型生动祥和、雕工圆熟精致，且寄托着宅主长生不老的美好期望。整个厅堂空间色调沉雅古朴、装饰清丽精致，既呈现出端庄华贵的雍容气度，又蕴含着浓郁的人文气息。

2. 内厅

遵循前堂后寝的功能布局，前面的正厅为对外接待的公共空间，后面几进院落一般作为生活起居空间供内眷居住，因此其厅堂称为内厅，具有一定的私密性特征。除最后一进内厅之外，前面所有厅堂皆在后檐墙设有中门（俗称腰门），人们可绕过屏门穿后檐腰门而过，所以内厅也俗称"穿堂"。为形成私密的居住空间，日常穿堂腰门关闭，人们一般由厢房前的耳门出入小院，遇有节庆喜事需大排筵宴之时，则可卸掉屏门、大开腰门，不但便于人们在前后几进院落间自由出入，而且可充分拓展使用空间；并且可于炎炎夏日获得舒适阴凉的穿堂风。内厅方砖铺地，顶部及厅内四壁大多以合墙板进行整体装修，当地俗称"板笼子"。厅内东西两侧墙壁各开有一门通向两侧厢房；有的内厅在屏门后的墙壁两侧亦开有暗门，使两侧厢房可通过腰门与后进院落相通。

扬州传统居住空间内厅的布局与正厅相仿。在腰门前一步之地，居中设有可拆卸的屏门形成后檐板壁，板壁前设有长条大案，两侧对称摆设花几。条案上陈设颇有讲究，一般为瓷瓶、玉石盆景及大理石台屏；条案前以中轴对称形式摆设八仙桌及靠背

图4.3　西路三进院落的穿堂与最后一进院落的内厅

椅。若内厅兼作佛堂，条案正中则设佛龛以供奉菩萨、财神及宗祖，两侧配置香炉、蜡扦、花筒等五供，或设置福禄寿三星以祈求平安吉祥；案前八仙桌挂设刺绣桌围，下摆蒲团以供叩拜时用。如图4.3所示为个园中路内厅，相比较正厅空间，内厅陈设简朴大方、含蓄清雅。

（三）花厅

花厅一般建构于正式住宅之外的别院或游赏空间之内，多为单层建筑，建筑形式或为硬山卷棚垂脊顶，或为歇山顶。在扬州传统居住空间中，花厅是宅主进行游玩宴客、堂会听曲、诗文会友、会谈议事等社交、娱乐活动的空间，功能丰富、地位重要；因此花厅建构力求周围山环水绕、花木葱茏，从而能够隔绝俗嚣、尽情放怀以领略满园芳芳。如图4.4、图4.5所示，花厅内部空间明亮轩朗、视野开阔、装修豪华、陈设精美。较之正厅的端雅谨肃，花厅具有自由随性、酣畅淋漓的特性，可充分体现宅主的情志与个性。

因花厅四壁皆门窗轩豁以广

图4.4　寄啸山庄与归堂室内布局与陈设

图4.5　个园宜雨轩及寄啸山庄桴海轩室内布局与陈设

纳园中景色，因此厅内陈设主要以坐具、装饰陈设和器玩为主。花厅内主座一般为罗汉床或太师椅形制，居中摆放于明间。罗汉床体量较大，床上中间放置一几，两边铺设坐垫，床前设置脚踏，既典雅庄重又亲切自在；太师椅则与八仙桌依案而陈，庄重安稳。设于明间的主座前对称罗列客座椅几，两侧次间也沿壁摆设客座椅几；明、次间的客座椅几之间多陈设方桌、方凳以供围坐娱乐。花厅角落处一般设置博古架以陈列玉器古玩，或设置落地镜面大插屏以彰显华贵之气。当花厅兼有宴请作用时，一般在明、次间居中设置圆桌及座凳。举目所望，但见花厅内空间敞朗、楹联超脱、古玩精美、盆景花卉枝横叶展，花厅外绿影扶疏、晴空摇碧；身处如此富丽清新而又超脱雅逸的格调和氛围之中，令人不觉心驰神荡、迷醉难离。

（四）餐厅

中国传统居住空间内很少设置独立的餐饮空间，一般正厅、花厅与内厅在日常兼具餐厅的功能，因此常见有正厅内摆放大圆桌的布置方式。多数情况下一般仅于饭时在厅内摆放圆桌坐凳以供全家围坐进餐，饭毕则可悉数撤掉。也有豪门大户在宅内设置独立餐厅以用于阖家欢宴或进行具有社交礼仪性的宴请；餐厅空间尺度高敞、室内陈设富丽奢华。

如图4.6所示为个园设于中路第三进院落的大餐厅。餐厅面阔三间，开敞明亮，梁柱檩枋皆为金丝楠木制作；厅内圆柱粗挺，柱下白矾石柱磉"天圆地方"，线脚简洁、造型洗练。为取"阖家团圆"之意，厅内梁柱皆为圆形且用料肥硕，梁两端略作"卷杀"、刻弧线；餐厅前后檐顶部为拱形轩橡，奢华富丽、气度雍容；厅堂前檐下一溜十八扇木雕隔扇玲珑雅致，厅堂后檐下居中设置腰门，两侧墙壁为合墙板；明间后金柱上挂设抱柱楹联："家余风月四时乐，大羹有味是读书"，借论酒谈羹发人生感悟。明间后金柱间装设六扇屏门，与两侧的落地隔扇花罩共同组成太师壁，

图4.6　餐厅布局

壁面居中陈设宋人山水及扬州八怪之一金农所撰楹联："饮量岂止于醉；雅怀乃游乎仙"。太师壁前居中陈设三米多长翘头案，案面摆设有花瓶及镜屏，长案两侧对称摆放花几及盆景。案前居中设置八仙桌和太师椅。厅内一溜摆放三张由两个半月形餐桌相拼而成的大圆桌，桌下围以圆凳；居中的一套圆桌圆凳面板镶

嵌云纹大理石，装饰华丽、气度雍容。此餐厅采用了圆柱、圆梁、圆椽，圆桌、圆凳，寄托了宅主希望阖家幸福团圆的美好期望。

二、卧室与书房的布局与陈设

（一）卧室

在三间两厢院落式空间格局中，卧室一般布置在厅堂一侧的厢房内，长辈的卧室在前进院落，晚辈的卧室在后进院落，与卧室隔厅相对的厢房一般作为书房使用。未成年的晚辈儿孙则以长东幼西的规制居住在内厅两侧的厢房中。女孩的卧室一般单独设置在后进房屋，外人不可轻进；豪门大户家的小姐则深居绣楼之上，活动空间范围也受到一定限制。

如图4.7所示为个园中路第三进院落内的明三暗五楼宅及一层平面，楼上下共10间，室内空间以板壁进行划分（俗称合墙板），顶部也用木板装修，板壁或清漆涂饰、或涂刷深棕色漆。一楼西侧次间为园主黄至筠的书房，梢间为黄至筠夫妇卧室，卧室内设有藏宝洞；一楼东边梢间有楼梯可通达二楼，楼上为内眷活动的场所及其女儿的卧房，包括卧室、客厅、琴棋娱乐室、绣房及沐浴间等。

在扬州传统居住空间中，卧室内主要的家具为雕花大床。"一世做人，半生在床"，床不但与人的日常生活密切相关，而且是家庭和睦、子孙繁衍、传承立嗣的重要载体，地位显要、影响重大，须臾不可小视。因此，再贫寒的人家也要在床具上雕镂刻饰"和合二仙"、"麒麟送子"、"榴开百子"等吉祥图案，以表达夫妻美满、子孙昌盛的美好期望。财力富足的豪门大户更是不胜繁冗，不但在床具上精雕细刻金龙彩凤、魁星点状、天官赐福、喜上眉梢等纹饰，而且结合彩绘、镶嵌螺钿等传统工艺，使雕刻纹样饱满立体、装饰效果生动富丽。大床一般放置在卧室内靠近北墙的区域，床周留有

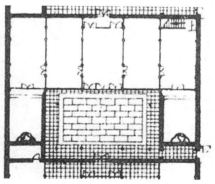

图4.7　个园中路第三进院落内的明三暗五楼宅及一层平面

a. 个园卧室　　　　　　　　　b. 朱自清故居西厢房为庶母及其子卧室

图4.8　卧室布局

一定的回转活动空间，床侧一般挂设有布帘以遮挡帘后放置的恭桶。

　　卧室内的常见家具还包括箱柜。贫寒人家卧室内一般只能配置两只上下叠置的躺箱，称为叠箱一套，或设有红板躺柜（内可存放粮食，盖上可坐人）。中等人家卧室内一般设有一只大橱、二套叠箱。而豪门大户的卧室则家具完备、功能齐全、布局规整、安定私密，室内铺罗陈绣而舒适温馨，如图4.8所示；卧室空间功能包括睡眠、储藏、卫生洗浴、会谈及娱乐；家具配置主要有带栏杆花罩的雕花大床、床前脚踏、双开门大橱、橱顶叠箱、橱前凳、房前桌（长方桌或八仙桌）及靠背椅、梳妆台或洗面架等；其中雕花大床多有彩绘饰顶，床栏花罩或镂空雕刻、或镶嵌骨瓷螺钿，或堆塑高浮雕，装饰手法丰富，图案饱满精致、富丽吉祥；衣橱橱门多饰以精致的浮雕或人物、花鸟彩绘，装饰效果生动华丽；迎门而设的房前桌两旁配有玫瑰椅，桌上一般摆放花瓶、茶具和具有祥瑞寓意的盆栽植物如吉祥草、万年青等；梳妆台一般放在卧室近入口处，台面立设三扇镂空雕花小屏风，中间一扇镶嵌镜面玻璃，两侧配有抽屉；家具拉环或为白铜制作，或为木雕造型，皆取材于寓意吉祥的动植物纹样。

　　（二）书房

　　在中国传统居住空间中，书房是能使人怡情翰墨、醉意诗书、脱忧忘俗的清斋雅室，是居者吟诗作画、抚琴待友、烹茶款客、品赏珍玩典籍的精神乐园，因此书房内外环境要清逸高雅、灵秀生动、摒绝尘嚣。明代造园家计成在《园冶》中对书斋的选址原则有所论述："书房之基，立于园林者，无拘内外，择偏僻处，随便通园，令游人莫知有此。"高濂在《遵生八笺·起居安乐笺》里曾对书斋整体环境有过细致生动的描述："书斋宜明静，不可太敞。明净可爽心神，宏敞则伤目力。窗外四壁，薜萝满墙，中列松桧盆景，或建兰一二，绕砌种以翠芸草令遍，茂则青葱郁然。旁置洗砚池一，更设盆池，近窗处，蓄金鲫五七头，以观天机活泼。"

在扬州传统居住空间中，书房布局位置较为自由，或位于正厅一侧的厢房或套间内，庭前有扶疏花木在一方天井内与之隔窗伴读；或设于内厅西侧厢房，与东侧卧室相对而设；或偏于游赏空间一隅，正如个园的藏书楼、寄啸山庄的读书楼，如图4.9、图4.10所示。明代文人李日华在《紫桃轩杂缀》卷一所言："在溪山纤曲处择书屋，……上加层楼，以观云物。四旁修竹百竿，以招清风；南面长松一株，可挂明月。老梅寒蹇，低枝入窗，芳草缛苔，周于砌下"。想在如此清幽雅境中习书临帖，定可神思开阔、明心见性。

图4.9　个园藏书楼

图4.10　寄啸山庄读书楼

扬州传统书房内的主要家具为书桌或画案、座椅及书柜。书桌或画案平直方正、尺度宽大，一般设于光线柔和处，案头摆设文房四宝、台灯书籍以及清供盆玩，案后设圈椅或宽大扶手椅；案旁一侧或陈设红木座架，上置陶瓷大海蓄养游鱼，水清鱼赤、情趣盎然；或放置大瓷瓶以卷装画轴。书柜在座椅后面依壁布列，或为柜门式，或为上格下橱以陈设典藏法书名帖及珍玩古籍。空间较为宽敞的书房一般在室内幽静处设有卧榻以供小憩，或在迎门处设座椅茶几以供宾客欢谈。室内角落处或沿壁所设台几、条案上放置瓶花、盆景；书房壁面或在显要处居高挂设匾额，或挂设大理石山水挂屏，或悬挂字画条幅以装饰空间、渲染意境、表达主人情志。其他或可于室内陈设琴、几以供闲时抚弄，或设博山香炉使室内充满悠然雅香，使书房整体氛围沉静清雅、格调洒逸超脱。

第二节　扬州传统家具发展及艺术特色

家具作为人类文化艺术的重要载体和结晶，不但与人的生活密切相关，而且在传承地域文化方面起着重要的作用。扬州以其独特的地理环境、文化源流、社会风貌、人生哲学及审美倾向，不但造就了独具艺术特色和美学特征的家具文化，而且形成了以明清时期为典型代表的、独具风格与特色的扬州传统家具。

一、扬州传统家具的发展与演变

扬州位于江苏省中部，地处长江北岸。公元前486年左右，吴王夫差为使江南船队直达淮河流域，在今蜀岗之上筑邗城、开邗沟，将此地作为军事要地驻军防守，此为扬州建城之初。秦时在此置广陵县，汉朝曾在这一带建立江都国、广陵国，自此生齿日繁。在扬州地区，汉代以前的家具已湮没无考。

（一）秦汉时期的扬州家具

1. 秦汉时期的家具及制作水平

秦汉及以前，人们的起居方式为席地而坐，为适于踞坐的行为方式，家具尺度低矮，此时的家具称为矮形家具。据考古发现，此时家具类型主要有睡眠的床、坐着依靠的几、吃饭或办公用的案、储藏酒器的"禁"、切菜切肉的俎以及起挡风作用的屏风等，即坐具、卧具、承具、凭具、庋具、屏具和架具基本具备，并且开始出现榻、榻蹬、胡床等，标明此时垂足坐的起居方式处于一种萌芽状态。制作家具的材料除木材外，还有金属、竹、玻璃、玉石等。

秦汉时期，坐具主要为席、筵，北方多芦编、南方为竹编；卧具有床、榻；承具为各种尺度的食案、书案，以中小型为多，宽度在150mm以上，高度为50—320mm左右；凭具用于坐着依靠的凭几，型制丰富、应用广泛，有木质、陶质，有直型、曲型及利用天然树木枝叉或盘曲的树根制成的自然型。汉代邹阳的《几赋》提到："龙盘马回，凤去鸾归，君王凭之，圣德日跻。"帝王贵胄的凭几上敷设软垫，按照等级不同软垫所用材料有严格限制。

秦汉时期，庋具以木箱为主，并出现木柜、木橱和竹材编织的筥。汉代木箱普遍为平顶式和盝顶式，扬州七里甸东汉墓出土有漆箱实物，大者长460mm、宽270mm，为盝顶式，外髹褐色漆，内为朱漆。木柜用于储存衣物，汉时写作"匮"，其特点是向上开门，柜下或有四个兽形柜足，或四腿落地、腿间连以水平横撑。汉代橱的顶部作屋顶形，正面设双门，门内有两层隔板，其下或为闷仓。筥为竹制，由筥盖和筥体组成，用于盛衣或盛饭，一般为长方形，长约480—600mm、宽约280—400mm、高约100—180mm，多为人字形编织，用竹片加固，并以藤条缠绕。《说文》中有："筥，饭及衣之器也，从竹，司声。"《礼记·曲礼》注云："圆曰箪，方曰筥。""簟筥，盛饭食者。此饭器之证。""衣裳在筥。此衣器之证。"

此时屏风的种类形制、装饰性、应用性都已经达到较高的程度。当时有分割室内空间的单扇座屏，有置于床或榻后的一字、L字和Ⅱ字形床屏，有富丽堂皇的大型折屏。当时屏风所用材料主要有木材、琉璃、玉石等，或简素端雅、或金碧辉煌。《汉武旧事》中曰："帝起神明台，其上屏风悉以白琉璃作之，光冶洞彻"。又据《西京杂记》记载："赵飞燕为皇后，其女弟在昭阳殿上书遗飞燕三十五物，有云母屏风、玻璃屏风。"而作为当时主要的屏风类型，木质屏风亦大多通体彩绘云气龙纹，色彩喜用黑、红、绿、灰，对比强烈、线条流畅、装饰性极强。

秦汉时期，架具有衣架与镜架两种。衣架以两根立木为足，上连横断面为圆形的搭脑，两端挑出，足间连以直撑，足下有弓形横枨，通体髹漆并彩绘纹饰。镜架用来悬挂铜镜以供人整衣修容。镜架下有圆座，座上立圆柱，顶为卷云状板，其下系一短缨以备穿挂镜钮，再下为一长方板，可用于放置脂粉、梳篦等物。

秦汉时期的家具代表是漆木家具，漆案和漆几的使用最为普遍。漆木家具的装饰除漆绘、油彩、贴金银箔、镶银或铜箍等外，还发展了戗金（针划填金）、堆漆（用稠厚的漆堆成花纹）等工艺，有的还配以鎏金铜饰件以及各种珠宝、玻璃等，以彰显华贵。如广州象岗南越王墓出土的西汉早期铜框架漆屏风，就装有长方形浅蓝玻璃。据《西京杂记》记载，武帝为七宝床、杂宝桉（案）、厕（侧）宝屏风，列宝帐设于桂宫，时人谓之"四宝宫"。

2. 汉代扬州家具出土考证

自20世纪50年代以来，在扬州远、近郊区许多汉代墓葬中出土漆器及其残片多达万件，漆器类型包括饮食用具、文房用品、日常器具、丧葬用具及奁、案、几、箱、笥（用于装小件衣服）等家具，装饰工艺有彩绘、针刻、贴金、金银嵌等类型。由于出土漆器类形繁多、用途广泛、装饰效果绚丽生动，故有关学者称扬州为我国木胎漆器的发源地。

依据扬州地区目前的考古发掘，汉代扬州家具主要以木料为胎、外髹大漆，装饰色彩以红、黑、褐色为主。褐色是大漆干结后的固有本色，红色是加入朱砂类颜料，黑色是加入铁锈水反应而得。黑漆色泽纯正、黑亮如铁，以至于人们用"漆黑"来形容暗夜的深沉浓酽。

1997年出土于扬州市邗江西湖胡场22号西汉墓的"贼曹"铭素面漆俎（因底部铭刻有篆体"贼曹"二字而得名，贼曹系汉代地方官吏名）是扬州迄今为止发现的最早的厨房俎案，为木胎髹漆器具；俎面高7.5cm、长40.7cm，宽为23.1cm。该俎通体素面，俎面部分以厚木制成、髹褐漆，两端向上翻翘、髹朱漆，下附两个条形俎足，如图4.11所示。

在西湖胡场20号西汉墓发掘出的西汉中晚期素面漆几为木胎、素髹黑漆。几面宽13.8cm、长79.4cm、两端略厚；几高32.8cm，四个支脚为兽蹄形，足下置座；整个

图4.11 "贼曹"铭素面漆俎

图4.12 素面漆几

图4.13 彩绘云兽纹漆笥盖

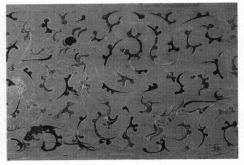

图4.14 彩绘漆笥云兽纹样（朱漆地、
黑漆纹、金线勾边）

图4.15 "鲍笋一笥"彩绘云气纹漆笥（朱漆地、黑漆纹）

漆几造型朗秀、简洁大方，如图4.12所示。

同时出土的还有彩绘漆笥（柜），据此可见当时漆彩家具的华美与精致。漆笥为木胎、盝顶，造型端方，装饰生动华丽。其中一件彩绘云兽纹漆笥盖型制较大，盖长51.4cm，宽34cm，残高5cm，通体以朱漆为地、金线勾边组成纹饰带，边饰几何纹样，盖侧及盖顶用黑漆绘制大幅云气纹，两只张口吐舌的翼兽蜿转腾跃于云气之间，艳如织锦、富于动感，如图4.13、图4.14所示。从另外几件出土漆笥器物来看，彩绘纹样多以云气纹为主，间以三角纹、波折纹样等，如图4.15、图4.16所示。

同年出土的彩绘云气龙凤合体纹漆案及案面纹饰也属于西汉中晚期制品。如图4.17、图4.18所示，案为木胎，案面长77cm、宽52.5cm，案体残高12.5cm；案面阻水

图4.16　彩绘云气纹漆筒（褐漆地、朱漆纹）

图4.17　彩绘漆案

图4.18　彩绘漆案案面彩绘云气龙凤合体纹样

线为朱漆地、黑漆绘菱形几何纹样并用褐漆勾填；案面装饰呈回型分区，外区为朱漆地、黑漆绘连续云气纹并用褐漆勾填；中区为黑漆地、朱漆绘连续云气纹并用褐漆勾填；内区为朱地黑纹、褐漆勾填，边饰菱形几何纹样，中间绘云气及龙凤合体纹；案足为兽腿造型。

1990年出土的素面三足漆凳在揭示当时的起居行为方式上具有重要的意义。此凳隶属西汉晚期，凳高39cm，凳面外径46cm，内凹，中间开一大圆形孔，如图4.19所示。凳出土时放于一圆形铜质浴盘上，据推测可能为浴凳。此浴凳的出土至少说明在西汉时期，在某种生活场景下，贵族阶层中已经出现垂足而作的行为方式。该凳足部为兽蹄形，刚硬稳定、简洁利落。三蹄足与凳面榫卯相连，标明当时木工榫卯、雕刻技艺日趋成熟。另外，通过考古发掘而知，至汉代时期，扬州家具制作工艺已基本成熟。目前发掘出土的汉代家具制作工具种类齐全、性能完备，如铜质卡尺、铁质斧凿、木质水平仪、线锤等，如图4.20所示。《盐铁论·散不足》称"一屏风就万人之功"，从侧面反映了当时家具制作工艺的水平之高及做工之精。

图4.19　素面三足漆凳

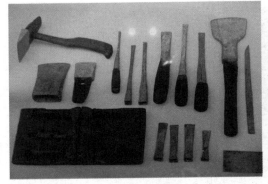

园铁凿

铜卡尺

包银首漆尺

铜卡尺背部造型

图4.20　汉代家具制作工具

（二）隋唐时期的扬州家具

隋唐是我国封建社会发展中期家具手工业的昌盛时期。唐代政治上的统一、大运河的开通、对外开放的政策促使国内外商旅往来频繁、市场繁荣普遍，扬州以其地理优势迅速成为当时三大都会（长安、洛阳、广陵）之一，并且"雄富冠天下"。唐朝时期扬州离长江口比现在近，扬州城离江岸也比现在近，加之隋炀帝开通大运河，唐扬州成为繁忙富庶的港口城市。唐代后期，盐税是政府收入的大宗，盐政机关设在扬州，盐的贸易也以扬州为中心，航运和盐成为唐代扬州繁华富庶的基础，唐扬州成为全国最兴旺发达的城市和贸易集散地。唐代崔融说："天下诸津，舟航所聚。旁通巴汉，前指闽越。七泽十薮，三江五湖。控引河洛，兼包淮海。弘舸巨舰，千舳万艘。交贸往还，昧旦永日。"唐代经济的发展，促使家具手工业市场空前繁荣，工匠种类有梓工、漆工、雕檀、刻镂等，并形成许多木行、漆行等行会。个体家具制作手工业者较前代大量增加，从鉴真启程扬州、东渡日本随往所带的家具手工匠人数量较多就说明了这一点。扬州当时作为商贾嫌集的贸易枢纽，其家具制作技艺与水平应该说更具有时代性典型特征。

商业的繁荣和交通运输的发达对家具交流也起到重要的作用。当时，长安、洛阳、扬州等商业都会的商业活动十分兴旺，家具及相关产品是重要的交易品类之一。据记载当时广陵的家具、铜镜等手工业品就集中到扬州，经大运河经销到全国各地。唐代较大的私营家具作坊由豪商巨富经营，这些作坊一般设在原料的产地，或设在都市近郊，生产家具供商贾贩卖。《太平广记·稽神录》卷三说："广陵有贾人，以柏木造床、几、什物百余事，制作甚精，其费已二十万，载之建康，卖以求利"。在扬州制造床、几等运到外地去卖，说明当时扬州家具的制作技艺较高。扬州作为富冠天下的港口贸易大都市，不但国内贸易贯通八达，海外贸易也远达日本、欧洲、朝鲜、南洋、印度、波斯等地，堪称国际大都市，因此唐代的扬州家具不但具有较高的制作水平，更超脱了地域性限制，不可避免地秉承着唐代的时代性特征。

隋唐家具的装饰手法大体有素木类和漆饰、镶嵌等类，基本分为淡雅和富丽两种风格类型。素木类即在木面饰以单一色漆、或涂以桐油、或索性白茬，整体朴素无华，称"素几杖"。漆饰风格开朗、富丽豪迈，其装饰花纹前期以忍冬纹、折枝花和鸟纹为主，后期流行团花和缠枝花等花鸟图案。唐代漆饰手法则有彩绘、螺嵌、平脱、密陀僧绘等，并新创了雕漆工艺。唐代扬州漆器经常被作为贡品进呈宫廷。据《酉阳杂俎》、《杨太真外传》等书记载，唐玄宗和杨贵纪曾多次将扬州所贡名贵漆器赐给安禄山和其他臣僚；唐僖宗时，高骈任扬州盐铁史，曾一次向长安运送扬州漆器逾万件。

唐代扬州的个体家具工匠很多，据记载当时有一个叫"毛顺"的工匠很有名。徐铉的《太平广记》中记载："广陵有木工，因病。手足皆拳缩，不能复执斤斧。扶踊行乞。"从侧面反映了当时扬州个体家具工匠很多。鉴真在扬州登船东渡日本时，除带去唐式家具以外，也带有能够制作唐木家具的工匠（时称工手）随行，至今日本正仓院中仍藏有大量的唐式家具。据日本僧元所撰《唐大和尚东征传》记载，公元743年，鉴真从扬州第一次出发，随行的玉作人、雕檀、刻镂等工手八十五人。这里所指的雕檀、刻镂工匠有很多就是家具工匠，是各种制作家具的工匠。

唐末时期的扬州受到极为严重的破坏。从光启三年（887年）到景福元年（892年）共五年多的时间里，扬州战乱不息、几成废墟。最初是淮南节度使高骈部下诸将混战，扬州被围半年，居民大半饿死、屠户杀人卖肉；后来，到处流窜的武装集团孙儒放火烧毁全城，把丁壮妇女全部掳去，这种浩劫在中国兵祸史上也极为少见。

（三）宋代扬州家具

宋代的手工业水平比较高，官方的手工业管理机构更为庞大，民间手工作坊的经营更加灵活开放，商业发达，城市经济日趋繁荣，个体工匠数量很多。北宋都城汴梁（今河南开封）、南宋都城临安（今浙江杭州）店铺林立，百货云集，城市手工业十分繁荣。长安、洛阳、福州、泉州、扬州、成都等大城市的周边有定期集市，逐渐衍生为市镇（又称"坊场"）。漆器生产不仅官方设有专门的管理机构，而且民间制作也很普遍，并形成了地方中心。至宋代，垂足坐成为主要的起居形式，已具备了高型家具的基本类型，如高桌、高案、高几、抽屉桌、折叠桌、高灯台、交椅、太师椅、折背样椅等；并注重家具的成套配置，书斋、卧室、厅堂等空间的家具格局基本形成。宋代家具在结构上仿效柱梁结构的构造方法，开始重视木材在工艺和造型方面的利用，设计风格崇尚清新挺秀、朴实自然。

扬州因其地理位置而成为战争年代南北相争的防御重地。自唐末开始，扬州城战乱频仍，水灾兵患使扬州城变为一片废墟。五代吴及南唐休养生息，扬州元气渐复。北宋时期，运河以开封为中心，开通了沟通南北东西的大运河体系，带动一系列大小城市沿河兴起，扬州城当时也堪称富裕。南宋初年，宋高宗南逃扬州，宋高宗三十一年（1161）扬州被金兵攻破，旋即烧城北撤；其时居民十余万人，一部分死于江中，其余都被掳去，使扬州又一次受到毁灭性的打击。另外，随着海道贸易渐渐转移到浙闽沿海，运河体系的地位和作用有所减弱，宋代的扬州终不及唐扬州的地位。宋代扬州家具主要仍以漆彩家具见长。

（四）明清时期扬州家具

1. 扬州明代家具

明代是扬州漆器历史上的兴盛时期。元代时的扬州已成全国漆器制作中心，尤以雕漆最为精美。元末明初时，扬州漆器家具上开始出现"点螺"工艺。明代的扬州以周翥"百宝镶嵌"家具最为名贵，为其时代特点之一。"百宝镶嵌"亦称"周制"、"周铸"，为明嘉靖年间扬州漆器艺人周翥所创。据清钱泳《履园丛话》载，"周制之法，唯扬州有之"。

我国研究古典家具的专家王世襄先生讲过，明代和清前期（乾隆以前）是传统家具的黄金时代。这一时期苏州、扬州、广州、宁波等地成为制作家具的中心。各地形成不同的地方特色，依其生产地分为苏作、广作、京作。苏作大体继承明式特点，不求过多装饰，重凿和磨工，制作者多扬州艺人；广作讲究雕刻装饰，重雕工，制作者多惠州（今广州）海丰艺人；京作的结构用鳔，镂空用弓，重蜡工，制作者多冀州（今河北）艺人。苏作大体师承明式家具特点，重在凿磨，工于用榫，不求表面装饰；京作重蜡工，以弓镂空，长于用鳔；广作重在雕工，讲求雕刻和镶嵌，木雕分为线雕（阳刻、阴刻）、浅浮雕、深浮雕、透雕、圆雕、漆雕（剔犀、剔红），镶嵌有螺钿、木、石、骨、竹、象牙、玉石、瓷、珐琅、玻璃及镶金、银，装金属饰件等。

2. 扬州清代家具

清扬州为两淮盐运中心，盐商云集，豪富无比。清代中期，扬州家具市场成熟活跃，家具工匠技艺高超，形成了稳定、成熟、独具特色的扬州传统家具。扬州传统家具种类多样、式样丰富，按照家具表面装饰技艺及色彩效果分主要有素木、漆彩及朱漆家具，按照功能类型分有坐卧类、桌台类、贮藏类及屏风、架具等。其中坐卧类家具有各类椅子、凳子、鼓墩、床、榻等；桌台类家具有各种形式的桌子、条案、梳妆台、几等；贮藏类家具有各种衣柜、书柜、多宝格、箱等；其他家具还有屏风、灯架等。乾隆年间清宫的许多宝床、宝座、屏风、几案等，均为扬州所产。清代后期，扬州漆器远销欧美等国，年销量2万多件，"岁入三万两"。时至晚清，扬州传统家具虽在战乱中复苏，但仍日趋衰落。

相比明式家具，扬州清代家具总体尺寸宽大、用材粗厚，具有稳定、饱满、张扬、华丽的气势，且在形制样式、装饰纹样方面求新、求变以与时代合拍。家具装饰技法汇集雕、嵌、描、绘、堆漆、剔犀等高超技艺，显出清新富丽、雍容端庄的效果。家具装饰图案尤其喜爱采用具有美好象征寓意的植物花卉、飞鸟鱼蝶、祥云瑞兽、人物故事、吉祥文字及几何纹样，包括灵芝仙草、竹子、莲藕荷花、凤鸟牡丹、卷草、柿子、仙鹤、梅花鹿、松鼠葡萄、藤蔓、八仙、花钱、回纹、蝙蝠与寿字纹等等，以表达生生不息、多子多福、延年益寿、福禄双全等美好愿望。家具脚型变化多样，除方直腿、圆柱腿、方圆腿外，又有三弯腿、鳄鱼腿、竹节腿、鹤腿等；足端或为兽爪、兽头造型，或内翻马蹄，或直腿落地带卷叶，足下多有踏珠。家具束腰有高有低，有的加鱼门洞、加线；家具侧腿间多有拉档脚或透雕花牙拉挡板。

二、扬州传统家具木材种类与特性

在唐、宋、明、清时期，扬州始终是重要的家具生产及制作基地。但是，据考证自北宋之后，扬州地区基本不自产木材；所以扬州自明清时期凭借巨富之资、携交通之便，从全国各地输入大量优质木材进行家具制作，一方面供应宫廷所用，一方面由商贾私营以期获利。扬州目前留存的传统家具主要为清代所作，家具用材比较广泛，从高硬度、中等硬度木材到软木等不一而足。高硬度木材主要依靠进口或外地输入，有紫檀、黄花梨、红木、鸡翅木、海梅、铁力木等，多积聚富商之家或进贡朝廷；中等硬度优质木材地域性很强，大多就周边之地取材，有柞榛木、楠木、榉木、柏木、梓木，多用于中等之家；另外，樟木、松木、杉木、杨木、桐木等软木也被大量应用于平民之家。

（一）高硬度木材

1. 小叶紫檀

紫檀是世界上最名贵的木材之一，种类较多，其中小叶紫檀鬃眼细密、木质坚重，入水即沉；其脉管纹细如牛毛、呈绞丝状，几乎看不出年轮纹；木材初剖色泽为橘红色，很快在空气中被氧化为深紫色。我国古代认识和使用紫檀木始于东汉末期，晋代崔豹的《古今注》记载："紫檀木，出扶南，色紫，亦谓之紫檀"。明代宫廷开始重视紫檀的使用，由于国内紫檀木数量稀少，采光后即派官吏赴南洋定期采办，一直延续到明朝灭亡。因此，及至明末清初，可以说当时全世界所产紫檀木的大部分都汇集到了中国，分储于广州和北京。明代采伐过量，清时尚未复生，来源枯竭，所以清代以红木代之，清代所用紫檀木料主要为明代所采。紫檀家具表面不事鬃桼，通过细腻的打磨和包浆使其具有绸缎般的悦人光泽，随着年代深远、包浆厚重，家具益发呈现出古雅雍容、深厚沉静的风度。

2. 黄花梨

亦称花榈，又名"花狸"，我国自唐代就已用花梨木制作器物。据《博物要览》记载："花梨产交（即交趾）广（即广东、广西）溪涧，一名花榈树，叶如梨而无实，木色红紫而肌理细腻，可作器具、桌、椅、文房诸器"。又如明《格古要论》提到："花梨木出男番、广东，紫红色，与降真香相似，亦有香。其花有鬼面者可爱，花粗而色淡者低。广人多以作茶酒盏"。黄花梨以我国海南生长为最佳，所以又有"海南黄花梨"一说。黄花梨属豆科植物蝶形花亚科黄檀属，是明及清前期考究家具的主要材料，其木质坚实，纹理生动多变，心材和边材差异很大。心材色泽深浅不匀，呈红褐至深红褐或紫红褐色，常带有黑褐色条纹，木质坚硬；边材灰黄褐或浅黄褐色，质略疏松。黄花梨木结花纹圆晕如钱，色泽鲜艳，纹理清晰美丽，有香味，锯解时芬芳四溢，可做家具及文房诸器；制作时一般采用通体光素，不加雕饰，从而突出木质纹理本身的自然华丽。

3. 红木

又名"紫榆"。"红木"是江浙及北方流行的名称，广东一带俗称"酸枝木"，主要产于印度，我国广东、云南及南洋群岛也有出产，产量大，得之较易，是制作家具的名贵硬木。酸枝木有多种，它们的共同特性是在加工过程中发出一股食用醋的味道，故名酸枝。有的树种味道浓厚，有的则很微弱。木材有光泽，心边材区别显明，边材狭，灰白色；心材淡黄红色至赤色，曝露于空气中时久变为紫红色。木材密度高、含油腻，文理斜错，坚硬耐磨。由于酸枝木产量多，所以用其制作家具多取其最精美的部分，疵劣者决不使用。酸枝家具经打磨漆饰、蜡饰，平整润滑、光泽耐久，给人一种淳厚含蓄的美。扬州当地俗称的海梅木即是一种属于红木类的木材。

4. 鸡翅木

又作"鸂鶒木"或"杞梓木"，产于广东琼州岛，干多结瘿，白质黑章，纹如鸡翅，故又名"鸡翅木"。子为红豆，可作首饰，因而兼有"相思木"之名。《中国树木分类学》介绍："鸡翅木属红豆属，计约四十种，在我国生长有二十六种。"鸡翅木肌理细腻，有紫褐色深浅相间的蟹爪纹，细看酷似鸡翅。尤其是纵切面，木纹纤细浮动，变化无穷，自然形成各种山水、风景图案。（清屈大均《广东新语·语木·海南文木》）。

5. 铁力木

或作"铁犁木"或"铁栗木"，是较大的常绿乔木，树干直立，高可十余丈，直径达丈余，原产东印度，我国两广皆有分布。铁力木木质坚硬耐久，心材暗红色，色泽及纹理略似鸡翅木，质糙纹粗，棕眼显著，有时有花纹。

（二）中等硬度优质木材

1. 榉木

榉木也写作"椐木"或"棋木"，属榆科，落叶乔木，主要集中生长在江苏、浙江和安徽，也称为"南榆"。按《中国树木分类学》载："榉木产于江浙者为大叶榉树，别名'榉榆'或'大叶榆'。榉木的材质稍粗，但坚重强韧，耐冲击摩擦，缺点是易变形，但木材坚致，色纹并美，用途极广，颇为贵重。工匠常把榉木分成三类：黄榉、红榉和血榉。其边材为淡红褐色，心材呈红赭色者，特名为'血榉'"。榉木是江南特有的木材，在民间使用极广，尤其是扬州地区制作家具的普遍材料，多用于制作条案和大立柜等大件家具。榉木美丽的大花纹如山峦重叠，工匠称之为"宝塔纹"。扬州传统榉木家具具有极高的艺术价值与历史价值，可与其他贵重的硬木家具媲美。

2. 楠木

属樟科，种类很多，主要产于浙江、安徽、江西及江苏南部。据《博物要览》载："楠木有三种，一曰香楠，又名紫楠；二曰金丝楠；三曰水楠。南方者多香楠，木微紫而轻香，纹美。金丝者出川涧中，木纹有金丝，向明视之，白烁可爱。楠木之至美者，向阳得或结成人物山水之纹。水楠色清而木质松，如水杨之类，惟可做桌凳之类"。楠木色呈浅橙黄略灰，纹理淡雅文静，质地温润柔和，伸缩变形小，气息芬芳，纹理细腻，质地坚硬、性温。楠木易加工，耐腐朽，遇雨有阵阵幽香，有的楠木材料结成天然山水人物花纹。皇家藏书楼、金漆宝座、室内装修等多为楠木制作。扬式家具除有整体用楠木者外，常与几种硬性木材配合使用。在明代时，凡宫殿及重要建筑，其栋梁必用楠木。

3. 南柏

属柏科，古有"悦柏"之称，系常绿大乔木，主要分布在长江流域及以南地区，种类较多，生长颇快，是古代漆器常用的胎料。我国民间惯将柏树分为南柏和北柏两类，南柏质地优于北柏，柏木色橙黄、肌理细密匀称，近似黄杨，有芳香，耐水，耐腐，多节疤，纹理直，其性不挤不裂，适用于作建筑、家具、雕刻、棺椁用材，是硬木之外较名贵的材种。

4. 樟木

因木理多纹成章，故谓之"樟"，为常绿乔木，分布于中国江西、湖南、湖北、福建、广东、浙江等长江以南地区，主产长江以南及西南各地。樟木树径较大，材幅宽，木材纹理甚细，质重而硬，香气袭人，花纹美观，可使诸虫远避，但较易爆裂。自古以来我国有普遍使用香樟木的传统，是制作箱、匣、柜、橱等家具以及雕刻的理想材料；尤其在南方地区，利用其天然防蛀、防虫、防霉的特点，多用于制成衣橱箱柜贮藏棉、毛服饰等物品，使棉毛织物能免受霉季虫蚁的侵害。我国的樟木箱名扬中外，其中有衣箱、躺箱（朝服箱）、顶箱柜等诸品种。旧木器行内将樟木依形态分为数种，如红樟、虎皮樟、黄樟、花梨樟、豆瓣樟、白樟、船板樟等。

5. 银杏木

素有"银香木"或"银木"之称，有特殊的药香味，并被赋予"镇邪"、"正直"、"不老"的品德，广泛用于建筑、家具及器物制作。宋代皇帝坐椅、大臣早朝的朝笏均为银杏做成，寓意千秋不衰。欧阳修多次写到银杏，其诗云："鸭脚（银杏别名）生江南，名实本相符。降囊因入贡，银杏贵中州。"银杏木木质致密、纹理华美、光洁度高、耐腐性强、硬度适中、加工容易，具有优良的抗腐性、抗裂性、抗变形、抗蛀性，是用于建筑、家具、工艺雕刻的上好材料。

6. 黄杨木

又名山黄杨、千年矮，分布我国大部分地区，是一种矮小的常绿灌木或小乔木。黄杨木生长缓慢，一般要生长四、五十年才能长到3—5m高，直径也不足15cm，所以有"千年难长黄杨木"之说。黄杨木枝叶繁茂，不花不实，四季常青（参见《履巉岩本草》《分类草药性》）。黄杨木香气轻淡，雅致而不俗艳，李渔称其有君子之风，喻为"木中君子"。在他的《闲情偶寄》里记有："黄杨每岁一寸，不溢分毫，至闰年反缩一寸，是天限之命也"。黄杨木大部分直径只3—5寸左右，一般要生长四、五十年才能用于雕刻。因为生长缓慢，黄杨的木质极其细腻，肉眼看不到棕眼（毛孔），质地坚韧，表面光洁，纹理细腻，硬度适中，色彩黄亮，经精雕细刻磨光后能同象牙雕相媲美，特别是随着年代的久远，颜色由浅而深，古朴美观、别具特色。在扬式家具中，黄杨木多与硬木配合使用，用于制作家具构件如镶嵌花纹及枨子、牙子等，极少见有通体使用黄杨木的家具。

（三）软质木材

1. 松木

松木种类颇多，古代使用的主要有赤松、黑松、白松（即华山松）、五须松等。松木材质松软，易于加工，变形也小，但较易腐朽，高级家具多不使用，或仅用作髹漆家具和硬木包镶家具的胎骨。

2. 杉木

也叫"沙木"，在我国南方分布广，产量大，木质轻软，纹理通直，韧性强，耐朽湿，在家具制作中曾得到广泛的运用。北宋苏颂《图经本草》对杉木利用有专门记载："材质轻膏润，理起罗致，入不敷出土不坏，可远甲虫。作器，夏中盛食不败"。南宋戴侗《六书故》也说："杉，所衔切。杉木直干似松叶芒心实似松蓬而细，可为栋梁、棺淳、器用，才美诸木之最。多生江南。亦谓之沙，杉之伪也。其一种叶细者易大而疏理温，人谓之温杉。"因此，杉木成为当时南方人工培植的主要树种之一。陈从周先生《梓石余墨》所叙："扬州建筑，其木多取广木，今日所存最大住宅康山街卢宅建于清光绪间，费银七万两，其大木皆湖南所产杉木，极坚挺"。南宋袁采还在《袁氏世范》卷中说："今人有生一女而种杉万根者，待女长，则鬻杉以为嫁资，此其女必不至失时也。"

3. 杨木

亦称"小叶杨"，适应性广、年生长期长、生长速度快，我国南方及北方均有广泛的种植，资源较为丰富。杨木质细软，性稳，常有绸缎般的光泽，故亦称"缎杨"。杨木常用于家具制作，或为家具的附料，以及漆彩家具的胎骨。

4. 梓木

紫葳科，落叶乔木，我国古代最普遍的高级家具用材。主产黄河至长江流域，分布广、成材快，产量大、材质佳，是家具制作、木胎漆器、乐器和雕版刻字之良材，为我国历代运用较广的树种之一。宋陆佃《埤雅·释木》篇称："梓为百木长，故呼木王"。古时五亩之宅皆植桑梓，桑为蚕食，梓做器用，故古称乡里为桑梓；木器为梓，如《周礼》和《尚书》中称建筑师和木工为梓人、梓匠。梓木呈红褐色，纹理优美，紧致细密，质地轻软，刨面光滑，有光泽，易于加工，耐腐朽，不易开裂变形，除可用于家具外，也可供刻书印刷，是以书稿付印又称"付梓"。近代以来出土的一些商周木器如箱盒、棺木等，大多用梓木制作。

三、扬州传统家具色彩装饰类型与艺术特色

根据家具表面的色彩装饰手法，扬州传统家具基本可分为素木家具、漆彩家具、红漆家具三种类型。不同的色彩装饰手法赋予扬州传统家具多姿多彩的装饰效果，使家具呈现出生动鲜明的艺术特色。

（一）素木家具艺术特色

扬州传统素木家具的表面多以清漆或蜂蜡进行涂饰润泽，以图案雕刻为主要装饰手法，并且通过精心打磨以充分体现木质本身的色彩和生动的肌理，使家具呈现出形色兼美的艺术效果，如图4.21所示。有时为提高木材色彩及肌理表现力，扬州当地工匠会在清漆内混入植物性染料，对家具木坯进行擦染以凸显木纹肌理，并使家具获得优质木材的质地效果。质坚色美的扬州传统素木家具多由硬木及中等硬木制成，如紫檀、花梨木、鸡翅木、红木、海梅、楠木、柞榛木、榉木等，质地坚实细腻，材色鲜明，肌理生动优美，一般称为硬木家具；材质较软的素木家具多由樟木、柏木、松木、榆木、柳木等木材制成，一般称其为白木家具，此类家具表面多涂以棕红色漆以获得较为深沉的木质效果，这里也将其归类为素木家具。扬州素木家具是扬州传统家具的主要类型，在扬州传统居住空间中扮演着重要的角色。

如图4.22所示为晚清红榉木雕竹叶纹饰太师椅。椅子座面宽650mm，座面进深510mm，坐高510mm，靠背座高500mm，通高1010mm；如意形搭脑雕刻成弯折的竹节造型，两端以竹叶覆盖，中间一丛新竹摇曳生姿，与搭脑结合巧妙；靠背处为两枝直角弯折成C型的竹竿护持一轮圆形的大理石镜芯，大方端正，气度劲朗；竹竿两端以竹叶收尾，C型轮廓内各拢一丛新竹，旁伸斜倚、枝叶纷披；得益于大自然的鬼斧神工，

图4.21　瘦西湖月观陈设的素木家具

靠背正中的大理石镜芯恰如一副意境高远的水墨山水画，清悠旷淼，引人遐思，殊为难得；最是圆形镜芯下一丛立于土坡丘垄上的小竹刻画得尤为细致生动、稚嫩可爱，但见枝干挺苗，竹叶繁茂，竹下新笋破土而出，格局对称而又富于细致的变化，体现出对自然、对生活的深挚热爱。座椅扶手为长方形轮廓，前低后高，梯度舒缓，弯折处打磨成圆弧形，如图4.23所示；手搭其上，感觉细腻饱满、滑顺舒适而心生愉悦；座面下有内凹弧形束腰，立腿与牙板相交处的膨肩端方而秀雅；座椅前腿为鳄鱼腿形，上部外凸，下部内收，足部又外翻，因此自座面而下的造型轮廓节奏鲜明而又收放适度、富有动感；牙板及外翻的方形足部均雕饰有简洁疏朗的竹叶纹饰，既与靠背形成巧妙的呼应衬托而达到整体的协调一致，又刻画简略以不剥夺椅子靠背的视觉中心地位；座板及束腰处强调横向线脚，既化解了板材的钝厚之感，又加强了太师椅整体的稳重端庄气质。整体观之，此花梨木雕竹叶纹饰太师椅尺度适宜、比例协调，清新生动而又端雅庄重，既不

图4.22　晚清红榉木雕竹叶纹饰太师椅

图4.23　太师椅扶手

显露张狂，又无清寒之气，折射出扬州传统文化中热爱生活、喜爱自然、崇尚优雅、向往美好的精神气质。

　　图4.24所示为晚清红榉木荷花莲藕纹饰太师椅及靠背局部纹饰。荷花莲藕在扬州传统文化中代表子孙兴旺、路路通畅、美丽吉祥，因此深受喜爱，应用广泛。该太师椅座面宽670mm，座面进深520mm，坐高500mm，扶手高238mm，靠背座高560mm，通高1060mm，比例端方，尺度合理；靠背中间的圆镜边框富厚、造型圆凸、线条丰富、节奏鲜明，镜芯浮雕一对鸳鸯浮游于碧波之上，旁边荷花婷婷、荷叶舒展，鸳鸯彼此顾盼、情牵意连，整个圆镜打磨精细、光润明洁、图案美好、意境祥和，充分体现出素木家具的雕饰之美；圆镜四周透雕荷花盛开、荷叶翻卷、莲蓬结实、叶梗缠绕的盛景，柔韧的叶梗俱发自下面的莲藕节须，乱中有序，浪漫而又写

图4.24 晚清红榉木荷花莲藕纹饰太师椅及靠背局部纹饰

图4.25 晚清红榉木荷花莲藕纹饰太师椅双面透雕扶手

实；整个靠背但见花瓣层叠，莲蓬饱满，莲藕肥硕，鸳鸯恬然安详；靠背下部基座处则简洁地刻画出水翻浪涌的形象，从而使整个靠背更显饱满稳重、腴丽端庄。

如图4.25所示为该红榉木荷花莲藕纹饰太师椅的侧立面及双面透雕扶手。综观此椅，扶手同样为该太师椅的重点雕饰部位。扶手上部为肥满圆润的三节莲藕，下部为一波一波翻卷的水浪，中间为新荷嫩叶及饱嵌莲子的莲蓬；柔韧的茎梗缠花穿水，赋予扶手造型以鲜活的动感和活泼的生机。根据使用功能的需要，当地工匠在扶手造型处理上灵活安排莲藕与花叶的空间关系，使莲藕在上、花叶在下，巧妙地满足了手搭其上的舒适度要求；细观此花梨木荷花莲藕纹饰太师椅的靠背和扶手，皆具有构图生动、层次鲜明、活泼质朴、生机盎然的艺术特色，传达出人们祈望家族兴旺、生活美满的美好期许。

但是，无论从该太师椅的正立面还是侧立面来看，相比较靠背及扶手造型的丰满生动，该座椅的座面、牙板及腿部造型略显单薄生硬，因此虽然太师椅整体尺度适宜、比例合理，但其雍容气度在一定程度上略受影响。

荷花莲藕是颇受扬州当地喜爱的装饰纹样。在扬州素木太师椅家具中，荷花莲藕纹饰成为太师椅靠背及扶手常用的装饰纹样，因此荷花莲藕纹饰太师椅也成为体现扬州传统家具地域特色的典型代表。在题材一致的情况下，当地工匠以其娴熟的透雕、圆雕技艺，生动地变化莲藕、荷花、禽鸟的姿态和造型，使装饰图案新颖生动，使花鸟形象肥美活泼、充满生机。如图图4.26所示为寄啸山庄与归堂柞榛木质地的荷花莲藕太师椅扶手及靠背局部雕刻纹样，柞榛木质朴的材色和细密的肌理更赋予莲藕、荷花、荷叶及禽鸟以浑厚朴茁的旺盛生机。

如图4.27所示为晚清红木灵芝及拐子龙纹饰八仙桌及太师椅配套家具，八仙桌上还配置有同为红木材质的盆景托几。太师椅靠背以拐子龙护持圆形大理石镜芯，尺度亲切，纹饰简洁，造型大方；八仙桌望板下部为基本对称的灵芝纹饰挂落，九朵灵芝同枝连脉，布局匀称、气韵贯通；太师椅座面和和八仙桌面板下的束腰皆有细腻的叠涩线脚，腿部皆取下部内收、足部外翻的鳄鱼腿造型；家具表面涂饰以深棕色漆并被精雕细磨，使之呈现出类似紫檀木质所特有的绸缎光泽；面板、束腰、望板及脚蹬处细腻的叠涩线条突出强调了家具的横向水平韵律，使家具更显雍容华贵和清雅端庄。此套家具触感温润滑腻，视觉效果明润沉雅，整体尺度搭配和谐，造型语言和谐统一，堪称扬州传统家具中的极品。

图4.28为晚清红木带束腰八仙桌及四圆凳配套家具。家具表面皆施以精细打磨和清漆涂饰，并且拥有圆润细腻的雕刻装饰。

图4.26　晚清柞榛木荷花莲藕纹饰太师椅双面透雕扶手及靠背局部

图4.27　晚清红木灵芝及拐子龙纹饰八仙桌及太师椅（孙黎明供图，陈昊藏）

图4.28　瘦西湖月观清红木荷花莲藕纹饰八仙桌及圆形坐凳（孙黎明供图，陈昊藏）

八仙桌主要的雕饰图案施于望板和挂落处，如卷草花卉、成对的柿子以及拐子卷草、荷花莲藕、鸳鸯戏水；同时，面板侧面、束腰及腿肩部皆刻有丰富细腻的叠涩线条，如望板与腿部的边沿装饰有圆润的皮条线，挂落边框的拐子卷草雕刻出细腻的皮条线，使整个家具呈现出大方端雅、精致细腻的艺术特征。与八仙桌配套的圆凳以圆形为基本造型，圆凳座面刻有层次丰富而细腻流畅的叠涩线条；凳面周框凸起，凳面板外圈打凹并起线，凳面皮条线所围绕的中间座面细腻光滑、明洁如镜；凳腿之间的弧形拉档脚局部拱起，与中间下垂的弧形望板呼应协调；该圆凳除外撇的足部刻画成猫爪握松果的造型之外，整体并无其他图案雕饰，但其圆润饱满的座面、光润的膨肩和富有韵律的拉档脚也颇具雕塑美感，使圆凳整体显得端庄匀称、劲健光润、舒展流畅、节奏鲜明，为扬州传统文化中崇尚端庄雅致而又张弛有度的生活态度在家具设计上的生动体现。

由以上可知，扬州传统素木家具造型端雅大方，打磨工艺细致，雕饰造型饱满腴丽，图案生动活泼而又舒展自然，整体洋溢着优雅端庄而又轻松舒适的气质形象，呈现出鲜明的艺术特色，并折射出扬州当地以人为本、崇尚优雅、热爱生活的优良传统文化。

（二）漆彩家具艺术特色

中国是世界上最早发现和使用漆的国家之一。浙江河姆渡遗址出土的七千年前的漆碗表明在原始社会时期，漆器已经出现在人们的日常生活中。殷商时期的漆艺已十分发达，河南安阳殷墟大墓以及河北藁城台西村商中期遗址均出土有朱色雕花木器或漆器残片，表面绘有饕餮纹、夔纹、雷纹、蕉叶纹等，同时镶嵌有蚌壳、玉石和松石，其中镶嵌螺钿和宝石的漆器成为后来百宝嵌漆彩器具的始祖。战国时期漆艺得到进一步发展，漆器的应用基本达到了普及；扬州出土的战国时期的漆器造型和髹饰技法达到了较高水平。到汉代，漆器应用的地域范围及功能涵盖已非常广泛，技艺水平也显著提高；目前扬州汉代墓葬中出土的漆器及残片多达万件，漆器类型涉及日常生活的方方面面，其装饰工艺也已发展形成彩绘、针刻、贴金、金银镶嵌等多种类型，并且出土了大量的漆彩家具，显示出漆彩家具是当时贵族阶层使用的主要家具类型。

彩绘是漆饰的主要技法。唐代家具上的彩绘可从传世唐画如《宫中图》《宫乐图》《纨扇仕女图》《捣练图》上的壶门大案、月样杌子和圈椅等家具上看到。唐时的扬州，雕漆、脱胎干漆、金银平脱、螺钿镶嵌等装饰技艺被相继开创，并且发展日趋成熟，扬州漆器当时为24种贡品之一，漆彩家具更是得到进一步发展。到宋代，据《方舆胜揽》《清波杂志》《癸辛杂识》等文献记载，金漆镶嵌及虎皮漆工艺被广泛应用于大件家具，宋代帝后像中的椅子大都有漆彩描绘纹样。明清时期，扬州漆艺臻于鼎盛，在乾隆年间的漆器产量和品种均达到历史最高峰，大量漆彩家具被制作并呈进宫中。明清时期的扬州漆彩家具在保留传统漆艺的基础上，发展形成了成

a. 彩绘折板屏风图　　　b. 彩绘黑斗橱　　　　c. 彩绘白琴桌

图4.29　漆彩彩绘家具（孙黎明供图）

熟的剔红雕漆、平磨螺钿镶嵌、骨石镶嵌等高超技艺。如今，以扬州漆器厂为主的扬州当地漆彩家具制作机构承脉扬州传统漆彩家具的技艺与风格，潜心研发漆彩家具装饰技艺，致力于提高设计水平，使扬州传统漆彩家具鲜明的地域特色和艺术风格得以完美的保留和进一步发扬光大。

扬州传统漆彩家具的木坯多为中等偏软、不易变形的杨木、松木、泡桐木，主要功能类型有屏风、箱柜、桌台、几案、椅子、坐凳，装饰工艺主要为彩绘、刻漆填金、雕漆嵌玉、平磨螺钿、骨石镶嵌、百宝镶嵌，如图4.29所示；装饰题材有花卉植物、禽鸟蝴蝶、人物场景、山水风景和几何纹样等。在花卉植物题材类型中，尤喜采用折枝牡丹、折枝白玉兰、竹丛、梅树、松树、芭蕉等富有美好吉祥寓意的装饰纹样，如图4.30—图4.32所示；人物形象则多为古装仕女稚童，造型丰满，姿态安适婉转，表

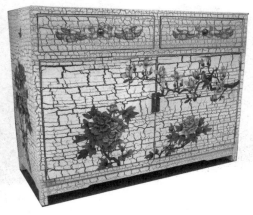

图4.30　虎皮漆彩绘白色斗橱柜（扬州漆器厂设计制作，孙黎明供图）

图4.31 斗橱顶百宝嵌白玉兰

图4.32 黑色躺箱正立面刻漆填金松鹤延年

情恬然愉悦。扬州传统漆彩家具技艺精巧、色彩绚丽，精神气度含蓄内敛、沉静端庄，格调富丽端雅而又清新自然，呈现出扬州传统漆彩家具鲜明的地域风格和艺术特色。

彩绘主要是用各种颜色的矿物粉与漆调和进行描绘，因大漆初为乳白色，经氧化而呈黑色，因此早期的漆彩多为黑红两色，如黑地朱绘、黑地彩绘或朱地黑绘，其中朱色为朱砂（硫化汞）与漆液调和后的色彩，鲜亮艳丽，色彩不脱不褪。矿物颜料与漆调和后，在木器表面的附着力极强，因此后来发展出黄、白、石绿、绿、褐、红、金、银灰等多种色彩，漆彩效果斑斓多姿。彩绘工具主要为毛笔，主要方法有线描、平涂和堆漆等数种。如上图所示的虎皮漆彩绘白色斗橱柜的柜体表面为白色虎皮漆饰纹样，柜子顶面、两个侧面、正立面的柜门及抽斗屉面分别用线描和平涂技法彩绘有折枝牡丹、折枝玉兰、柿子图案以及飞鸟、彩蝶等，布局匀称，花叶鲜艳，造型饱满，姿态舒展，飞鸟彩蝶轻灵婉转；整个柜子既富有多变的漆片裂纹肌理，又散发出自然、美好、生机勃发的艺术感染力。

如图4.33所示为黑地金漆彩绘斗橱及叠柜。斗橱下脚叉开，案面两端一翘一卷，案上并排放置两个双门叠柜，整体体量庞大，造型稳健端庄；除斗橱屉面及柜门为黑地金漆彩绘山水风景之外，其余皆为棕红色漆涂饰。柜门及斗橱屉面的黑地金漆彩绘图案刻画细腻、线条劲朗、内容丰富、造型自然而特色鲜明，体现出扬州传统漆彩家具雍容华丽而又沉静肃穆的气度。

图4.33 黑地金漆彩绘斗橱及成对双门叠柜
（扬州漆器厂设计制作，孙黎明供图）

在漆器上镶嵌宝石骨瓷技艺历史悠久。到

汉代，漆器所嵌玉石品种已丰富多彩，主要包括有玉、骨、玛瑙、水晶、云母、螺钿、玳瑁、金银、宝石等，文献对此有颇多记载。自明代始，扬州的"周制"百宝嵌技艺驰名中外，使屏风及箱柜等家具璀璨耀目、流光溢彩。如图4.34所示为百宝嵌彩绘红色桌案及案面。几案造型端庄舒展，图案布局疏朗匀称，人物造型沉静优雅，骨石玉器配色协调、质感温润，传达出娴雅舒适、安闲滋润的生活情调。

如图4.35所示为百宝嵌及彩绘黑色双门对开小柜。柜体通体黑色，立面边框及望板金漆描边并彩绘卷草花卉、寿字及什锦纹样，图案细腻华丽而又优雅大方。柜门上用彩绘及百宝镶嵌的技艺呈现出仕女稚童、玉兔鲜花、山水树木、亭台楼阁的场景，整体布局丰满，层次鲜明，人物姿态生动、表情自然，亭台花木富丽鲜妍，场景富有情趣，气氛美好祥和，堪称漆彩家具的佳品。

如图4.36所示为其他类型及色彩的扬州漆彩家具示例，如百宝嵌及彩绘黑色椭圆桌及六拼凳、彩绘棕色斗橱、彩绘黑色太师椅、百宝嵌彩绘成套方凳等。目前扬州漆彩家具在传承传统技艺的基础上，漆彩家具装饰技艺、功能类型及艺术魅力均得到极大的拓展，使扬州传统漆彩家具焕发出勃勃生机。但我们同时也应该注意，避免把漆彩家具的定位过于高端化而难以拓展市场，更要避免使装饰技艺与家具功能相冲突，从而减弱其应有的生命力。

图4.34 百宝嵌及彩绘红色桌案及案面（扬州漆器厂设计制作，孙黎明供图，陈昊藏）

图4.35 百宝嵌及彩绘黑色小柜（扬州漆器厂设计制作，孙黎明供图）

a. 百宝嵌及彩绘黑色椭圆桌、六拼凳及桌面

b. 彩绘棕色斗橱　　　c. 彩绘黑色太师椅　　　d. 百宝嵌彩绘成套方凳

图4.36　扬州漆彩家具示例（扬州漆器厂设计制作，孙黎明供图）

（三）朱漆家具艺术特色

朱漆家具是指表面髹涂有朱红色漆的木质家具，家具木材多为易于加工、不易变形的榉木、樟木、松木等材质，通体以红色漆饰为主，漆料一般由生漆加入朱砂或其他矿物颜料调和而成，如图4.37所示。有的朱漆家具在雕刻图案部分涂饰以黑漆及金漆，整体红艳亮丽而又和谐沉稳，又称为朱金漆雕家具。扬州传统朱漆家具多用于小姐绣房，或为结婚时成套配置的卧房嫁具如床、椅、桌、柜等大件家具及提桶、糕盘、盒箱等小件器物，使室内充满喜庆吉祥的氛围。

扬州传统朱漆家具造型对称、形象端庄，装饰清新富丽，气质优雅生动。作为

图4.37　提桶、盒箱、立柜等红漆家具

卧房内的主体家具，朱金漆雕木床尤其显示出当地工匠高超的制作工艺和多样的装饰手法，充分体现出扬州传统朱漆木床的艺术特色。如图4.38所示为朱金漆雕小姐床，床体长1900mm，宽900mm，整体由顶部帽饰、中间围罩及下部支架组成；顶部帽饰整体水平横长，中间圆形及两侧海棠形开光内镶嵌玻璃彩绘折枝花卉，圆形开光两侧衬以金漆木雕，整体布局匀朗、主次鲜明；三面围合的床罩是装饰的重点所在，回形连珠床围上设置有金漆木雕屏窗并作八边形开光，整体造型大方、比例适度、刻画细腻而又清新明朗；正立面的花罩为垂花门式样，镶板内金漆木雕有多幅故事传说及人物场景，层次清晰、刻画细腻生动、富有趣味及教化作用，整个门罩造型端庄大方、比例舒展匀称、富有节奏和对比；整个床罩既可提供较好的私密度和安定感，又具有极强的装饰性和趣味性，并可寓教于乐；下部支架部分为罗汉床式，生动婉转、富有曲线；整个床体描金雕花、辉煌烁目而又小巧玲珑，充分体现出尊贵富丽、优雅细腻和清新美好的形象特征。

图4.38　朱金漆雕小姐床

如图4.39所示为嵌骨瓷朱漆雕花木床，整体由顶端帽饰、床架及围栏花罩、床面及下步支架三部分组成，上、中、下三部分之间比例协调，左、右中轴对称。床体顶端帽饰横长平整，三大两小共五个长方形边框主次鲜明、布排匀称，框内镶嵌花卉禽鸟玻璃彩绘，清新端雅；四柱床架顶部为十字木框以便于挂设锦帐，下部三面设木框嵌板围栏，中间正立面为拐子龙纹栏杆花罩，花罩上下左右镶嵌骨瓷饰板；床面由棕藤网眼编结而成，既有弹性又舒适透气；床架下部由两个长方形架几支撑，架几装设有两层抽屉，稳妥又实用。整个床体木质构件均为朱红色，玻璃彩绘及骨石镶嵌色彩清丽明亮，花罩中间及两侧的拐子龙纹饰构图匀称、布局明朗，在喜庆祥和的总体氛围中，凸显出端雅大方、清新自然的艺术特色。

图4.39　嵌骨瓷朱漆
雕花木床

图4.40　朱漆靠背椅（孙黎明供图）

如图4.40所示为扬州传统朱漆靠背椅，座面宽为55cm，高度在50cm左右，尺度宽大，座面较高，两侧没有扶手，便于以前有缠脚习俗的妇女在卧房内坐在椅子上洗脚。两个座椅靠背如意搭脑下的背板均由木框镶板而成，背板中间一块镶板的椭圆形开光内分别浮雕"和合二仙"装饰图案，以表达夫妻和谐合乐的美好意寓；二仙姿态生动自然、神情呼应顾盼，刻画线条简练。整个座椅修朗匀称、端庄大方，装饰图案祥和优美，无论是使用功能还是神态气质皆与温柔细腻的卧房生活相协调，体现出扬州传统朱漆家具端庄质朴、清新祥和的气质特征和艺术特色。

第三节　扬州传统家具功能类型及艺术欣赏

根据家具的使用场所及环境不同，扬州传统家具可分为厅堂家具、卧室家具、书斋家具、餐厅及厨房家具、门堂家具，以及设于游赏空间的敞亭、石屋内的石质家具。如图4.41所示，豪门大宅的厅堂家具主要以长条大案及两侧花几、八仙桌及太师椅为主，堂前或设双拼圆桌及圆凳，或以四椅二几的形式设两排客椅，其他或依壁设置博古架、或设置条案盆景；而小户人家的厅堂家具主要设置用来祭祀祖先神明的神橱，或称为老爷柜。卧室家具主要以雕花大床、躺箱、大柜、梳妆台或面盆架为主，空间较大的卧室或配置有方桌座椅、圆桌绣墩或婴儿床。书斋家具主要以书柜、书桌或画案、靠背椅为主，其他或设置有客座椅，或设置罗汉床以供待客及日间小憩。豪门大户的餐厅家具多为双拼圆桌及圆凳，一般家庭多用方桌长凳进餐；门堂家具主要为长条大凳，为门户看守值班之用。敞亭、石屋内的石质家具多为大理石圆桌及鼓墩，用于夏日纳凉之用。

根据家具具体使用功能的不同，扬州传统家具可分坐卧类家具、凭依类家具、储藏类家具、屏挡及支架类家具等多种类型。具体来讲，扬州传统坐卧类家具主要有椅榻（太师椅、玫瑰椅、靠背椅、圈椅、床式椅、罗汉床、贵妃榻、交椅）、杌凳（方凳、圆凳、拼凳）、鼓墩、承足（脚踏）及供夜间睡眠使用的架子床；凭依类家具主要为几（花几、茶几、炕几、香几）、案（翘头案、平头案、书案、架几案）、

a. 个园正厅汉学
堂家具陈设

b. 汪氏小苑卧
室家具陈设

c. 寄啸山庄书
房家具陈设

d. 个园书房
家具陈设

图4.41 扬州传统家具陈设方式

桌（方桌、圆桌、八仙桌、长方桌、月牙桌及拼桌）；储藏类家具主要有柜格（衣柜、书柜、书格、百宝格）、箱（躺箱、坐箱、银箱、百宝箱、文具箱）、橱（斗橱、闷户橱、神橱）；屏挡及支架类家具有插屏（方形插屏、圆形插屏、座屏）、围屏、梳妆台、灯架、衣架、盆架等。扬州传统家具功能齐全、形式多样，在整体比例协调、符合人体工学、气质优雅端庄的共性基础上，根据所在空间的使用功能及气质特征，每一种具体的家具形式都在造型和尺度上进行细微协调与变化，装饰手法力求丰富多样，使家具呈现出或精巧富丽，或腴丽蓬勃的气质特征，鲜明地体现出扬州传统家具的地域文化特色及艺术形象特征。

一、坐卧类家具

（一）椅榻

扬州传统坐卧类家具简称坐具。在扬州传统居住空间中，坐具形式最为多样、使用范围最广，几乎涉及生活空间的每个角落。椅榻类家具是挡有靠背的坐具，主要有陈设于厅堂的太师椅、玫瑰椅，有书房、卧室内使用的圈椅、靠背椅、交椅及小姐椅、孩童椅，有设于花厅或书房的床式椅、罗汉床及贵妃榻等。

1. 清式太师椅

太师椅自明代出现于厅堂中。但明代太师椅为交椅形制，与清式太师椅大有不同。清式太师椅一般取材厚重，造型端庄，雕饰富丽，打磨光洁，气度雍容大方。太师椅座面与靠背、扶手与座面皆成直角。靠背正中多镶嵌圆镜，木质圆形镜芯多浮雕禽鸟花卉或人物故事，刻画精致圆融，打磨细腻光洁；石质圆形镜芯多为大理石画板，云气飘渺、意境旷远。太师椅座面下有凹形束腰，椅腿下部内收、足部外放，使椅子整体收放有节并富有韵律。如图4.42、图4.43所示为清式太师椅的正立面、侧立面。其中灵芝及八仙纹饰太师椅的椅背如意搭脑内满刻灵芝纹饰，正中高浮雕暗八仙葫芦纹饰；靠背两侧为灵芝及暗八仙拐子纹饰，拐子造型简洁，头尾处镂刻灵芝及花篮、芭蕉扇、

图4.42　晚清红榉木灵芝及八仙纹饰太师椅正立面

图4.43　晚清红榉木荷花莲藕纹饰太师椅侧立面

图4.44　灵芝及八仙纹饰太师椅靠背圆镜镜芯八仙纹饰

鱼鼓等暗八仙纹饰；靠背正中的镜芯板浮雕图案为八仙之中的四位，可与另一张太师椅的镜芯板浮雕图案合成八仙，如图4.44所示；太师椅扶手为简单的灵芝暗八仙拐子纹饰，造型简洁、比例匀称、镂刻精致、打磨细腻，如图4.45所示。太师椅座面长约650mm，宽约500mm左右，坐高约500mm，通高1098—1100mm；其中靠背高约600mm；座面扶手内宽530—540mm，扶手高约235mm，尺度合理、比例方正协调，气度雍容端庄。

八仙是民间广为流传的道教八位神仙。在明朝以前，各代对八位神仙的姓名确定各不相同，有汉代八仙、唐代八仙、宋元八仙；及至明代吴元泰在《八仙出处东游记》中，始定八仙为铁拐李、钟离权、吕洞宾、张果老、曹国舅、韩湘子、蓝采和、何仙姑，分别代表男、女、老、幼、富、贵、贫、贱八种人物类型。由于八仙原来曾为将军、皇亲国戚、叫花子、道士等，均为凡人得道、并非生而为仙，且都有些缺点，个性与百姓较为接近，因此深受民众喜爱。相传八仙会定期赴西王母蟠桃大会祝寿，所以"八仙过

图4.45　灵芝及八仙纹饰太师椅扶手

图4.46　灵芝仙鹤纹饰太师椅圆镜及背面结构

海"、"八仙祝寿"成为扬州传统家具装饰常用题材。另外，在长期的民间流传中，八仙每人所执法器被赋予各种救世济人的功能特点，如铁拐李的葫芦可救济众生，钟离权的芭蕉扇能起死回生，吕洞宾的宝剑可镇邪驱魔，张果老的鱼鼓能占卜人生，蓝采和的花篮能广通神明，何仙姑的荷花能修身养性，韩湘子的笛子使万物滋生，曹国舅的玉板可净化环境；因此人们将葫芦、芭蕉扇、鱼鼓、宝剑、花篮、荷花、横笛、阴阳板作为家具装饰纹样，既有吉祥寓意，也寄托出崇道羡仙的境界与追求，称为暗八仙纹饰。

如图4.47所示为晚清红木如意灵芝拐子纹饰太师椅。太师椅色彩暗紫泛红，座面长620mm、宽490mm，背通高995m；其中座高500mm，座面

图4.47 晚清红木如意灵芝拐子纹饰太师椅（孙黎明供图）

扶手内宽545mm；尺度宽大、比例方正；靠背如意搭脑光润肥腴，造型舒展；靠背正中的圆形镶框朗润简洁，框内镶嵌尺度阔朗的大理石画石板，直径255mm，画面线条飘逸雅致，意境旷远；扶手长440mm、后端高196mm、前端高145mm，做成灵芝拐子纹饰，中间镶嵌镜板，光润简洁、富有动感；座板与束腰衔接细腻、弯转适度；鳄鱼腿上短下长，外翻足部附刻灵芝云纹，下承方形足垫，轻盈典雅，细腻端庄；整个气质沉静优雅而雍容华丽，构件线条修润明朗、弧度微妙并转角抹圆，触感舒适滑腻，表面呈现出温润的丝绸光泽，并且极富线条与雕塑美感。

大理石画石板在太师椅靠背中的成为扬州传统太师椅的典型特色。大自然的鬼斧神工不但赋予画板以神奇生动的图案，从而使家具获得耐人寻味的装饰效果，而且画石板上钎刻的题名赋予了家具及室内以优雅的人文意境，从而极大地提升了家具及室内空间的品味格调及艺术水平。如图4.48所示为晚清及民国时期扬州传统太师

洞庭秋波

秋山烟雨

林麓晚烟

深径碧苔

图4.48 晚清及民国时期扬州传统太师椅靠背镶嵌的大理石画石板镜芯示例

图4.49 清代花梨木和合二仙纹饰太师椅（孙黎明供图）

椅靠背镶嵌的大理石画石板镜芯，画面或碧波连天，或烟雨空濛，或烟霞映树，或山径幽深，无不意境旷远，引人遐思，折射出扬州传统文化中对大自然的深切喜爱之情。由画板周围的雕饰图案可知，除荷花莲藕外，扬州晚清及民国时期的太师椅还喜用橄榄果纹饰。

如图4.49所示为晚清花梨木和合二仙纹饰座椅，座面宽600mm，座面深490mm，坐高510mm，通背高970mm。如意搭脑与框架式长条靠背板直接相连，靠背中间嵌板做海棠开光，开光内雕刻和合二仙图样，背板上部嵌板以线雕的形式刻画出较为抽象的五福捧寿纹饰，背板下部嵌板平面镂雕成如意蝙蝠样式；座面下束腰及腿部做法简洁，节奏及韵律感较弱，足部简单刻画回纹式样，但座面下牙板部分刻画的卷草图案饱满细腻、生动流畅，据此推断或为卧房座椅。此和合二仙纹饰座椅整体造型端庄柔静、材色温润，磨工精细，体现出扬州传统家具精湛的制作及修饰技艺。而图4.50—图4.52所示的各式太师椅造型更是体现了扬州传统家具装饰手法的丰富性特征。

如图4.53所示为清代红榉木太师椅。椅座面宽633mm，进深473mm，坐高480mm，背部通高955mm；其中靠背宽600mm，高475mm，靠背处用材尺度为35mm厚；座面扶手内宽530mm，扶手长415mm，扶手离座面距离为235mm；前腿之间拐子横枨高115mm；椅太师束腰及腿部做法简洁，背部结构清晰明确，雕饰圆熟活泼；

图4.50 晚清花梨木拐子蝙蝠纹饰嵌影木太师椅（孙黎明供图）

靠背搭脑居中处浅浮雕牡丹花卉，两侧对称圆雕柿子及桃形纹饰，精巧玲珑、圆润可喜，靠背处以中轴对称的形式镂空高浮雕麦穗涡卷、蝙蝠衔串钱、双桃及如意灵芝图案，整个靠背图案寓意事事如意、富贵丰收、福寿吉祥；该清代红榉木太师椅布局匀称，造型活泼，比例端方，家具雕饰质朴、生动，艺术风格极富地域特色。如图4.54所示的清代榉木太师椅座宽630mm左右，进深500mm，坐高500mm，背部通高1000mm左右，均呈现出与图4.53所示的清代红榉木太师椅类似的风格特色。

图4.51　晚清红榉木太师椅
（藏于汪氏小苑）

图4.52　晚清红木太师椅
（藏于寄啸山庄）

图4.53　清代红榉木太师椅及靠背雕饰图案
（藏于唐城遗址博物馆，孙黎明供图）

图4.54　清代榉木太师椅（孙黎明供图）

图4.55　晚清柏木座椅（王伯堂收藏，孙黎明供图）

如图4.55所示为晚清柏木座椅，左侧座椅座面宽570mm，座面进深440m，坐高500mm，背高560mm；右侧座椅座面面宽580mm，座面进深440mm，坐高520mm，地面到背高950mm。此二座椅用材简约，线条硬朗，雕刻简洁，体现出山西传统家具的风格影响。

如图4.56—图4.61所示为扬州近现代座椅，材质有大叶紫檀、红榉木、柏木等，座面宽度约为620—630mm，座面进深500—510mm，坐高一般为440—460mm，而广东式太师椅坐高则为350mm。近现代座椅背部通高为1100—1120，甚至可达1500mm，可见总体趋势是进深及靠背高度变得较大，坐高较传统尺度为低而变得更适宜起座，家具造型及装饰纹样体现出外地相关文化对扬州传统家具的影响痕迹。

图4.56　民国红榉木拐子纹饰太师椅及茶几

图4.57　民国红榉木越南风格太师椅及茶几（孙黎明供图）

图4.58　近现代柏木狮子盘球纹饰太师椅

图4.59　民国红榉木拐　图4.60　近现代大叶紫檀龙　图4.61　近现代大叶紫檀
　　　　子纹饰太师椅　　　　　　纹竹节广东式座椅　　　　　　博古竹节座椅
　　　　（孙黎明供图）　　　　　　（孙黎明供图）　　　　　　（孙黎明供图）

2. 榻

榻为长条形制的矮床，是专供休息与待客所用的坐具，其名称来源于其自身的尺度特点，"近地而为榻"，因此榻的高度一般较座椅及床为低，如图4.62、图4.63所示。没有围栏的榻主要用于日间小憩，或可搬到室外树荫下以供人浴风纳凉，因此也曾被称为凉床。三面设有围栏的榻又称为罗汉床，可放置于内厅、花厅以接待较为亲近的贵宾，或放置于书房以供日间休息。还有一种专供女士起居用的贵妃榻，多放置在休闲消遣用的琴室或其他专供女士所用的休闲空间。榻的座面有木板和棕藤两种材质，日常使用时上铺垫褥。

图4.62　扬州天山汉墓出土陶榻　　　　　图4.63　罗汉床

扬州传统卧榻的形式主要为罗汉床和贵妃榻，多放置在花厅、书房或女厅及绣房，喜用雕刻及镶嵌技艺，装饰生动而雅致。罗汉床三面围屏多为中间高起的山形七连屏式样，贵妃榻型制则自由多样。如图4.64所示为藏于个园抱山楼的民国红木浮雕及圆雕龙狮纹罗汉床、炕几及脚踏。罗汉床木质座面，整体长2015mm，宽1215mm，座面高520mm；三面围屏为七连屏式样，梯级跌落、渐次舒缓、中间拱起

图4.64　民国红木龙狮纹罗汉床
（藏于个园抱山楼）

图4.65　晚清红木嵌大理石罗汉床
（藏于寄啸山庄）

部分高为775mm，两侧高度依次递减，分别为650mm、630mm，弯折过来位于扶手处的围屏分别高518mm、500mm；每块屏板内镶嵌圆形大理石镜板，围屏末端圆雕狮子盘球纹样。床体中间设炕几，几面长1050mm、宽545mm，足部外宽603mm，整体高295mm。罗汉床向外膨出的牙板高280mm，表面浮雕二龙戏珠或行龙图案；床前一顺排开的两个脚踏为实木面板，长720mm，宽380mm，高225mm，光洁平整、矮小宽大，或可将其赐坐于较有身份的佣仆。罗汉床、炕几及脚踏腿部均为外翻式三弯腿，其中罗汉床足部外翻高度有165mm并且采用圆雕技艺刻画出狮头及狮爪形象。整套家具色调深沉、装饰华丽，气度雍容清雅、端庄飘逸，体现出扬州传统家具虽奢华富丽而不失清新优雅的气质特征。

　　如图4.66所示为藏于汪氏小苑的晚清花梨木罗汉床。床体长1900mm，宽940mm，高450mm，背部最高处通高780mm。床面上藤下棕，编织细腻，舒适透气，富有弹性。靠背为山形五连屏式样，靠背中间为圆形高起的大理石屏板，屏板下衬托有镂雕葡萄花叶纹饰，圆形屏板画面空灵飘逸、富有韵致，成为整个床体的视觉中心；两侧渐次

图4.66　晚清花梨木罗汉床（藏于汪氏小苑）

降低的方形屏板镂刻有宝瓶、葫芦、佛手等什锦图案，并将浅色大理石画板镶嵌其中，使整个靠背既有花梨木材质的华丽温润，又有石板画面的生动清新，并且寓意美好、富有情趣。床体两侧扶手以藤条编织包覆，触感细腻而富有弹性，扶手末端双面雕刻灵芝纹样，端正舒展，自然大方。床体牙板对称雕刻回纹卷草花卉，圆润活泼、流畅生动，极富动感和韵律。整个床体造型简洁，刻画细腻，比例协调，优雅端庄，体现出扬州传统家具既灵活多变、不拘一格又清新优雅的艺术特色。

放置于绣楼供女士使用的贵妃榻座面一般长1650—1700mm，宽620—650mm，高380—400mm左右，体量小巧、形制自由，靠背造型及装饰手法丰富多样。如图4.67所示为藏于个园的晚清红木拐子纹贵妃榻，形体舒展，镂饰明朗简洁，造型优雅端庄；靠背中间的圆形镜芯雕刻有荷花荷叶、鸳鸯戏水图案，刻画生动圆熟、打磨明润光洁，既成为床体的视觉中心，又强调了形体的舒展和稳定。如图4.68—图4.70所示为民国红榉木贵妃榻、近代榉木拐子纹饰罗汉床以及受越南风格影响的红木花鸟纹饰罗汉床，体现出扬州传统罗汉床造型及装饰手法的流变以及外来文化对罗汉床造型及风格特征的影响。

图4.67 晚清红木拐子纹贵妃榻（藏于个园）

图4.68 民国红榉木贵妃榻（藏于寄啸山庄）

图4.69 近代榉木拐子纹饰罗汉床

图4.70 近代红木花鸟纹饰罗汉床（越南风格）

3. 圈椅

圈椅的扶手与靠背连贯围合成一条圆润流畅的曲线，因此其靠背俗称为圈靠。圈椅在明代流行最广，江南地区多将其陈设在厅堂正中用作太师椅。明式圈椅搭脑处的圈靠线条曲度饱满，扶手处线条顺势变幻、细腻流畅，扶手末端线条外撇，整条曲线圆滑顺畅、简洁明而确结顿委婉。背板一般为S形曲板，曲度流畅柔韧、富有弹性。圈椅座面下一般无束腰，下部支腿与上部的鹅颈及靠背支架垂直连贯，各部件皆曲度微妙、圆融光润、温腻如脂、肌理鲜明，整体感觉气韵贯通、极具雕塑美感。

扬州传统圈椅有明式及清式两种造型，多放置于书房、花厅之中，如图4.71所示。其中清式圈椅靠背板的S曲度消失，而变为简单的圆弧形。一般清代造型圈椅构件尺度粗硕，座下或带束腰，足下或承托泥，整体端庄稳重，注重装饰效果。如图4.72所示为晚清红木圈椅，基本为明式造型，座面宽610mm，进深500mm，坐高500mm，背通高1000mm；比例规整、型制简洁；长条形靠背板有曲度微妙，在3/4高度处做牡丹花型开光，内雕盘曲草龙；前腿与扶手下的鹅颈一木做成，后腿穿过座板与靠背罗圈相连；整件家具结构明确清晰、线条圆润流畅、主次鲜明、华素对比适度，气质优雅端庄。如图4.73所示为晚清红榉木圈椅，基本为清代造型，座面宽600mm，进深500mm，坐高480mm，背通高970mm，靠背板为框架装板式，背板上下装设镂空雕花角牙，圈靠下的支撑杆件均有角牙支撑，结构稍显凌

图4.71　晚清花梨木圈椅

图4.72　晚清红木圈椅　　图4.73　晚清红榉木圈椅
　（藏于寄啸山庄）　　　（藏于八怪纪念馆）

乱繁杂，且镰把棍材径偏于纤巧；圈椅座面下带束腰，椅腿足部内翻，下与承泥相接，整体显得持重稳妥。

元明时期出现的一种带圈靠的交椅是在交杌的基础上加设圈靠、靠背板和脚踏形成的高档家具，用于外出时随身携带。如图4.74所示为晚清花梨木交椅。交椅座

面宽630mm，坐深41mm，坐高520mm；座面为软藤编织，轻便透气、易于折叠、富有弹性；座面上为弧形圈靠，最宽处直径为660mm；靠背正中S形背板弯曲有度、雕镂圆熟，宽约155mm；座面下的前后两腿呈X形交叉，后腿下部前伸并设有轻便脚踏，上刻简洁的钱形纹饰；后

图4.74 晚清花梨木交椅及圈靠铜件（藏于寄啸山庄）

腿上部弯曲前伸成鹅颈样式以支撑圈靠扶手。此交椅造型简洁、结构合理、构件轻巧圆润，曲线起伏流畅、富有韵律，既靠坐舒适、携带简便，又颇具线条美感。交椅上的黄铜构件明润光洁、牢固妥贴，且两端雕刻成如意云纹式样，既增强了圈靠的结构强度，又与花梨木材质形色协调，从而进一步丰富了家具的装饰细节。

4. 玫瑰椅

玫瑰椅是扶手椅的一种，家具形制及用材尺度较为矮小，后背和扶手与椅座垂直，家具造型柔婉文雅、装饰细腻活泼，多陈设于书房、内厅、花厅或绣房以供女士使用。明代小说《金瓶梅》插图中有刻画三个女士坐在玫瑰椅中的场景。扬州传统玫瑰椅结构简洁明确、靠背较矮，形制自由，装饰手法与图案选择生动多样。因玫瑰椅扶手普遍较小，当地多俗称其为靠背椅。

如图4.75所示为民国鸡翅木梳背椅。椅子座面宽560mm，进深450mm，坐高465mm，整体高954mm；其中靠背高489mm，靠背宽530mm；扶手高205mm，扶手长395mm，其中后段略高部分为220mm。椅背与扶手皆为梳条形式，优雅简洁，明秀大方；座面下望板与站牙组合形成壶门形式，肌理生动，色彩沉雅；家具构件挺秀，材质坚实，打磨细腻光润，无任何其他装饰，颇具雕塑美感。此种形制的玫瑰椅具有明式家具特色，俗称为南官帽椅形式。

如图4.76所示为民国红木玫瑰椅，座面宽500mm、进深400mm，座面高500mm，靠背高480mm，椅子通高980mm。靠背形式为一统碑式，靠背镶板对角形式拼装；

图4.75 民国鸡翅木梳背玫瑰椅（藏于唐城遗址博物馆，孙黎明供图）

图4.76 民国红木靠背椅（现藏于扬州盆景园）

中间装设圆形大理石画板镜芯，画面起伏有致、意境高远；靠背两侧站牙式扶手小巧精致，打磨光润细腻。座板中间打凹起线，座板下有束腰而腿部无膨出；椅腿足部方形内翻，持重简洁；整体椅子比例和谐、造型大方，方圆对比明朗，气质稳重端庄。

如图4.77所示为清代花梨木夔龙纹饰玫瑰椅，座面宽580mm、进深460mm，座面高500mm，靠背高460mm，座椅通高960mm。椅子背板以中轴对称的方式镂雕夔龙云气纹饰，多条夔龙飞腾翻转，四周云气盘曲回旋、穿插匀停、乱中有序、充满动感，从中可窥见东阳木雕的风格影响。

如图4.78、图4.79所示为典型扬州传统玫瑰椅造型。椅子整体高度较低，通高约890mm；座面宽为495—500mm、进深400mm左右，坐高480—500mm；椅子靠背多为实木嵌板一统碑式样，高度为400mm左右；虽尺度较

图4.77 清代花梨木夔龙纹饰椅（现藏于扬州八怪纪念馆）

图4.78 民国榉木玫瑰椅（藏于唐城遗址博物馆）

图4.79 民国红木玫瑰椅及站牙式扶手（藏于寄啸山庄）

a. 靠背镂雕五福捧　　　b. 靠背镶嵌五福团花　　　c. 靠背雕刻诗句
　　寿纹饰　　　　　　　　　纹饰

图4.80 民国玫瑰椅常用靠背装饰造型

小，但装饰手法多样，如镶嵌、线刻、雕刻、漆饰、镂雕等，使椅背称为整个椅子装饰的重点及视觉中心，如图4.80所示；站牙式扶手亦小巧低矮，造型生动；整个椅子呈现出既清新活泼而又优雅端庄的气质特征。

　　5. 靠背椅

　　靠背椅是指设有靠背但两侧不带扶手的椅子，因其造型简洁、体量适中，应用场所颇为广泛，常设置于卧室、书房、接待一般来客的客厅以及穿廊等多种房间。扬州传统靠背椅靠背为一统碑式，搭脑处线条直曲有度、简洁明朗；靠背板多为框架嵌板结构，装饰手法多为透雕、浮雕或镶嵌大理石，造型端雅、对比明朗，成为家具的视觉中心。座面或为棕藤编结，或为实木拼板，光洁细腻、手感温润；座板下无束腰；整体家具修朗端庄，颇具线条美感。

　　如图4.81所示为晚清榉木靠背椅，座面长495mm、宽390mm，座面高472mm，靠背高455mm，椅子整体高927mm；靠背背板为框架嵌板结构，宽度为整个靠背宽度的1/3，比例和谐、明朗悦目；靠背上部嵌板做海棠形开光，与搭脑线条协调一致；

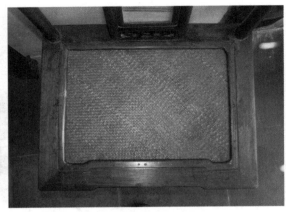

图4.81　晚清榉木靠背椅（藏于个园藏书楼）

靠背中部镶嵌长方形大理石画板，长宽数比关系与整个座椅高宽比协调一致；靠背下部镂雕牡丹花纹，匀停圆润、玲珑剔透；座面四边攒框、中间棕藤编结，框板宽255mm，棕藤座面细密光泽，富有弹性；座面下无束腰，圆形椅腿直接落地，腿径32mm；下部稍有侧脚；前腿之间的管脚枨下部两侧有设有牙板，视觉效果稳定端庄；座面下部的拐子罗锅枨柔韧圆融，颇具雕塑美感；整个靠背椅形体方正、比例协调，造型简洁、线条流畅，触感温润细腻、虚实对比生动，极富视觉美感。如图4.82所示的晚清红木靠背椅座面宽500mm、进深410mm，座高500mm，靠背高450mm，椅子整体高950mm；靠背嵌板内无装饰纹样，座面下望板与腿侧站牙连贯一体，形成对称的帘幕式壶门；椅子整体大方简洁，富雕塑美感，与晚清榉木靠背椅有着类似的造型及比例特征。

图4.82　晚清红木靠背椅

图4.83　晚清红木拐子罗锅枨椅（赵东平收藏，孙黎明供图）

如图4.83所示为民国时期红木拐子罗锅枨椅。座面宽490mm、进深390mm，坐高500mm，背高970mm；靠背竖向外框向前微凸，背板则呈S形曲度，当人靠坐时可对肩背形成托护围合，令人舒适妥贴；靠背为框架嵌板式结构，上面两块

图4.84　晚清柏木靠背椅
（藏于汪氏小苑）　　　　　图4.85　晚清红榉木
靠背椅图　　　　　4.86　民国榉木靠背
椅（黎民收藏）

嵌板通过打凹、起凸做法形成简洁的圆环形、长方形纹饰，最下一块嵌板中间镂刻狭长开光，整个靠背充满方圆对比、虚实对比和方向对比，设计手法简洁而效果生动大方；座板下无束腰，拐子纹饰罗锅枨起伏有度、富有力度；座板与拐子纹饰罗锅枨之间嵌圆环与宝瓶状花结；整个座椅形体方正、比例协调、清新明朗而又端庄大方。

如图4.84所示为晚清柏木靠背椅，座面长570mm、宽470mm，坐高485mm，靠背高480mm，前腿材厚60mm，椅子通高965mm；靠背为一统碑式，搭脑平直，转角处稍作抹圆处理；实木背板上部靠3/4位置浅雕圆形寿字纹饰，大方饱满；背板弯曲弧度与靠背两侧立框弧度相同，和谐统一而富雕塑美感；靠背两侧立框穿过座面板直接落地；两前腿之间、前后腿之间的管脚枨确失，但无损其沉雅端庄、简洁明朗的大方气度。如图4.85所示为而晚清红榉木靠背椅，座面宽485mm、进深390mm，坐高480mm，靠背高400mm，椅子通高880mm；整体造型端雅、形制精巧、气质沉静。如图4.86所示为民国榉木椅，座面宽500mm、进深400mm，坐高465mm，靠背高485mm，椅子通高950mm，此椅后腿与座面之间的尺度与造型关系与现代椅子几乎相同。

如图4.87所示为扬州民国时期模仿西洋风格家具制作的红木靠背椅。椅子座面边长为410—420mm，高约460mm，背通高为950—960mm。由家具尺度可以看出，至此靠背椅卸掉其所承载的社会伦理功能，诸如显示形象、地位和家庭秩序，只具有单纯的承坐和美化居室功能；家具整体采用透雕旋刻手法进行装饰，靠背雕饰造型有纸草花、藤条、盾形、心形等，中西结合、注重线条美感；家具座面前宽后窄，前部弧形、后部直线；座面下无束腰，腿足部或膨出外翻呈兽足式样，或采用旋木技术制作；家具尺度适宜，整体比例细瘦修长，装饰效果鲜明，颇具雕塑美感。

图4.87　民国红木靠背椅〔藏于汪氏小苑，孙黎明供图〕

（二）杌凳类

"杌"字的本义是树无枝，因此杌凳是指无靠背的木质坐具；本书为便于编辑，亦将瓷质绣墩归于此类。杌凳形制简单、便于移动，是居住空间中不可缺少的家具类型，应用颇为广泛。扬州传统杌凳有正方凳、长方凳、长条凳、圆凳、鼓形凳、拼凳、连凳以及箱凳等多种形式，有坐凳、脚凳之分，有带束腰、无束腰两种类型，其腿足部的装饰造型及腿间横枨的形式尤其生动活泼、丰富多样。

1. 方凳

方凳包括正方凳、长方凳两种形制。扬州传统方凳多为带束腰形式，腿部造型主要有略具S形的三弯腿及直腿内翻两类。方凳面板多为框架镶板式结构，框架四角结合处采用斜肩格角榫，中间座面板多为整板镶嵌。如图4.88所示为清代紫檀带束腰葡萄纹饰大方凳，座面470mm×470mm，坐高610mm，用材粗硕、体量厚重；座面外转角抹圆处理，手感光润细腻；座下牙板镂雕葡萄叶饰，线条简练而又圆熟生动；S形三弯腿曲度适宜，腿肩雕刻葡萄纹饰，腿部刻画出竹节及嫩芽形象，足部外翻又回收落地，整体充满细节又稳重大方；该大方凳色调古雅，质感滑腻、有绸缎光泽，雕饰圆熟而华素适度，造型简洁轻盈而又气度雍容端庄。

如图4.89所示为晚清红榉木方凳，座面445×445mm，坐高500mm；座面下束腰叠涩丰富，方形直腿足部内翻，腿肩部棱线清晰明确，牙板处雕刻涡形卷草图案；腿间直枨安装位置由后向前渐次提高；整个坐凳线条简洁明确，视觉效果端正大方。

如图4.90所示为晚清榉木方凳，座面435mm×435mm，坐高500mm；座面转角抹圆，束腰简洁，方形直腿内翻马蹄足，腿肩角线明朗、转折形式明显；拐子罗锅枨位于靠上，中间拱起，末端弯转卷折，富有动感韵律和装饰效果，整个坐凳端方优雅而又细腻含蓄。图4.91为晚清榉木方形箱凳，座面430mm×430mm，坐高500mm，

图4.88　清代紫檀带束腰葡萄纹饰大方凳（藏于八怪纪念馆，孙黎明供图）

图4.89　晚清红榉木方凳（赵东平收藏）

图4.90　晚清榉木方凳（黎民收藏）

束腰处雕刻鱼门洞，牙板处雕回纹卡子，方形直腿足部内翻，整体造型硬朗端方；方凳腿间安装实木封板形成暗箱，座面处有锁关以控制箱体启闭，人坐其上时对箱内物品的管理既安全又方便，体现出扬州当地工匠巧妙应用家具空间的智慧。

明清时期，长方凳式样繁多，有一人凳、二人凳等，至今江南地区仍在广泛使用。扬州传统长方凳座面长度在500—1200mm左右，座面宽为330—440mm左右。如图4.92所示为清代榉木长方凳及民国时期的方脚凳，其中长方凳座面长约

图4.91　晚清榉木箱凳（孙黎明供图，赵东平收藏）

530—550mm、宽300—330mm、坐高500mm左右。方脚凳座面尺度为320mm×320mm，坐高320mm，座下装设抽屉，可见扬州传统方凳类型丰富、功能多样。

图4.92　清代榉木长方凳及民国时期方脚凳（赵东平收藏）

2. 条凳

条凳是一种长宽比例较大、形制相对简易的坐具，可供多人同坐。扬州传统条凳一般陈设于厨房、仆人餐厅及门廊之中。厨房及仆人餐厅的条凳坐面较窄、长度与方桌相配，以便于家务操作及进餐；设于门廊之中的条凳座面较宽，长度较大，可供看门护院之人长时间坐卧。条凳与长方凳的不同之处在于方凳凳腿的上部榫卯插入座面面板框架的角部连接处，而条凳凳腿与座面面板的连接点向条凳中央缩入约二三十厘米，使坐面两端形成吊头。为加强条凳面板的承坐强度及抗弯能力，条凳座面下的望板四面围合，立腿与望板间一般装设有角牙以增强结构的牢固程度。

如图4.93所示为民国时期榉木条凳及方桌。方桌桌面长1050mm、宽1050mm，高850mm，桌腿中上部断面尺寸为60mm×60mm；方桌四周设四张条凳，条凳长1100mm，座面宽160mm，坐高480mm，可供两三人同坐进餐。条凳座面材质较厚、宽度较窄，因此四腿向外侧呈10度左右撇开，以增强稳定性；立腿与望板间的角牙做曲线雕饰；整个条凳材质粗硕、线条明朗、装饰简洁，无论从造型还是尺度方面均与方桌搭配协调。

如图4.94所示为设置于厨房餐厅供仆人使用的榉木条凳。凳子表面涂饰棕红色漆，座面长1650mm、宽170mm，坐高530mm；座面一木做成并将转角及四面转折处抹圆，座面上下刻皮条线。条凳立腿两侧做出皮条线，中间打凹刻灯草线条，线条流畅、富有层次；立腿与望板间的角牙做涡卷花型雕饰，造型生动饱满；左右构件錾刻边线，精致细腻、圆润流畅。

如图4.95所示为设置于门廊的晚清杂木长条凳，表面涂饰棕黑色漆。条凳座面长2040mm、宽340mm，坐高520mm；座面为框架攒板结构；凳腿与前后腿之间的双道横枨皆为圆形；望板两端镂刻抽象纹饰，并与角牙曲线相接，生动和谐、富有韵律，条凳整体简洁挺秀、含蓄古朴、优雅大方。如图4.96所示为民国时期榉木长条凳，其

图4.93 民国时期榉木条凳及方桌
（赵东平收藏，孙黎明供图）

图4.94 清代榉木条凳（藏于汪氏小苑）

凳面为冰盘沿做法，座面长2040mm、宽330mm，坐高505mm，座面板厚50mm，取材粗硕，造型稳健。图4.97所示条凳座面为框架攒板结构，座面长2005mm、宽1100mm，坐高530mm，四周望板做波纹装饰，尺度阔朗，造型生动。由以上案例可知，扬州传统条凳整体造型简洁、结构明晰、形式多样、气质稳重端庄。

图4.95　晚清杂木长条凳（藏于个园）

图4.96　民国冰盘沿榉木长条凳（藏于个园）

3. 圆凳

扬州传统圆凳造型玲珑秀丽、端庄大方，装饰手法以雕刻为主，装饰效果生动活泼，有带束腰、无束腰两类，有四条腿及五条腿两种形制。圆凳移动便捷、应用功能颇为广泛，既可作为琴凳、餐凳以与餐桌或琴桌配套使用，又可在室内外供人灵活使用。

图4.97　民国长条凳

如图4.98所示为晚清云龙灵芝纹饰圆凳，座面直径380mm，坐凳高度510mm，膨肩直径450mm，脚部直径410mm。圆凳束腰较高，上下两端各以两道皮条线分别与上部面板及下部膨肩过渡相接，束腰中间均布狭长鱼门洞纹饰，膨肩及凳腿上部边线起伏有致；所有这些线条既强调出各部分的构件轮廓和尺度，从而使圆凳头肩部尺度划分鲜明、比例协调、层次丰富，又使横向

图4.98　晚清红木云龙灵芝纹饰圆凳

圆环回旋律动的效果得以增强；膨出的牙板雕刻飞舞的螭龙，形体秀朗而动感强烈；五条S形三弯腿上粗下细、由上至下随方就圆；外翻足部雕饰成灵芝云纹式样，既与光素简洁的腿部形成鲜明对比，又与腿部曲线弧度协调且富有韵律；足下圆鼓形托脚圆润稳妥、富有弹性；足部之间的五条弧形拉档脚组成风车式五边形，结构巧妙而含蓄；整个坐凳气度雍容、装饰高雅生动，简繁对比鲜明而华素适度，堪称扬州传统圆凳家具中的精品。如图4.99所示的晚清红木草龙纹饰圆凳座面直径350mm，

图4.99　晚清红木草龙纹饰圆凳

图4.100　圆凳足部雕饰

图4.101　民国朱漆圆凳

高度500mm，膨肩直径400mm，脚部直径380mm，体量稍小，装饰较为简洁，足部刻画为形象的龙爪纹饰，在结构形式和比例造型方面与晚清红木云龙灵芝纹饰圆凳有较为类似的艺术特征。

雕刻是圆凳主要的装饰手法，腿足部造型更是扬州传统圆凳的雕饰重点所在，如图4.100所示。左侧图片为晚清红木云龙灵芝纹饰圆凳足部雕饰纹样为灵芝云纹，下衬鼓形托脚；整个纹饰线条流畅、层次清晰、饱满圆润，整体横向宽出腿足少许，厚为腿足两倍，尺度协调、比例舒适，似五片灵芝包覆椅足，为圆凳增添了高雅生动的气质。而右侧的草龙纹饰圆凳足部为龙爪抓握圆球造型，趾节圆凸、清晰简练，与牙板处雕刻的背对盘曲的螭龙呼应协调，从而使圆凳获得质朴、完整的造型。图4.101所示为民国时期的朱漆圆凳，座面直径330mm，坐高460mm，体量小巧、造型简洁；五条S形三弯腿上粗下细，足部外转上翻成花式鹅头颈造型，曲线生动、富有韵律；足下垫脚呈官靴形式，挺秀圆巧、稳妥可爱；该圆凳足部圆雕的鹅头颈是整个圆凳的重点装饰所在，层次清晰、造型生动，赋予了圆凳轻盈秀丽的气质和形象。

如图4.102所示为晚清红榉木铃铛回纹圆凳，圆腿微弯、无束腰，足部外撇并垂直落地；牙板处为小件拼接的回纹及铃铛纹饰；层层回纹增强了横向圆弧造型，铃铛造型圆润、比例和谐、富有韵律；整个圆凳造型简洁、打磨光润、材质纹理清晰优美、色泽温润悦目，整体大方舒展，颇具雕塑美感。图4.103为晚清海梅木梅花式圆凳，座面直径320mm，坐高430mm，带束腰，座面为花盘造型，牙板以对称的形式透雕喜鹊梅花纹饰；四条凳腿足部外撇，凳腿外侧高浮雕喜鹊蹬梅造型，图案布局均匀、形象突出、雕饰简练、寓意美好吉祥，整个圆凳披锦着绣，气质沉雅富丽。如图4.104所示为晚清红木圆凳，坐面直径360mm，坐高475mm，体现出晚清时期受欧式家具的影响痕迹。如图4.105所示为民国时期的杉木圆凳，坐面直径290mm，坐高460mm，脚部对角宽430mm，材质粗厚、座面较小、纹饰简单、足部外撇，整体比例稳定修朗。

4. 鼓凳

鼓凳是造型如鼓的一种坐具，因其上多覆有绣袱而又得名绣墩，可见其主要为女士专用，设于小姐绣房之中；绣墩座面直径一般为300mm左右，高度约为480mm。在明代及清早期的鼓凳上还保留有藤墩和木腔鼓的痕迹，说明藤编鼓凳是其早期的模型；

图4.102 晚清红榉木铃铛回纹圆凳（藏于个园）

图4.103 晚清海梅木梅花式圆凳（藏于汪氏小苑）

图4.104 晚清红木圆凳（杨舒童收藏）

图4.105 民国杉木圆凳（藏于徐园）

明清时期鼓凳的材质主要有木、石、瓷三种，其中石质鼓凳多用于室外及石屋、敞亭之中。凳身椭圆的造型使鼓凳具有圆柔可喜的造型美感及较强的装饰性，但人坐其上时的稳定性欠佳。如图4.106所示为清代榉木鼓凳，座面直径380mm，脚径350mm；座面侧沿上下两道皮条线，中间向外圆形凸出，饱满润泽、富有弹性；鼓身五个壶门开光大小适宜、轮廓线条方圆起伏、生动流畅；牙板及腿部下侧浅雕方形拐子龙纹饰，线条简洁、造型大方；脚部的大小相套的圆环及五条放射性直线更加增强了鼓凳的韵律和动感；整个鼓凳将端庄圆柔的造型和简洁利落的线条较好地结合在一起，使鼓凳呈现出端庄大方、劲健阳刚的气质。如图4.107所示为清代榉木圆鼓凳，该凳座面直径362mm，脚直径310mm，高460mm，座面造型简洁，层次清

图4.106 清代榉木鼓凳
（藏于李长乐
故居）

图4.107 清代榉木圆鼓
凳（藏于八怪
纪念馆）

图4.108 平磨螺钿及漆彩
绣墩（藏于寄啸
山庄）

晰；鼓身四个壶门开光尺度阔朗，壶门中的藤条状装饰扭曲缠绕并向外突出，造型生动夸张、极富动感。此两种鼓凳都有与其造型相同、尺度较大的鼓形桌与之配套。

扬州传统瓷质绣墩造型、色彩及装饰手法生动多样、图案清新自然，且绣墩底面的尺寸也多有不同。扬州传统瓷质绣墩有圆鼓形、五边形，座面有平面、凹面、鼓面等形式，色彩有白色、绿色、湖蓝、钴蓝等，装饰手法有镂刻、彩绘釉烧、等方式，鼓钉形式、鼓面及鼓身装饰图案更是丰富多彩，如图4.109所示，体现出扬州传统文化中崇尚清新、自由、生动、变化的浪漫气息。

5. 扇面凳

扬州传统家具中的扇面凳因其形制新颖而颇受豪门大户的欢迎。扇面凳主要为宴会时与圆桌搭配使用，一般陈设于花厅中；一般一个圆桌配六只扇面凳，因此扇面凳又称为拼凳。如图4.110所示为藏于寄啸山庄桴海轩的清代红木扇面凳，坐凳内侧两端间距约为280mm，外侧两端角间距约为600mm，坐高460mm。另外瘦西湖月观也藏有清代紫檀木扇面凳。扇面凳合则规整齐备，分则新颖活泼、灵活多变、趣味生动。

（三）床

现在的床与早期的床在功能上有所不同。汉代刘熙在《释名·床篇》中解释道："人所坐卧曰床"，《说文》也说："床，身之安也"。可见早期的床有供人日间坐卧及夜间睡眠的功能；唐宋时期的床大多无围栏床帐，因此当时有"四面床"的称呼，这种无围栏的床在日间坐卧时需使用凭几或直几作为凭靠的家具，在夜间睡眠时需设围屏或枕屏用来挡风。辽、金、元时期开始出现三面或四面带围栏的床榻，到明代出现了架子床、拔步床等形式。清代沿袭了架子床的形制，同时在装饰

图4.109 瓷质绣墩（藏于寄啸山庄、个园）

图4.110 清代红木扇面凳（藏于寄啸山庄桴海轩）

图4.111　晚清红木单层帽
饰四柱雕花大床

图4.112　晚清红木双层帽饰
六柱雕花大床

图4.113　清中期海梅木瓜瓞
绵绵纹饰雕花大床

手法及效果表现方面更趋丰富和华丽。扬州具有代表性的传统床具为四柱或六柱架子床，结构沉稳，用材粗硕，雕工精丽，端庄古朴，凝重华贵，气度雍容，俗称雕花大床。如图4.111、图4.112所示，雕花大床由一般上部单层或双层帽饰、中间花罩围栏及底部支撑三部分组成，床体长约2200mm，宽1580mm左右，床面坐高540—550mm，床坐面到架顶的高度约为1600—1700mm。其中帽饰部分高约330mm，三面围栏高度约为390mm左右。床体装饰手法有高浮雕、透雕、深雕、阳雕、线刻、小件拼装、骨瓷镶嵌、玻璃彩绘等方式，装饰图案有三娘教子、桃园三结义、松鼠葡萄、子孙万代、和合二仙、麒麟送子、凤戏牡丹、瓜瓞绵绵等具有教化功能或美好寓意的吉祥图案；装饰造型生动、雕饰精致华丽、气质优雅端庄；床屉面为下棕上藤，柔软细腻赋予弹性；床内侧的围栏之上多安放狭窄的搭板和小抽屉用于收拢放置小件零杂之物，床架底部的支撑构架内亦安装双层抽屉，因此床体的储物功能较强。

如图4.113所示为清代海梅四柱雕花大床，床体尺度高阔，气度雍容；床身满布雕刻，床体上部帽饰镶嵌部分缺失，但丝毫无损于其富贵大方的奢华气度。床周四颗立柱粗挺坚实，正立面两颗立柱满雕瓜蔓及柿子图案，藤缠枝绕、生动富丽；床架顶部装有十字木框以挂设床帐，柱间上部装设倒挂楣子，下部设三面围栏，形制规整、装饰大方；床体正立面的透雕花罩是床体装饰重点；花罩"门"字造型，由上部横向楣板及两侧竖向花板暗合衔接而成，并通过与床架上框和两侧立柱之间施加暗销以固定连接；花罩整体满布灵芝、瓜藤、柿子、葡萄、蝙蝠及蝴蝶纹饰，表达出"绵绵瓜瓞""生生不息""事事如意""多子多福"等美好期望；其中"绵绵瓜瓞"语出《诗经·绵》："绵绵瓜瓞，民之初生"。整个雕花大床用料考究，工艺精湛，雕刻繁复，富贵雍容。

如图4.114所示为花罩楣板局部。楣板整体透雕虬枝绕藤、柿子成双的吉祥图案，枝叶生动、花果繁密而富丽饱满；楣板正中做圆形开光，开光内以回旋生动的S形为构图，刻画出山环云绕及手持荷花和宝盒的"和合二仙"，二仙体态富满、俯仰相望、情态生动和乐，表达出夫妻和谐、百年好合的美好寓意；圆形开光下雕刻有蝙蝠及寿桃，四周藤蔓缠绕，寓意"福寿连年"；整体楣板喜乐祥和、充满动感。

如图4.115所示为花罩一侧竖向花板的局部纹饰造型。左侧图片显示了花板下部与床体相接部分的构图及造型，即花板外沿雕刻成仔边形状，仔边沿床板水平横折、然后向上翻卷并幻化为横生斜逸的虬枝，从而围合成花板下部轮廓，整体设计构思巧妙、过渡自然；仔边与虬枝环抱内的空间布局繁密、层次清晰，下部雕刻有山川河流，居中为小巧的圆形开光，圆环内透雕口衔灵芝、展翅欲飞的祥鸟，圆环周围山川耸卫、灵芝丛生。右图显示虬枝呈S形盘旋而上并成为整个纹饰的骨架，虬枝木节嶙峋，周身瓜蔓缠绕、柿子成双，花叶舒展，一只蝴蝶在其中飞舞盘旋，整体布局饱满茂密而清晰匀朗、造型生动自然，充满对生命的礼赞以及表达"瓜瓞（蝶）绵绵"的美好寓意。

右侧花板与左侧基本相同，不同之处为圆形开光内的纹饰图案。如图4.116所示，左侧开光内雕刻祥鸟灵芝纹饰，右侧开光内则雕刻着鹿衔灵芝、蝙蝠飞临、山拱云护的吉祥图案；两侧开光内的图案皆布局匀朗，构

图4.114　楣板雕刻图案

图4.115　花罩一侧竖向花板透雕图案造型

图4.116　清代海梅雕花大床

图4.117 围栏及床屉

图均衡，刻画精炼，主体突出，意图鲜明。

图4.117为床面及围栏细部。围栏造型与巡杖栏杆相仿，巡杖及望柱浑朴圆润、间距适度；巡杖及栏板间镶嵌旋雕矮老及透雕牡丹花结；栏板内镶嵌透雕团花，造型饱满生动、线条肥健蓬勃，比例端庄、布局匀朗、虚实相生；整个围栏和谐端庄、舒展大方、气韵生动而回旋不息。床屉下棕上藤、斜向交错呈网眼型编织，结实细腻、舒爽透气而富有弹性，成为"下菀上罩，乃安斯寝"的生动写照。

如图4.118所示为清代花梨木一根藤四柱雕花大床。床柱圆挺粗壮，床顶木板封护；上部帽饰为三块向前倾斜的木框彩绘玻璃，中间高起，两侧横长，框内镶嵌的玻璃彩绘图案为红绿花鸟纹饰，整体光洁明亮、清新自然、主体突出、简洁大方；床体三面设双层算珠围栏，简洁圆润又结实可靠，内侧围栏上搭设翘头条板及小巧抽屉，功能考虑便利周详；正立面花罩由上部楣板及两侧花板共三块拼接而成，每个花板均为一根藤纹样，即从左到右、自上而下的装饰纹样均由一根藤条回环连贯而成，以表达柔韧坚强、生生不息的美好期望；变化多端、弯曲盘绕的藤条皆由小件拼接而成，工艺难度极高；结构巧妙、技艺精巧的一根藤床罩体现出扬州当地高超的家具制作水平和绝妙的装饰技艺。

如图4.119所示为清代海梅木凤戏牡丹四柱雕花大床。床体顶面封板，三面设珠围栏，床体正面所有杆件雕刻为竹杆造型，劲健端庄、大方清朗；帽饰及花罩中间部分皆向上隆起，曲度微妙，优雅端庄；花罩呈端正"门"字形，边框刻画为修长清朗的竹竿造型，竹节错落、嫩芽丛生；楣板正中对称高浮雕"凤戏牡丹"图案，牡丹富丽饱满，凤凰展翅欲飞，整体造型动态鲜明、呼之欲出；两侧花板透雕折枝牡丹与竹枝翠叶，图案布局明朗，形象刻画洗练，枝干劲健秀挺，花叶绚丽舒展，前后穿插繁复而布局匀称，花

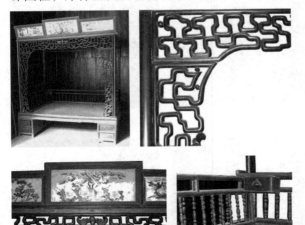

图4.118 清代花梨木一根藤纹饰雕花大床（藏于个园）

罩内沿的S形藤蔓勾连屈曲而又清晰流畅，姿态柔婉而气势蓬勃，充满生命的动感与激情；花罩两侧花板下端刻画有仙鹤与梅花鹿，分别口衔灵芝、引颈对望，形体安闲而神态昂扬，充满自然灵动而蓬勃明朗的艺术气息。

二、桌台类家具

（一）桌

桌台类家具的历史至少可以追溯到有虞氏的时代，当时称为俎，多用于祭祀。在周代后期出现"案"的名称，宋高承选《事物纪原》载："有虞三代有俎而无案，战国始有其称"（图4.119）。桌子的名称在五代时方才产生。作为扬州传统居住空间中重要的家具类型，桌子种类丰富、形态多样，有按形态分类的方桌、圆桌、多边形桌、半桌（如月牙桌、拼桌等）、条桌、连屉桌，以及按功能分类的中堂桌、饭桌、牌桌、倚壁桌、书桌、银桌、棋桌等；各式各样、各种功能的桌子在人们的生活中起到不可或缺的重要作用。

图4.119 清代海梅木风戏牡丹纹饰雕花大床（藏于汪氏小苑）

1. 方桌

方桌结构简洁、形态方正、平和安定、端庄大气，既可作为厅堂中堂家具的重要组成部分以彰显屋主的身份和地位，又可作为餐桌、牌桌、棋桌以满足人们日常生活的功能需要。由于扬州传统厅堂尺度高大阔朗，因此作为厅堂中堂家具的方桌尺度也随之变化协调。如图4.120所示，大型中堂方桌桌面并非正方形，尺度约为1200—1800mm×860—1100mm；一般中堂方桌或用于餐饮、娱乐的方桌则长宽相等，边长为800—1150mm。方桌又称为八仙桌，据考证在辽金时期已经出现，到明清时期则广为盛行。

如图4.121、图4.122所示为晚清及民国时期扬州最为常见的传统方桌类型。其中

图4.120　月观及个园正厅方桌

图4.121　晚清红榉木竹纹方桌
（藏于个园）

图4.122　民国红木拐子龙铜钱绳纹方
桌（藏于汪氏小苑）

晚清红榉木方桌边长995mm，高845mm；民国红木方桌边长980mm，高850mm。方桌桌面大边及抹头采用斜肩抹角榫攒边相接以形成面板框架，框架内平行于大边方向镶嵌实木条板；面板下刻叠涩线条并与凹形束腰衔接，线条流畅、过渡自然；牙板及挂落（结构作用与横枨相同）浮雕或透雕主题纹饰，桌腿为鳄鱼腿造型，足部外翻并雕刻主题纹饰；为取得整套家具在造型及风格特色方面的协调一致，方桌及太师椅在装饰纹样主题及腿足部造型特征方面完全取同。方桌也可作为餐桌与圆凳配套使用，一般一张方桌配置四个圆凳，多陈设于大型厅堂的次间。此种方桌造型端方厚重，气度雍容，在体现屋主的身份、地位及形象方面具有一定的显示作用。

如图4.123所示为晚清红木拐子纹饰方桌，属于扬州传统方桌的另一种典型造型。方桌桌面尺寸为1050mm×1050mm，高830mm，桌面侧面微向内收，简洁含蓄；束腰方正，腰身雕刻条形长环，层次清晰；桌腿为方形直腿下溜，在趋近足部时桌腿断面尺度渐收，足部内弯马蹄，弯脚高度为60mm，整体简洁利落又微妙细腻；牙板宽度较小，近两端处内凹并起雕涡卷回纹线条，精致小巧、清雅秀气；牙板下装设云纹拐子横枨，线条简洁、比例适度，两个灵芝形花结生动秀雅、精致可爱；整体看来，此类方桌造型明快秀朗，格调含蓄沉静，气质端雅大方，艺术特色极为鲜明。

图4.123　晚清红木拐子纹饰方桌

　　如图4.124所示为清代花梨木拐子纹饰方桌。桌面为980mm×980mm，高830mm，（桌面覆有玻璃板以保护桌体），束腰细窄并透雕窄长回纹；此桌新奇之处是束腰下无牙板，或者说牙板与横枨连做一体，共同做成均衡对称的拐子纹饰图样；横长的拐子及灵芝云纹起伏翻转，加上束腰部的横长回纹透雕，整体线条明朗、动感鲜明、效果空灵活泼；桌腿直溜落地，足端向内翻卷并略微向外放出，似呈两瓣形式；此桌加工精致、打磨细腻，拐子枨杆件起凸饱满、边线清晰，桌体光洁温润有如黄杨木质；整个方桌造型清新活泼、气质优雅温润，观之可令人产生亲切愉悦之情。

　　图4.125为晚清红漆牌桌，桌边长880mm，高850mm；整体形制端方优雅、明朗简洁，各部分构件比例协调；桌子带束腰、无横枨；方形直腿，足部内翻，桌腿与牙板处的雕花角牙自然清新、婉转流畅，生动地丰富了桌体的细节，鲜明地突出了桌子的整体造型特征及艺术特色。图4.126所示的清代红木牌桌边长869mm，高820mm，无束腰、旋木腿，牙板雕成水波纹样，整体端雅简洁，同时有明显的受西方家具制作技艺的影响痕迹。

图4.124　清代花梨木方桌
（藏于瘦西湖月观）

图4.125　晚清红漆牌桌
（孙黎明供图，
赵东平收藏）

图4.126　清代红木牌桌
（孙黎明供图，
藏于个园）

图4.127 民国红木拐子龙回纹棋桌

图4.128 民国榉木拐子龙绳纹方桌
（藏于寄啸山庄）

如图4.127所示为民国时期的红木拐子回纹棋桌与方形机凳。桌面边框为木板拼合，中间镶嵌画有黑色边框的青石板棋盘；面板下带束腰，牙板中央雕刻拐子纹，布局疏朗大方；无横枨，角牙透雕拐子龙纹饰；桌腿为鳄鱼腿形式，足部外翻并雕刻回纹式样；桌子取材优良、加工精细，整体造型方正厚重、沉静端庄。图4.128所示为民国榉木拐子龙绳纹方桌，取材质朴、造型舒展大方，体现出方正端庄、大气明朗的气质特征。

2. 圆桌

扬州传统圆桌形制多样、造型活泼、尺度变化较大，大小不一，桌腿一般为4—6条。在传统居住空间中，较大型的圆桌主要用于阖家围坐一起共同进餐，以表达阖家团圆的美好情意。由于大型圆桌尺度较大，因此主要有两种形制，一是桌面与桌子支架为分体结构，可根据使用及放置需要而灵活装拆，二是桌面与桌子支架连接固定，但整个圆桌是由两个独立的半桌拼合而成，如图4.129所示；此种大型圆桌一般放置在正厅或餐厅，或将半桌各自靠墙壁放置，需要进餐时再进行挪移拼合。一般较小型的圆桌多放置在闺房绣阁之中供妇女使用，并与绣墩配套设置，以取其精致小巧、圆融生动，如图4.130所示。

如图4.131所示为晚清红榉木大理石桌面云龙灵芝纹饰大圆桌及圆凳。圆桌整体由两个半桌拼合而成。桌面镶嵌整幅大理石画石板，云气飘渺、意境旷远；圆桌束腰较高，上下两端各以两道皮条线分别与上部面板及下部膨肩过渡相接，束腰中间均布狭长的回形纹饰，膨肩及桌腿上部边线起伏有致，所有这些线条加强了圆桌的节奏及律动效果；膨出的牙板雕刻二龙戏珠纹样，形体秀朗、动感强烈；牙板与桌腿相接出安装有螭龙纹透雕角牙；六条（实际八条）S形三弯腿上粗下细、由上至下随方就圆；足部外翻并雕饰成灵芝云纹式样，显得稳妥安定、雍容大方；桌腿之间是云飞龙舞、气韵升腾的透雕拉档脚；整个圆桌尺度阔大、造型端雅、色彩鲜明、装饰生动、气度劲健雍容，具有鲜明的地域特色及艺术特征。

图4.132为清代红木大圆桌，桌面面径1500mm，高780mm，束腰简洁、尺度较小；牙板及角牙雕刻拐子纹饰，方直硬朗、简洁大方；五条直腿落地，足部雕刻上翻花叶及涡卷造型，下衬鼓形垫脚，如鸟嘴探地、生动简练；桌腿用中式工艺表现出旋木形腿的造型特征，随方就圆、变化微妙，体现出中西家具风格揉杂的痕迹。如图4.133所示的红木圆桌面径760mm，高800mm，四腿落地，腿间拱形拉档脚托起小巧的圆台，充分体现出受西方家具影响的造型及风格特征。

如图4.134所示为晚清红榉木铃铛回纹圆桌凳。圆桌面径800mm，高840mm，底座直径480mm；圆桌无束腰，四条桌腿呈S形微弯、足部外撇并垂直落地；牙板处

图4.129 由两个半桌拼合而成的大型圆桌（藏于个园）

图4.130 民国红木竹节纹饰圆桌（藏于寄啸山庄）

图4.131 晚清红榉木大理石桌面云龙灵芝纹饰大圆桌及圆凳

图4.132 清代红木大圆桌（藏于李长乐故居，孙黎明供图）

图4.133　民国红木圆桌　　　图4.134　晚清红榉木铃铛　　　图4.135　民国红木螭龙纹
　　　　　（邹凯收藏）　　　　　　　　　　　回纹圆桌凳　　　　　　　　　　独柱圆桌

图4.136　晚清红木拐子纹独柱圆桌　　　图4.137　晚清柞榛木嵌大理石桌
　　　　　（藏于个园）　　　　　　　　　　　　　面圆桌（王匡林藏）

为拼接及雕刻而成的回纹及铃铛纹饰，回纹之间有圆珠形花结，铃铛造型圆润、比例和谐、富有韵律；腿间的圆形拉档脚呈铜钱造型，线条流畅、寓意鲜明；整个圆桌造型简洁、材质光润、纹理清晰优美、色泽温润悦目，颇具雕塑美感。图4.135为民国红木螭龙纹独柱圆桌，又称为百灵台；圆桌面径880mm，高840mm，底座直径680mm，高130mm，底座下有六足相托；沿桌面下方设透雕螭龙纹圆形挂落，造型生动、比例端雅；桌面与底座之间一柱相承，中间双叠圆形托板，托板上下沿四面设拐子龙纹透雕站牙及角托以联系拉结、支撑增强桌面的稳定性；底座划分成六瓣，内嵌透雕夔龙纹饰板；此圆桌形制优雅、比例协调，造型丰富、装饰生动，体现出鲜明的艺术性特色。在扬州传统居住空间中，各种圆桌造型丰富、形制多样，既体现出扬州传统家具的地域性特色，又折射出扬州传统居住文化中热爱生活、情调丰富的生动面貌，如图4.136、图4.137所示。

　　3. 异形桌

　　扬州传统异形桌主要有八边形桌、六边形桌、半桌、半圆桌及月牙桌等类型，具有造型丰富、形制多样、使用灵活、变化多端的特点，且无论是使用功能还是造型艺术方面都具有鲜明的地域特色。半桌是一种形制较小的长方形桌，相当于半张八仙桌大小，当一张八仙桌不够用时则可用它来拼接，因此又叫"接桌"。严格说来，一般半圆桌桌面为规整的半圆形，月牙桌则为半长圆形，但通常亦将尺度较小的半圆桌称为月牙桌，以表达其美好形态。如图4.138所示为清代红木嵌大理石月牙桌，桌面为规整的半圆形且镶嵌有大理石板，桌子体态玲珑秀雅、线条婉转流畅，既可靠壁陈设，亦可合二为一，装饰陈设功能较强，因此是正厅、花厅、卧室及闺房内常用的家具陈设。

图4.138　清代红木大理石面板月牙桌（藏于瘦西湖月观）

　　如图4.139所示为民国榉木雕花面八边形桌，专为闺房绣阁中使用。桌面直径900mm，高810mm；无束腰，八边形牙板上收下展、简洁光素，四条S形腿曲度柔婉；桌面满雕山水花鸟纹饰，布局繁密、层次丰富、令人赞叹，中间椭圆形开光内雕有细腻精致的装饰图案；腿足间的方框拉档脚内为冰裂纹图案。此桌无论从整体造型还是细部装饰方面皆与女性所属的五行数理概念及生活情态相符，如八边形、四腿、方形框符合偶数为阴的数理概念；冰裂纹图案用于颂扬女性的冰清玉洁；桌面细腻繁复、生动自然的雕饰既符合女性注重细节的审美特性，又能让人长时间品评玩味以消磨时光；桌子尺度小巧，雕饰繁密美丽，造型端庄大方，既与

图4.139　民国胡桃木雕花面八边桌

图4.140 民国榉木五福盘寿牡丹
卷草纹饰梯形桌

闺阁绣房的环境气质协调一致，又使空间充满美好的情趣。

如图4.140所示为榉木五福盘寿牡丹卷草纹饰梯形桌，表面涂饰棕红色漆。桌子长，宽，高，桌面厚度适中，束腰较高；为与桌面协调及便于双桌拼合，此桌两条前腿的横断面为五边形，而两条后腿的横断面为三角形，足部亦随形内翻；牙板下装设飞罩式牡丹卷草纹挂落，布局匀朗、线条流畅、生动自然、寓意富贵吉祥；腿足间的梯形拉档脚内雕刻五福盘寿拐子纹饰（前侧仔边缺失），图案布局匀称疏朗、舒展大方。该梯形桌既脱胎于传统家具的造型及装饰，又体现出扬州传统家具制作中因地制宜、灵活应对的设计思想，同时折射出民国时期张扬、开放的时代意识。图4.141为藏于个园的民国及近代半圆桌及月牙桌造型，桌面一般长1100—1200mm左右，宽550—600mm，高820mm，由此可知，带束腰、鳄鱼腿、外翻足下衬垫脚、冰裂纹及回纹拉档脚是扬州民国及近代半圆桌及月牙桌的形制特征。

a. 民国红榉木半圆桌　　b. 民国红木半圆桌　　c. 近代樟木月牙桌

图4.141 民国及近代半圆桌及月牙桌造型

4. 条桌

条桌基本形制为长方形，但其具体式样与功能密切相关。扬州传统条桌类家具主要有书桌、连屉桌、银桌、画桌等，功能各异，造型特征各不相同。

如图4.142所示为清代酸枝木雕龙纹书桌。书桌整体由桌面及两侧架几共三部分搭叠组合而成。桌面尺度阔大、材厚质坚，下设四个长方形抽屉，且均装设黄铜夔龙纹拉环；屉面仔边内满雕生动细腻的云龙纹饰，但见祥云涌动、蛟龙翻腾、二龙俯仰对峙、须竖目瞪、势态鲜明，如图4.143所示。桌面两端的架几直腿落地，足部内翻马蹄并刻画成回纹造型。架几沿高度划分为三层；上层为四面八方装设围栏的

图4.142 清代酸枝木雕龙纹书桌
（藏于扬州博物馆）

图4.143 清代酸枝木雕龙纹
书桌雕刻局部

亮格；居中为四面雕云刻龙的抽屉，抽屉下设牙板；下端为亮脚形式，腿足间设简洁的十字拉档脚。整个书桌所有刻饰图案都以灵芝嵌宝珠形态的云朵为基底，但见灵芝层叠不尽、宝珠晶莹圆润；架几的亮格围栏在居中处还配置有盘长、双胜、法轮等吉祥图案，更使书桌充满吉祥富丽之气。整个书桌体量硕大、结体简易，色调沉雅、气度雍容，体现出富贵奢华而又劲健明朗的华丽气象。

图4.144所示为晚清红木冰裂纹书桌，整体共由带抽屉的桌面、两侧架几及桌下脚踏板四部分组成，各部分结构独立完整、可自成一体，叠加组合在一起即可成为实用、方便的宽大书桌，且整体严丝合缝、毫无罅隙，且气魄伟岸、方正端庄。这种架几式书桌是扬州传统书桌的典型形式，折射出扬州传统文化中巧妙灵活、举重若轻的处世智慧和哲学思想。

图4.144 晚清红木冰裂纹书桌

如图4.145所示为民国时期制作的朱漆榉木连柜银桌，桌面长1150mm，宽595mm，高825mm。桌面对称设置四个抽屉，抽屉中间小、两侧大，既便于腿部活动、又充分利用空间，屉面设黄铜拉环；桌子四腿落地，足部内翻呈马蹄形；桌子两侧镶嵌木板，围护严密；抽屉下部为柜体结构，柜门暗藏于桌子内

图4.145 民国朱漆榉木连柜银桌
（赵东平收藏）

侧并设有锁环，以便于银钱财物的妥善保管；桌子内侧足间设直枨脚踏，既舒适又严密；该银桌结体厚重、用材粗硕，形制规整、功能完备，既可使用舒适又有良好的安全防范功能，反映出扬州传统文化中谨慎务实的重要一面。图4.146的榉木连屉桌又称为马鞍形桌；据考证马鞍形桌在元代既已出现，其形制与现代书桌最为接近，堪称为现代书桌的前身。此桌长1330mm，宽600mm，高840mm，简洁利落、舒展大方。

图4.146　民国榉木连屉桌（张春收藏）

5. 梳妆台

在扬州传统居住空间中，梳妆台作为放置于卧室内的桌台类家具，一般放置在卧室近门拐角处。它取代了以前放于桌上的梳妆镜架或落地放置的面盆架，并在西方传统家具式样的影响下，以其中西合璧的混合样式成为清后期流行于豪门大户的时髦家具类型之一。

如图4.147、图4.148所示为嵌椭圆镜面的梳妆台。台面长800—1100mm左右，宽约500—600mm，高约800—840mm；桌面外边沿竖立透雕装饰花板，居中镶嵌椭圆镜面，镜框上端装饰透雕花饰，呈现出英国十七世纪家具的影响痕迹；桌下设两大一小三个抽屉以便于收纳；桌腿多为旋木制圆腿，直溜落地，足间设实木或回纹踏板。

图4.147　晚清红榉木梳妆台

图4.148　晚清黄花梨嵌面盆梳妆台

图4.149 民国红木中山式梳妆台

图4.150 民国榉木斗橱式梳妆台

左图的红榉木梳妆台在台面两侧设有双层小屉，右图黄花梨梳妆台嵌有面盆，功能多样；此类梳妆台体现出东西家具风格相互糅杂的家具造型及风格特征。

图4.149、图4.150所示的两款梳妆台均镶嵌有方形镜面，图4.149所示梳妆台镜面宽大，下面桌台为书桌与柜体的结合样式，且无论在家具造型还是装饰要素方面皆体现出鲜明的欧式风格；图4.150所示梳妆台镜面竖长，下面桌台为斗橱形式，若坐于台前则几无容膝之地。由梳妆台的造型演变可以看出，扬州传统家具始终具有紧跟时代潮流、务使家具造型及风格恰当其时的文化特征。

（二）案

案类家具是一种面板为长条形、无束腰、腿部沿面板长度方向缩入、面板两端"担出"的家具类型，又称为条案，其案腿与案面的连接处常用夹头榫或插肩榫形式。扬州传统条案主要有翘头案、平头案、卷头案、架几案四种形制。

1. 翘头案

翘头案的案面两端高起。案面长度在3—4m的大型翘头案多作为供案陈设于厅堂正中，案头两端翘起120—150mm左右，且多做成灵芝云纹式样；翘头案材质坚美、尺度阔朗，雕饰富丽，具有较强的装饰及象征寓意。中等尺度的翘头案长度约在1500—2000mm左右，两端翘起约50—80mm，一般陈设于书房之中作为书案使用，如图4.151—图4.154所示。

图4.151　清代红木八仙祝寿纹饰翘
头案（藏于个园正厅）

图4.152　具有明式家具风
格的榆木翘头

图4.153　清代紫檀福寿灵芝
纹饰翘头案造型

图4.154　翘头案腿部与桌
面结合处

作为厅堂中重要的礼仪性陈设家具，大型翘头案一般用材粗硕，案身满布生动精美的雕刻纹样，其选用的装饰题材与厅堂主题协调一致，从而鲜明地表达出某种精神及象征意义。如图4.155所示，个园清颂堂内陈设的清代红木八仙祝寿纹饰翘头案长3275mm，宽540mm，高1105mm；迎面牙板雕刻八仙及仙女赶往瑶池为西王母祝寿的图案，整体布局明朗、线条飘逸流畅、刻画精炼圆熟、人物姿态生动、表情喜乐祥和、艺术特色鲜明，既表达了园主崇道羡仙的精神追求，又包含祝福园主高寿多福的美好愿望。

2. 平头案

平头案案面平直、两侧端头简洁无饰，形体舒展平直、气质平和大方。案面狭长的平头案一般长3—4m，多用作供案设于厅堂正中，装饰效果突出而鲜明；案面较

图4.155 八仙祝寿翘头案雕饰局部

为宽阔的平头案则多作为画案陈设于书房之中。如图4.156所示为清代黄杨木梅花纹饰平头案，案长3500mm，宽500mm，高1100mm，整体造型以方形直线为主，案板下的牙板透雕折枝梅花拐子纹饰，老干新枝横伸斜逸，梅花生动清雅，刻画极为精致细腻，体现出活泼清雅、生动自然的扬州传统家具装饰艺术特色。如图4.157所示晚清花梨木夔龙拐子纹平头案是设于书房的画案，案长1535mm，宽530mm，高815mm；

图4.156 清代黄杨木梅花纹饰平头案　　图4.157 晚清花梨木夔龙拐子
　　　　　　　　　　　　　　　　　　　　　　　纹画案（藏于个园）

牙板宽100mm，案面两端各担出155mm；该案腿部腿部材厚38mm，支架上部宽154mm，两侧翻转落地的弯脚各宽135mm，支架下部总宽350mm，脚部上弯110mm，造型新颖，比例协调、均衡匀称、大方端正。

3. 卷头案

卷头案案面两端向下翻卷或成涡形、或方角直折，造型玲珑、雕饰精美，秀雅端庄，尤其在局部造型及装饰图案方面极尽变化、姿态万方，既可作为供案陈设于厅堂正中，又可作为装饰性陈设依壁设置，无论在正厅、花厅还是书房、闺阁绣楼之中皆有使用，是扬州传统居住空间不可或缺的组成要素。

如图4.158所示清代红木嵌鸡翅木及黄杨木夔龙拐子纹饰卷头案，案面长3500mm，

图4.158 清代红木嵌鸡翅木及黄杨团花拐子纹饰卷头案及局部

宽750mm，案体主要构架为红木材质，局部嵌接鸡翅木拐子纹饰及黄杨木夔龙拐子团花图案。案面两端向下直角折弯，端部嵌鸡翅木板，板面四周打凹并形成方形边线，简洁浑朴、大方含蓄；牙板及立腿正面嵌接鸡翅木嵌黄杨团花拐子纹，纹饰造型明朗、错落有致、色彩对比鲜明、肌理温润细腻，艺术特色生动鲜明。

图4.159　晚清红木一根藤卷头案（藏于个园）

图4.159为晚清红木一根藤卷头案，案长1820mm，宽410mm，高1050mm，是厅堂装饰陈设用具。一根藤纹饰是由数以百计的小工段榫卯相接而成的一根回环穿插流

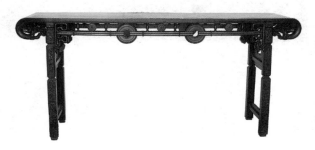

图4.160　民国双穿古钱卷头案及腿部造型（藏于个园）

畅委婉、头尾相接的藤状木条。由于藤是坚忍不拔、富有生命力的山野植物，因此成为扬州传统家具常用的装饰图案，以表达常青不老、和合圆满的美好意愿。该卷头案造型端方简洁、纹饰生动流畅、格调圆融优雅，设于厅堂之中，装饰效果极强。图4.160为民国双穿古钱卷头案，案长2200mm，宽480mm，高1070mm，下卷210mm；长宽尺度较清代有所增大；该案整体造型舒展端庄，水平线条流畅，气度明朗大方，体现出扬州传统家具的地域风格及民国时期的时代特色。

4. 架几案

架几案是一种流行于清中晚期的分体式条案，由两几之上架设长条面板组合而成，清代《工部工程做法则例》中称其为"几腿案"。架几案尺寸硕大、气势恢宏，案面光素平直、讲究一木制成并美其名曰"一块玉"；反之，对于攒边装板制作的案面则称其为"响膛"，即一拍之下砰然作响之意。如图4.161、图4.162所示，架几案的用途主要为两类；尺度长达3—4m，宽度为500—600mm左右的大型架几案主要用作供案或陈设性家具设于大型厅堂之中，尺度约为1300—2000mm、宽度为550—650mm的架几案则设于书房用作书案、画案。下图寄啸山庄花厅清代海梅木架几案长3217mm，宽538mm，高950mm；案面板厚80mm，为一木做成；两侧方几长495mm，

图4.161　寄啸山庄花厅清代海梅
　　　　　木架几案

图4.162　片石山房榉木书案

宽538mm，上设抽屉、中设高300mm的亮格、四框装饰围栏；下为拉档花板，与亮格间距也为300mm；比例端雅大方。

（三）几

"几"的产生与其最初的形象有关。在以席地而坐为主要起居方式的时期，几是供人们倚靠凭伏的家具，因此也称其为凭几。后来随着起居方式的改变，几的面板变宽，演变成一种小型的桌台类家具，主要以承托放置物品为主要功能。根据几面承托的物品不同，传统几类家具主要有香几、花几、茶几、琴几等功能类型。香几也称为"香桌"，是传统几类家具最初的主要功能类型，主要用于放置香炉进行供佛、礼拜等行为。

扬州传统几类家具主要指明清及民国时期的花几、茶几、炕几、琴几等，如图4.163所示。花几一般高900—1000mm左右，对称设置于条案两侧，用于放置盆景时花；茶几多与厅堂客椅配套，一般以四椅二几为基本配置，几面放置有饮茶器具，茶几高度一般为750—810mm左右；同时，茶几也可在厅堂宴饮时成为客人放置酒水食具的小餐桌，或称为酒桌，则此时的配置应为一椅一几；炕几多放置在罗汉床上，为矮型家具，高度一般不超过300mm；琴几主要用于弹琴时放置古琴，高度在700—730mm左右，一般在书房或绣楼中多有设置。扬州几类家具式样丰富、造型多样，其高度或高或低，形制或方或圆，或单体、或连体，但总体具有形态端庄大方、装饰自然生动、图案寓意美好吉祥的地域风格及艺术特色。

图4.163　扬州传统几类家具应用

1. 花几

如图4.164所示为清代海梅木竹枝花鸟纹饰圆形花几。花几面板直径370mm，高1002mm，带束腰，弧形牙板处对称透雕肥腴茂盛的竹竿竹叶纹饰，四条微向内收的圆腿呈弯扭的罗汉竹造型；竹身造型饱满劲健，触感滑腻温润；从几腿下部第二竹节开始，向上呈S形布局高浮雕植物禽鸟图案，花叶飞鸟勾连俯仰，造型姿态生动活

图4.164　清代海梅木竹枝花鸟纹饰花几（藏于个园）

图4.165 晚清红木拐子龙纹饰花几

图4.166 晚清红木竹叶纹饰花几
（藏于金农寄居处）

泼；几腿足部四脚叉开，呈马蹄形直接落地，结顿明确，造型简洁，视觉稳定，端庄自然；腿足间起拉档作用的实木圆板简洁朴厚，表面打磨明润光洁，中间浅刻寿字图案；此海梅木花几色调沉雅、雕饰华丽而不累垂臃肿、清新闲适而又雍容大方。

如图4.165所示为红木拐子龙纹饰圆形花几，几面直径333mm，高998mm，无束腰，弧形牙板处对称透雕拐子龙纹圆环纹饰，五条细长光洁的鹤形几腿垂直落地，玉立挺拔、轻灵优雅；几腿足部衬托羽状花叶及球形垫脚，细腻精致、圆融可喜，并使整个花几节奏鲜明、形象完整；腿足间起拉档作用的花瓣造型由卷草构成，线条富有生机，造型简洁饱满，形象优雅华丽，既增强了结构稳定性又大大提高了花几的装饰效果和艺术特色。如图4.166所示为晚清红木竹叶纹饰方形花几，几面为390×390mm，几高820mm，带束腰，望板下雕饰拐子竹叶纹饰，方形鹤腿，足部外翻且下衬方形垫足，腿足间连接拐子横枨；整个方几造型清雅、形体端方；图4.167为晚清连红木拐子纹饰连二几，一高一矮两个几勾连叠属，各自的外侧两腿弯拐落地，其内侧几腿则横折竖拐，相互搭接勾连并形成拐子纹饰。由此可以看出，扬州传统花几形式多样、造型简洁、装饰活泼而优雅端庄，折射出扬州传统文化中热爱生活、亲近自然、欣赏清新优雅的性格特征。

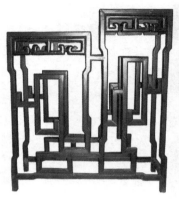

图4.167 晚清红木拐子纹饰连二几（藏于汪氏小苑）　　图4.168 晚清红木荷花莲藕纹饰方几（藏于寄啸山庄）　　图4.169 晚清红木八仙纹饰方几（藏于个园）

2. 茶几

扬州传统茶几多为方形，边长400—500mm左右，高度约为780mm。几面或为四边攒框、中间打凹的形式，或在边缘起阳线一道以形成"拦水线"；茶几装饰图案多与椅子图案相配，晚清及民国时期多在几腿间设置隔板。

如图4.168、图4.169所示为两款晚清红木方几。其中晚清红木八仙纹饰方几的几面尺寸为478×480mm，高795mm，带束腰，鳄鱼腿，足部外翻雕成兽头造型，足间设"田"字方形框架嵌透雕花板式拉档脚，两款红木方几的不同之处在于其牙板及挂落的纹饰；荷花莲藕纹饰方几牙板浮雕寿桃枝叶，牙板下透雕拐子及荷花莲藕挂落；八仙纹饰方几牙板浮雕两个暗八仙器具，牙板下的挂落为透雕祥云仙鹤及八仙纹饰。图4.170所示为八仙纹饰方几三个牙板及挂落的纹饰造型，但见仙鹤穿云疾飞，八仙腾云驾雾、飘逸安闲，呈现出生动劲健、圆熟简练的艺术特色。

图4.170 晚清红木八仙纹饰方几牙板及挂落雕刻纹饰

图4.171 晚清红木橄榄纹饰方几

民国时期卷草纹饰挂落

民国时期瓜蔓十字花纹饰牙板

民国时期如意挂穗纹饰挂落

图4.172 牙板及挂落装饰纹样示例

如图4.171所示为晚清红木橄榄纹饰方几，几面四边起阳线以形成拦水线，洒水器具承放其上可稳妥无虞；几板侧面及束腰均刻有叠涩线条；牙板及挂落均雕刻橄榄纹饰，挂落纹饰外框为拐子造型，橄榄对称布设，颗粒均匀饱满，打磨光润；方形鳄鱼腿足部外翻并雕饰橄榄造型，腿足间为方形"田"字框架拉档脚，内嵌四块十字花圆环透雕花板，整个方几端庄厚重，华素适度，堪与座椅配置协调。图4.172为民国时期方几常用挂落及牙板纹饰，显示出形态对称、布局匀朗、曲线生动、富有韵律的造型特征。

图4.173—图4.177为晚清及民国时期扬州传统方几的色彩、尺度及形态。由此可知茶几的造型及尺度演变轨迹，以及大方端雅、简洁明朗的艺术特征。

图4.173 晚清红木方几（600×470×788mm，圆腿直径35mm，藏于个园）

图4.174 晚清红木方几（410×310×810mm，隔板高520mm）

图4.175 民国榉木方几（350×280×780mm，王伯党收藏）

图4.176 民国榉木方几（410×410×780mm，黎民收藏）

晚清红榉木几360×360×770mm；晚清红木几410×410×780mm；近代榉木几380×380×760mm；民国红木几410×415×695mm

图4.177　带隔板方几（孙黎明供图）

三、储藏及屏挡类家具

（一）柜

1. 衣柜

扬州传统衣柜主要有圆角柜、方角柜、立柜及大衣柜等种类。以柜一般长1020—1100mm左右；宽510—550mm；高度在1740—2200mm之间；其中圆角柜比方角柜长度大、高度低，造型比例稍显宽矮。

圆角柜是流行于明代的衣柜形式，柜子主体框架构件外方内圆，结构明晰合理；柜体尺度上收下放，视觉稳定端庄；柜门内部设有门轴与柜体连接；由于门体重心向内，因此开启后可缓慢地自动关闭。如图4.178所示为晚清仿明式榆木圆角柜，柜体平直光素，端雅含蓄，大方浑朴，颇有明式家具风貌；柜子下部望板对称浮雕夔龙卷草图案，形体修朗、线条流畅、气韵回旋、动感强烈，体现出晋式家具的影响痕迹。

方角柜是清中期的衣柜流行式样，

图4.178　晚清榆木圆角柜及下部望板雕饰造型

223

图4.179　晚清红木三叠柜
（杨舒童收藏）

a. 抽屉屉面装饰及五金件

b. 柜门漆彩嵌骨瓷装饰图案

图4.180　底部柜体表面装饰

　　柜体主体框架构件及造型呈直角方形，一般沿墙成对摆放于卧室内；每个方角柜由下部矮柜、中间高柜及上部小柜三部分叠置而成，因此又称为三叠柜。如图4.179所示为晚清红木三叠柜，柜子长1030mm，宽465mm，总高2200mm，三个分体柜由上至下分别高460mm、880mm、880mm，尺度合理、比例协调。上方小柜及中间柜子顶部皆设有简洁帽饰，帽饰下镶嵌骨瓷花草纹饰，清新活泼、韵律轻快；中间柜门外设门轴与柜体连接，门轴上下由柿子造型的轴碗承接，含有"事事如意"的吉祥寓意；柜门中间镶嵌玻璃彩画，清新自然、明亮鲜艳；柜门仔边则镶嵌回纹及花草骨瓷纹饰，明雅秀丽、精致细腻。底部柜体表面装饰最为丰富。如图4.180所示，两个抽屉的屉面中间装设小巧精致的黄铜拉环，两侧镶嵌花草蝴蝶，造型质朴、工艺精丽；两扇柜门嵌板部分的仔边黑漆涂饰，并雕刻出逐渐高起的回形线条；中间嵌板涂饰棕红色漆、四周打凹起线，中间分别骨瓷镶嵌梅兰及竹菊图案；左侧柜门的梅花、兰草随风舞动、燕子翻飞，右侧柜门则竹叶婆娑、菊花盛开，造型生动、色彩鲜明。柜子整体采用了漆彩、骨瓷镶嵌、雕刻、玻璃彩绘等多种装饰技法，整体效果丰富多彩而又优雅清丽，体现出扬州传统家具端庄富丽而又清新雅致的艺术特色。图4.181为晚清各种三叠柜造型，此时期的衣柜开始镶嵌镜面玻璃。如图4.182、图4.183所示，在透雕有吉祥纹饰的开光内镶嵌彩绘玻璃或大理石画板，成为当时衣柜典型的装饰手法。

a. 晚清红木嵌镜面玻璃、花玻璃及彩绘玻璃衣柜

b. 晚清红榉木漆彩衣柜

c. 晚清红木嵌镜面玻璃及彩绘玻璃衣柜

图4.181　晚清方角叠柜

图4.182　晚清红木蝙蝠葫芦纹饰圆形开光嵌玻璃彩画

图4.183　晚清红榉木葡萄连珠纹饰海棠形开光内嵌大理石画板

　　图4.184、图4.185为民国时期的衣柜，其中民国榉木直腿立柜尺度为1020mm×630mm×2200mm，民国榉木兽足立柜尺度为1050mm×590mm×2290mm，此时的衣柜不再是分体结构，倾向于单体造型；有的以明式衣柜造型为主，造型简约大方，但强调线条和色彩对比；有的受西方衣柜装饰手法及风格影响，采用山花、膨腿、

图4.184 民国榉木直腿衣柜（黎明收藏）　　图4.185 民国红木兽足衣柜（藏于寄啸山庄）

图4.186 民国时期兽足式衣柜的雕刻技法与图案特色

兽足及高浮雕技法，如图4.186所示，在充分强调家具的体量感和雕塑感的同时，将兽头、兽足雕刻得憨玩可喜、饱满肥腴，体现出中国传统的审美倾向。由此可以看出，在柜体尺度及比例基本不变的情况下，扬州传统家具善于根据时代的发展，将传统技艺及审美标准与新颖的装饰材料、装饰风格相结合，使衣柜呈现出或富丽堂皇、或沉雅端方、或劲健雍容的面貌形象，从而使扬州传统家具既保持端雅大方、清新生动的气质特色，又充满新颖时尚的潮流气息。

（二）书柜

在扬州传统空间中，书房内的书柜多为带柜门的方柜样式，如图4.187所示，充分体现出对书籍的珍爱与保护之情。图4.188为紫檀雕云龙纹叠式书柜，尺度硕大、雕饰精研，云龙翻卷、形象生动，令人赞叹；此柜应为宫廷所用之物，体现出扬州高超的家具制作及装饰技艺水平。

如图4.189所示为民国时期柞榛木玻璃门书柜及书箱。柜体宽1800mm，高2400mm，上部带亮格，中间为三开门，门上装饰有木质拱形条带，以与柜体下部望板的拱状圆弧呼应、协调；柜内设横向隔板，柜体下半部中间为平开柜门，两侧各设三层抽屉；柜子上部在框架节点处装设有两个"永安五铢"花钱，体现出"书中自有黄金屋"的愿望和期许；整个柜子造型体现出民国时期中西结合的风格特色，即用西式造型体现扬州传统价值观及审美意识。书柜一侧的小书箱为方形、下翻盖形式，与传统书匣的形制有所类似。图4.190所示为二组近代红木书柜，每组书柜尺

图4.187　红榉木书柜（藏于寄啸山庄）

图4.188　紫檀雕云龙纹叠式书柜

图4.189　民国柞榛木玻璃门书柜及书箱

图4.190　近代红木书柜（藏于个园藏书楼）

度为950mm×420mm×1810mm，整体尺度合理、比例协调、形态端方、华丽雍容，具有鲜明的扬州传统家具艺术特色，但柜体上下雕饰图案形式与内容欠缺统一。

（三）多宝格

作为一种展示性陈设家具，扬州传统多宝格家具有方形、圆形、阶梯形，有带单层及双层亮格的万历柜式，有带多层隔架的柜体式、有双面通透的格架式等，形制多样、造型变化生动，广泛应用于书房、花厅以及绣楼闺阁之中，如图4.191所示。传统的柜体式多宝格一般两件一组、对称设置。

a. 带双层亮格的万历柜式朱漆
金彩多宝格

b. 带多层隔架的柜体式红木多宝格

c. 双面通透的格架式柞
榛木多宝格

图4.191　各式多宝格

（四）屏风

在中国传统家具当中，屏风是一种历史最为悠久、装饰性能极高的陈设性家具，既有挡风护体、遮挡视线的作用，又有象征权力与地位的礼仪性功能，如《礼记》中有："天子当屏而立"之语。另外，西汉时期的《盐铁论》中有："一屏风就万人之功，其为害亦多矣"的论述，可见屏风的材料及用工自古就奢侈糜费，并始终能体现当时最高的装饰技艺和最佳的设计审美水平。屏风形制多样、种类繁多，有折屏、插屏、桌屏和挂屏等形制，有木雕和漆艺两类工艺材质，有落地陈设、桌面陈设、挂设等陈设方式，如图4.192—图4.195所示。到目前为止，扬州始终较好地继承和发展着传统屏风的形制及工艺，有木雕屏风、嵌大理石屏风、漆彩屏风、漆彩嵌螺钿屏风、漆彩百宝嵌屏风等类型，工艺高超、五彩辉煌，

图4.192　雕漆彩绘六扇折屏

图4.193 晚清红木嵌镜面落地方形大 图4.194 晚清黄花梨嵌云石圆形
插屏（藏于）听鹂馆 大插屏（藏于盆景园）

a. 红木嵌云石方形桌屏　　b. 红木嵌云石圆　　c. 红木嵌云石圆　　d. 紫檀嵌云石圆形桌屏
形桌屏　　　　形桌屏

图4.195 各式桌屏

体现出扬州传统家具高超的制作工艺水平和鲜明的艺术特色。

第四节　扬州传统居住空间楹联与匾额艺术

一、扬州传统居住建筑中楹联与匾额的装饰意义

（一）楹联的起源

楹联亦名"对联"、"楹贴"、"对子"等，是悬挂或黏贴在壁间、柱子上的联语，

其形式缘由古代的"桃符"和"门画"之演变，而其文字内容最早为驱魔吉语，后来多为诗词、骈文，并由此发展而来。据说早在两千多年前的战国时期，中原地区的民众每逢春节，家家户户都要在门上悬挂"桃梗"，以求避邪驱恶、吉祥平安。

"桃梗"可驱恶避邪的说法来源于中国古代神话。据《论衡·订鬼篇》引《山海经》云："北方有鬼国，……沧海之中，有度朔之山，上有大桃木，其屈蟠三千里，其枝间东北叫鬼门，万鬼所出入也。上有二神人，一叫神荼，一叫郁垒，主阅领万鬼。"想必"桃梗"能镇妖避邪之说便由此而来。隋杜台卿《玉烛宝典》中对此民俗有所记载："元日造板着户，谓之仙木，以郁林山桃百鬼畏之"。桃木避邪虽然是一段神话故事，却反映了古人迷信神鬼的强烈观念。在中国传统文化及世界观中，人们把对人有利的人或物尊为神，一类是自然环境的重要组成部分如天、地、日、月、星辰、山川等；一类是与日常生活息息相关的空间和物品，如图（堂屋）、门、行（路）、户、灶；一类是为民除害或造福于人的古人，他们因广受尊敬和爱戴而被人们尊称为神。无功而死的古人则称之为鬼。古代的人民面对自然现象无由理解、无力应对，因此他们只能祈求用一种超自然的神鬼力量，来保佑人寿年丰、生活平安，这大概就是战国时期流行悬挂"桃梗"的缘由。

秦汉以后，此习俗得以进一步发展。人们把桃木削成一寸宽、七八寸长的木条，在上面写上"神荼"、"郁垒"或"灭祸降福"等字样，然后将其钉在屋门两侧，以祈求驱鬼避邪。这种桃木便是当时人们所说的"桃符"，一年一换、陈旧更新。清代富察敦崇在《燕京岁时记·春联》中记载："春联者，即桃符也。"因此，楹联的始祖应该就是驱鬼辟邪的"桃符"。

古代也有人在"桃符"上题词，称其为题桃符，如写有"元亨利贞"、"姜太公在此，有无忌禁"或"有令在此，诸恶远避"等一类符咒话语，使"桃符"的作用更为彰显。

楹联的文词内容从语言、语法特点的发展来看，与我国古代六朝时期盛行的骈文句式基本一样。骈文亦称骈赋，由汉赋演变而成；后来骈赋又演变为唐宋律赋。由于西汉时期的文士开始有意识地创作骈文，使其脱离人们日常生活中的语言，所以，生活言语和文辞日渐分离；这是骈文产生的社会根源，也是楹联产生的文辞基础。

六朝以后五百多年，经过唐朝律诗的繁荣，表现社会生活的"对句"在形式和质量上有了新的提高和发展。因此，自古代一直流传不辍的"挑符"，与"对句"产生了有机的统一和自然的结合。五代之际，据考有人在题"桃符"的基础上题写联语。当时的联语从内容和形式上来看，都是一些吉语佳话，语句文字工整、长短对等而又讲求对仗关系。人们不再在桃木板上题写"神荼"、"郁垒"或摹画其像，而改用笔纸写成对联，张贴在桃木板上、挂在房门两侧。《宋史·西蜀孟氏世家》、张唐英的《蜀梼杌》、黄修复的《茅亭客话》等都有如下记载：五代的时候，后蜀的皇帝孟昶（935—965）每逢春节之时，都令翰林学士作词书写在"桃符"上；有一次，孟昶认为翰林学士辛寅逊题写的"桃符"板上的题词对仗不工整，使亲自在挑符板上题了一联：

新年纳余庆，

嘉节号长春。

这副联语，世称我国历史上有代表性的较早见于文献记载的春联。后来，文人学士群起仿效，视题写春联为雅事，自此民间题写春联、贴春联更是蔚然成风。清朝梁章矩《楹联丛话》记载唐代钱唐李氏就曾集搜诗句，书于书斋：

林间扫叶安棋局；

岩下分泉递酒杯。

对联出现于晚唐时期，目前大家公认完全可能。因为在中唐时期，律诗已完全定型，这为对联的出现打下了坚实的基础。而《宋代楹联辑要》载，孟昶花园中有百花潭，孟昶的兵部尚书王瑶曾题下两句：

十字水中分岛屿

数重花外见楼台

这是最早见于文字记载的园林题景对联，其联词与中国文人园林兴起于两宋以及自觉追求自然典雅的设计意境及意识颇相吻合。

（二）楹联与匾额在居住建筑中的装饰意义

在满足人类居住这一物质功能的前提下，中国传统居住建筑的一个重要特点是始终注重追求建筑的伦理性和艺术性。将建筑置于可居、可游的环境之下，使居住者身处开阔的自然空间中，或享受生活的闲适，或表达对人生的感悟，或寄托对美好生活的期待，此种情感的抒发和表白，自然离不开中国传统的书法艺术。在传统居住空间内，传统书法以笔墨文字为表现手法，以匾、额、楹联为呈现形式，悬挂于厅堂、抱柱及园墙门洞的上方，其千姿百态的书体和内涵深刻的文字，不但吸引人们驻足流连、涵泳品味，而且为居住空间增添醇厚的文化美学韵味。

中国书法艺术之所以让观赏者产生如此美的精神享受，除其文字内容意蕴深远外，汉字的丰富造型和书法家书写时对线条的创造性表现，也对构成书法美起到重要的影响作用。我国最早成熟的文字是产生于殷代后期的甲骨文，其后中国汉字由点、横、竖、撇、捺等多种笔画，按照美的规律不断建造和改进，最终形成结构匀称、富于变化，并具有对称、均衡、节奏、韵律、秩序、和谐等形式美的文字类型。

鲁迅先生在《汉文学史纲要》中指出，汉字具有三美："意美以感心，一也；音美以感耳，二也；形美以感目，三也。"堪称至论。构成汉字的点和线，在书法艺术中作为形象艺术的表现符号，以富于变化的笔墨形式及其组合，在二维空间内展示运动节奏、自然风韵和人的精神的多重叠合；诸如以"竖画"表现力度感，以"横笔"表现劲健感，以"撇画"表现潇洒感，以"方画"表现坚毅感，以及"捺"表现舒展、"圆"表现流媚、"点"表现"稳重"、"钩"表现韧性感等。笔画线条的运动节奏形成"势"而表现为"骨力"，墨色的淋漓挥洒蓄积着"韵"而表现出"气"。通过书法作品骨势气韵的流动变化，可使人领略作者情感的波动节律、个性的阴阳刚柔、人格的刚正斜佞、理想的追求寄托、生活的进退浮沉等精神信息。所以，西汉的扬雄曾说："言，心声也；书，心画也；声画形，君子小人见矣。"（杨雄《法言·问神》）东汉蔡邕的《九势》亦倡导"书肇自然"。

不同时代形成的书体，由于其审美取向的不同，也能使人产生不同的审美享受，如殷商甲骨文的神秘瘦劲，两周金文之平实遒朴，两汉隶书的纵横飞动，六朝行书的冲和淡雅，唐代楷书的神情壮美，两宋书法的萧散淡远，无不反映出传统书法再现与表现、状物与抒情相结合的艺术本质。

在扬州传统建筑装饰艺术中，作为装饰要素的楹联与匾额，在居住空间中的装饰意义主要表现在以下几个方面：

1. 具有限定空间的意义

如图4.196所示，建筑内部明间金柱上悬挂的楹联和悬挂于抬头枋上的匾额，可明确建筑的功用、辅助划分室内空间，具有限定建筑空间的作用。人入庭院，通过"阅读"厅堂所悬楹联，即可了解该栋建筑的用途和功用，并使其厅堂空间享有文雅的专属名号。

如图4.197所示为盐商卢绍绪"庆云堂"，空间高敞而宽阔，为卢家接待、宴请尊贵宾客和举行庆典、

图4.196 盐商胡廉昉宅院（也称"壶园"）之"悔余庵"

节祝等活动的场所。其太师壁中堂挂"花雨禅心得寂；松风鸟语同清"条幅，厅内的四根楹柱上分别悬挂两幅楹联为："素壁云晖绮户重开陈百席；华堂丽集高朋满座进千觞"、"莫掩重门燕曾旧识；试看乔木莺是新迁"，生动地渲染出厅堂内欢饮宴集的情调氛围。

图4.197 盐商卢绍绪宅院之"庆云堂"　　图4.198 黄至筠宅院"清颂堂"

2. 配合家具及陈设，共同构建空间秩序

中国传统居住空间布局的重点之一是遵守伦理准则，体现尊卑有序、长幼有别的社会及家庭秩序。如图4.198所示，扬州个园"清颂堂"以正中匾额为中心，以泥绿字匾为中堂，楹联、家具皆依照中轴对称布局，空间秩序严格而明确。

3. 具有环境识别的意义

扬州传统居住建筑的重要特点是宅园合一。尽管宅园内的园林规模大小不等，但皆致力于构成一个可居可游的居住环境，楹联与匾额则可在建筑空间中起到环境识别的作用。尤其是匾额的题字，无论是寓意深刻，还是富于生活气息，皆具有或强化环境主题特征、或直接点明空间功能的作用。如图4.199、图4.200所示，黄至筠宅院后的个园入口处月洞门上方，即有"个园"题额一方，提示游人此为有别于正房的另一方天地；何芷舸宅院北门狭长走廊尽端的月洞门上方有"寄啸山庄"题额，

图4.199 个园入口出月洞门上的题额"个园"　　图4.200 何芷舸宅院的"寄啸山庄"题额

233

明示出该园的主题意境，且标明以此门为限，进内则为居住区了。

4. 反映宅主的精神世界

挂于厅堂的楹联与匾额除作为装饰之外，有些还意在宣示祖训家风、家庭管理与教育理念、做人的修养与处世原则、世道称誉与个人希冀等，文字精练而内涵丰富、意境深远，映射出宅主在封建道德观念和传统文化影响下的内心精神世界，为扬州传统居住建筑中应用最多的一类。如胡廉昉宅院的"悔余庵"堂，自外而内依次有楹联：

> 自抛官后睡常足；
>
> 不读书来老更闲。
>
> 酿五百斛酒，读三十年书，于愿足矣；
>
> 制千丈大裘，营万丈广厦，何日能之。
>
> 移来一品洞天颠甚南宫拜石；
>
> 领取二分明月快似北海开樽。

何廉昉（公元1816—1872年），名栻，号悔庵、悔余，晚号悔余老人，江苏省江阴人，道光乙巳（公元1835年）进士，为曾国藩的得意门生。他生性豪爽，好结交，故得曾国藩、李鸿章等名人赏识。何栻诗才绝艳，书法亦佳，工于楹对，用典精当，对仗工稳，词藻华丽，或喻情或状物，无不妥当之极，至今仍为联句界所称道。曾国藩评之"才人之笔，人人叹之"。他任江西吉安知府间，城池被太平军攻陷，包括夫人薛氏在内的一家八口惨遭杀害，他本人随即也以失守城池罪被罢官。罢官后的何氏在扬州建园客居，过着隐逸的生活。

前两联为何氏自撰联，描述了主人罢官后寄居扬州后的心理感受。整个室内空间所营造的意境，用曾国藩赠何莲舫的诗《次韵何莲舫太守感怀述事十六首》最为贴切。其中有：

> 域中哀怨广场开，屈宋而还第二回。
>
> 幻想更无天可问，牢愁宁有地能埋！
>
> 秦瓜钩带何人种？社栎支离几日培？
>
> 大冶最憎金踊跃，那容世界有奇才！

诗中，曾国藩把何莲舫比作报国无门、怀才不遇的屈原、宋玉，说古人忧愁尚可问天，今人悲愤只能埋于地下，所以何氏的两联句也表达了这种大隐于市的心情。

另如黄至筠宅院的"汉学堂"、"清美堂"、"清颂堂"，汪竹铭宅院的"春晖室"等楹联与匾额，均有此类装饰意义。

5. 增加生活情趣，提升生活品质

由于将游的概念引入居住文化，因此通过楹联与匾额的运用可平添生活情趣、提升生活品质和空间形象。

如黄至筠宅院后的个园，植物以竹为主，一条数十米长的小路穿越其间，竹影横斜，竹香清幽，筛光漏月。行至竹径尽头，门洞上方有匾额"竹西佳处"，如图4.201所示。"竹西"出自诗人杜牧吟咏扬州的诗句："谁知竹西路，歌吹是扬州"。宋代词人姜夔也有"淮左名都，竹西佳处"的词句，后来人们用"竹西佳处"来指称扬州。"竹西佳处"在这里回归了字面的本来意义，提示人们此处竹景最佳。人盘桓其间，只觉清幽之气扑面缠身，使人不禁想起唐代著名诗人王维的名句："独坐幽篁里，弹琴复长啸，林深人不知，明月来相照。"

个园中有建筑"映碧水榭"，其楹联为：

暗水流花径；

清风满竹林。

"映碧水榭"临水而筑，四周绿意环绕，竹影摇曳，清幽无限。人在此中，视觉、听觉、嗅觉一起被调动起来，闲适之情由景而生，人生感悟由境而化成。

汪竹铭宅院后花园厨房区入口处悬"调羹"题额，既可表示入此即进入厨房区，同时也为看似单调的日常作业平添几分情趣，如图4.202所示。

何芷舠宅院的"船厅"后有假山，其东北最高处置一六角小亭，为闲暇赏月的佳处，亭上有匾额"近月"，如图4.203所示。登高赏月，清风自来，亦堪称人生一乐也。

由是可见，楹联与匾额作为建筑艺术重要的装饰要素，在扬州传统居住建筑空间中得到广泛应用，因此拓展出扬州传统居住文化的张扬性，亦成就了扬州传统居住建筑的艺术特征，以及在中国传统居住建筑中的突出地位。

图4.201　黄至筠宅院后个园"竹西佳处"

图4.202　汪竹铭宅院"调羹"题额

图4.203　何芷舠宅院的"近月"亭

二、扬州传统居住空间楹联与匾额的艺术特征

扬州传统居住建筑在发展过程中，受当地政治、经济、文化等历史沿革影响颇大，因此其既是南北建筑风貌的融合，也有来自全国的业盐大贾的影响痕迹，更有明清时期文人画派艺术风格及思想意识的体现，使其建筑风格颇具地域性特点。而建筑与楹联及匾额的高度融合堪称扬州传统建筑突出的文化特征。

（一）居住建筑审美文化品位的提升

明清之际，扬州住宅与园林一体化的发展，不光表现在数量上，同时也表现在质量上。当地大量的宅园建造不但体现出公众掌握和参与程度，也更加刺激了扬州住宅园林化的进程。金安清在《水窗春忆》中曾说"江宁、苏州、杭州，为山水之最胜处……扬州则全以园林亭榭擅长。"尤其是乾隆的多次南巡，盐商们穷极物力以供宸赏，从北门至平山，两岸数十里楼台衔接、交相辉映、互为因借、无一重复。谢溶生在《扬州画舫录》序中写到：

增假山而作陇，家家住青翠城闉；开止水以为渠，处处是烟波楼阁……保障湖边，旧饶陂泽；平山堂前，新富林塘。花潭竹屋，皆为泊泽之乡；与屿烟汀，尽是浮家之地。

可见当时扬州城市园林建造的密度之盛。园林的情调意境反映出人们对居住建筑空间设计的价值取向。扬州传统宅院与园林的融合，使居住空间在传统伦理化的基础上，拓展出空间文化学特征。在集居、游与陶冶性情于一体的环境中，以盐商为主的宅园主人提高了居住环境的品位，当然他们中也不乏传统文化修养极深的文人雅士；退隐官场者则聊借"壶中天地"寄情山水，大隐于市；从官者则建构宅园或享受生活，或接迎上下左右以示标榜；文人雅士以宅园的山水之胜或陶冶性灵，或雅集文乐；这些都为居住建筑楹联与匾额的发展提供了坚实的物质和文化基础。扬州居住建筑楹联与匾额在此基础上兴盛而起，被大量使用；居住建筑无论大小阔狭，均喜以楹联、匾额作为重要的装饰元素，以期提升自身的文雅形象及艺术品位。

如盐商卢绍绪宅院内宅楼，有涵碧厅和怡晴厅，前后两进，上下两层，是卢氏一家日常生活起居之处，前后楼下均有内厅，是供家人日常活动的场所。如图4.204所示，其廊下明柱上分别悬挂楹联：

十里云山春富贵；

半床书史睡功夫。

簾枕香霭和风细；

庭院春深化日长。

日常生活虽然不免时有乏味，但只要细细品味柱上的楹联，你就会感受到簾栊里淡然飘出的香霭和着细风，使人如沐春日阳光，不觉心旷神怡，深感此深深庭院，可使这春日的阳光永驻。由此使人明白这平凡之中蕴含有陈年佳酿，只要你去发现、细品，就可深得其味，从而为平静的日常生活增添悠长韵味和文化气息。

图4.204　卢绍绪宅院内宅"怡晴厅"

（二）文化性与世俗性的协调

人类改造环境的根本目的是在于能更好地生活。反过来，人处于一定的环境下，其思想观念和意识形态也会出现变化与更新。明清之际的扬州商业经济较为发达，早先狭小封闭的居住模式不能适应经济发展和社会生活的需要。盐商、官宦、文人士子将城市山水纳入其居住属地，将园林艺术融入规正严谨的正房宅院，大者气势恢弘，小者精致玲珑，远望清砖黛瓦、古朴雄浑，入内则树木葱茏、一派清幽雅趣。建筑中有大量由名士文人所提写的楹联与匾额，其匾词联语与空间环深相境契，使人们从中领略到生活的艺术和艺术化的生活，表现出文化性与世俗性的共生。如汪竹铭宅院后园居中隔墙的月洞门上，朝阳的东面题额为"迎曦"，朝西的一面则题为"小院春深"；不大的庭院，朝至可观初升之阳，暮来则感庭院深深，使日常生活充满诗情画意。再如个园黄至筠宅院东路"清美堂"中堂悬清代著名书画家金农"漆书"楹联：

> 饮量岂止于醉；
> 雅里乃游乎仙。

传统文化之中，酒与英雄豪气不可分离。景阳冈上，武松喝十八大碗赤手打死斑睛猛虎，为民除害；战场上，关羽温酒斩华雄，惊曹操气袁绍，留名百世；唐代大诗人李白更有"酒中仙"的美名。人生本在得意失意间，所谓"人生得意须尽欢，莫使金樽空对月"，"抽刀断水水更流，举杯消愁愁更愁。"酒，与中国传统人文生活须臾不可离。

个园中路后进黄至筠四子黄锡禧居所有其亲撰的楹联：

云中辩江树；

花里听鸣禽。

由此联语，可知主人喜欢从远处飘渺的云雾中辨别江边树木的种类，从花丛里的鸟鸣声中判断什么鸟在啼鸣。生活的悠然自得、陶然忘机之情溢于言表，充分表达了主人热爱自然、与世无争的平和心境和散淡人生。

这些楹联与匾额将平凡世俗生活中的"酒"、"闲"、"鸣禽"等等作为创作的主题，从中国传统哲学亦儒亦道的视角出发，禅释现实生活，抒发对人生的深刻理解，成为将生活艺术化和艺术生活化的突出典型。

盐商卢绍绪住宅的"淮海厅"内明间太师壁两侧的金柱上悬挂楹联：

熬霜煮雪利丰盈；

屑玉披沙品清洁。

在中国传统文化中，商排在士农工之后，居于下位，因此商人在社会中的地位往往不高，即使富可敌国。这种情况自明清以来得到较大的改观，有不少文人、官宦成为成功的商人。卢氏此幅楹联的上联谈经商盈利之道，认为经商应有盐业那种熬霜煮雪之功，下联本意也涉及盐业本行，是说只有经屑玉披沙的反复，才能品得盐的清洁，但也有一语双关之意，即人生需经过屑玉披沙式的陶炼，方能显出高洁的品格。这副对联尽管看似相关盐业，实则背后有中国古代文人长期反复论述的义利观，即君子爱财，取之有道。"清洁"与"丰盈"道破个中玄机，需耐心体味。

（三）家族价值取向的刻意煊赫

作为文人士大夫文化意识的积累和提炼，中国传统居住建筑几乎汇集了中国传统儒家关于"士文化"的全部内容。儒家学说认为士人最首要使命是"修身、齐家、治国、平天下"，只有这样才能光耀门庭、不辱使命。表现在楹联、匾额这个综合性的载体上，处处与文章学问相紧扣，把文人的文章精神和宅院建筑的审美要素相统一，刻意煊赫家族的文化身份与价值取向。如个园黄至筠宅院的楹联与匾额即属此类。

黄氏官至两淮盐总，高居此位长达四十年之久，官场可谓显赫，财富也非一般。但挂于其宅院内的楹联与匾额，则处处营造一个地道的书香门第，且学而有成、足以煊赫的形象。黄家三路住宅中，以"汉学堂"为居中正厅，其抱柱及中堂楹联分别是：

三千余年上下古；

一十七家文字奇。

咬定几句有用书可忘饮食；

养成数竿新生竹直似儿孙。

东路"清美堂"悬：

传家无别法，非耕即读；

裕后有良图，惟俭与勤。

西路"清颂堂"有：

几百年人家无非积善；

第一等好事只是读书。

黄家标榜力行耕读、崇尚文化，黄氏诸子个个文质彬彬、学有所成，尤以黄家二公子黄奭（锡麟）最为著名。黄奭毕生精研汉学，著作等身。据《清史列传》记载，他自幼聪慧过人，虽出身在富商家庭，但喜爱读书学习几乎达到痴迷的地步，绝无一般盐商子弟崇尚奢华、不学无术的俗气。黄家曾为其下重金礼聘"扬州学派"著名学者江藩为师。江藩死后，他十几年足不出户，潜心钻研汉学，著有《近思录集说》、《庐云集》、《汉学堂丛书》、《汉学堂知足斋丛书》等共计数百卷，与同时代的另一学问家马国翰并称"辑佚两大家"。著名学者阮元赠其"勤博"匾以彰之。黄家以黄奭为耀，所以其正堂以"汉学堂"标榜，其他厅堂的楹联也围绕此题，极力夸耀家族在培养后人及获取文化成就方面的经验。

（四）文人墨客遁世心灵的表白

受道家学说及晋人高蹈遁世的隐逸意识影响，中国传统文人大多企图通过归复自然以求得洁身自好。因此，文人对自然美的欣赏，拓展出中国文人的隐逸诗、文人山水画和中国文人私家园林等一大批典型的隐逸文化形式。宋代大理学家邵雍更曾经从心性的角度去解释"壶中天地"的大小："心安身自安，身安室自宽。心与身俱安，何事能相干？谁谓一身小，其安若泰山；谁谓一室小，宽如天地间。"（邵雍《心安吟》）扬州传统居住建筑中较为典型的隐逸文化的代表可首推何廉舫宅院。

何氏廉舫，道光乙巳（公元1835年）进士，咸丰末曾任江西吉安知府，太平军时城陷，被罢官后来扬州做了盐商。何氏尽管经营盐业敛得财富，但文人士子那种忧国忧民、难以施展政治抱负的忿满之情和隐逸心态通过住宅内的楹联、匾额表达得淋漓尽致：

藉花木培生气；

避尘嚣作散人。

自抛官后睡常足；

不读书来老更闲。

酿五百斛酒，读三十年书，于愿足矣；

制千丈夫裘，营万间广厦，何日能之？

前两联写主人寄居扬州后的感受。后一幅为长联，上联以诗酒为豪，下联分别用白居易《新制布裘》、杜甫《茅屋为秋风所破歌》来抒发自己壮志难酬的真实心愿。由此可以看出聊作出世散人的平静表面，仍然难掩内心世界"何日能之？"天问式的波澜壮阔。

通过对扬州传统居住建筑楹联与匾额题词内涵的文化学研究，我们看到明清之际多元的区域文化对楹联与匾额的影响以及对整个扬州区域文化的影响。

在封建社会后期扬州地域文化的形成过程中，楹联与匾额是一个具有典型文化意义的缩影，是扬州城市市民生活的真实写照。封建社会后期，扬州传统居住建筑文化就是在这些性格各异的地域文化的相互交流融合中形成的。

因此，楹联与匾额在这里不仅仅是家族文化的象征、是地域文化的反映，更是大的乡土社会发展变迁的见证。它记载着一段段历史，叙述着一个个故事，表达着人们的传统理念，寄托着人们的美好理想，并随着家族的繁衍世代相传。

研究传统居住建筑中楹联与匾额的文化内涵以及其形成的根本原因，有助于我们研究整个扬州城市社会的形成与变迁，从而更好地帮助我们研究和保护这份历史，并以此作为留给后人的宝贵的文化遗产。

三、扬州传统居住空间楹联与匾额的分类与欣赏

如果说居住建筑艺术是通过建筑群体的组织、平面布局、空间组织、造型选择、材料应用，以及建筑的装饰与雕刻、花木山石的设置、家具陈设及室内装饰等多方面的综合处理，以建筑的构图、比例、尺度、色彩、质感和空间感为视觉表现的综合性艺术，从而体现出建筑的物质性、审美性功能，使其具有一定的审美普适性特征的话，应用于居住建筑的楹联与匾额则为建筑物质性的审美功能之外，更增加了其独具文化性的艺术特征。楹联与匾额以其或雄沉劲健、雍容端朴，或俊秀潇洒、温婉明丽的书法，以字句凝练、整齐精严的文字形式，装饰于特定的室内外空间中，不但使环境生辉、景物添彩，更使空间隐含有高妙的意境和深邃的内涵，并且彰显出独具地域特色的文化风韵。

（一）楹联

黄至筠宅又称个园，是清嘉庆二十三年（1818）两淮盐总黄至筠所建。其住宅和园林结于一体，是扬州传统宅园合一的居住空间的典型代表。住宅方正规整、坐

北朝南，共分左、中、右三路，每路由三进院落构成。其宅内主要游赏空间设在正房北面，满园翠竹葱茏、潇洒雅逸。个园内存有大量的楹联与匾额，不但文词优美、深刻反映了当时宅主的汉儒文化情结，而且具有极高的审美价值和文物价值。

个园主厅为位于中路第一进院落的"汉学堂"，这里也是黄家对外交往的正式场所。如图4.205所示，设于太师壁上的中堂两侧盈联为：

咬定几句有用书可忘饮食；

养成数竿新生竹直似儿孙。

此联为郑板桥所撰，楹联中间所悬竹石图则为后人仿板桥作品。我们从中不仅可联语中感受到宅主对竹的崇尚和挚爱，同时也深刻领会到他对子女正直做人、虚心向学的殷切期盼。太师壁两边的抱柱楹联为：

三千余年上下古；

一十七家文字奇。

此联以古拙质朴的文字道出中华文化源远流长、名家辈出、优秀典籍众多；并以此勉励黄家后生应似新生之竹，勤于学业、有所作为。

图4.205 黄至筠宅"汉学堂"

图4.206　黄至筠宅"汉学堂"

黄奭夫妇居室位于后进院落，厅堂悬挂阮元书"勤博"匾，中堂为"四时读书歌"，两边楹联为：

漫研竹露裁唐句；

细嚼梅花读晋书。

其意是用竹上的露水研墨来点批唐诗，细品着梅花的清香静心研读古书。该联文辞优雅、对仗工稳，恰到好处地反映了黄氏夫妇高古博雅的书卷之气、超凡脱俗的审美素养和孜孜矻矻的治学精神，如图4.206所示。

再后是黄至筠四子黄锡禧的居所，有楹联：

云中辨江树；

花里听鸟鸣。

这幅是宅主亲撰之联，表达出黄氏热爱自然、与世无争的平和心境和散淡人生。

东路前厅"清美堂"是黄家日常接待与议事场所，厅外悬：

传家无别法，非耕即读；

裕后有良图，惟俭与勤。

这种耕读传家，勤俭为本的制家规训，正是农业文明孕育下中国传统文化的精髓。厅内悬：

竹宜著雨松宜雪；

花可参禅酒可仙。

该联借景写意，耐人品味。上联以写意手法赞颂竹经风雨可葱翠、松凌霜雪更劲挺的风姿，下联则借以说明人生事理：观花可参禅机，醉酒能成诗仙。此联也表现出黄氏在商人和文人之间切换的游刃有余。

东路中进厅堂楹柱有联：

家余风月四时乐；

大羹有味是读书。

言家有园林四时美景可供游乐，最上乘的美味就是读书。该联虽不甚工整，但说明宅主在富有的同时，仍然念念不忘训诫子孙勤学读书，以博得功名为人生最高理想和追求，如图4.207所示。

此厅堂的中堂悬挂有扬州八怪金农的"漆书"联：

饮量岂至于醉；

雅杯乃游乎仙。

此楹联表面虽只写一个酒字，但其中暗含了人生的至高境界，即：乐而勿忘读书，饮而游乎仙，这仙并非醉后的飘忽，而是像"酒仙"李白那样，在与诗酒的对话中，高扬生命的豪情。从对联中还能让人隐隐感受到一种孟子所高扬的士人精神，即富贵不能淫，贫贱不能移，威武不能屈，此之谓大丈夫。

西路正厅"清颂堂"是黄氏家族聚会和祭祀的场所，悬挂楹联为：

> 几百年人家无非积善；
>
> 第一等好事只是读书。

本联糅合了传统耕读文化与佛家因报意识，语言朴素无华而道理简明至深，告诫子孙务必以读书、行善为重，方能兴家旺族、永世可继。此为中国传统家族的经典规训。

个园内正房北部的游赏空间是整个宅园的重要组成部分，园内翠竹绕径、四时假山光景各异、意趣无穷，使宅园具有经久不衰的艺术魅力。

其觅句廊前楹联为：

> 月映竹成千个字；
>
> 霜高梅孕一身花。

该联是清代大诗人袁枚的两句诗。据传当袁家侍弄花木的花匠跑来向袁枚报喜说梅树已经满身是花时，他灵感顿出，吟出"月映竹成千个字，霜高梅孕一身花"的佳句。上句写月光下的竹林看不清枝干，只有伸展出来的片片竹叶被月光照亮，宛如成千上万的"个"字；下联写梅花傲霜绽放，虽是霜重雪浓，而勃然孕育出一树繁花。

个园内，与黄石山连脉相接的丛书楼是主人藏书、读书处。如图4.207所示，其楹联为：

> 清气若兰，虚怀当竹；
>
> 乐情在水，静趣同山。

该联是借兰、竹、山、水等自然景物阐述读书治学的道理。上联意为读书学习首先要让自己像兰竹一样有清气和虚怀，心清气净才能进入读中的境界，胸怀谦虚则有利于吸收知识学问；下联则鼓励人们

图4.207 黄至筠宅部分楹联

243

读书学习不要拘泥，要像山水一样坚持自己的个性，水好动，山好静，水有情，山有趣，见仁见智，一样可以获得学业上的成就。

"透风漏月"为个园内赏景的花厅，面冬山而筑，环境幽静宜人。楹联为大篆书：

> 虚竹幽兰声静气；
>
> 秋风朗月喻天怀。

此联写厅外虚竹与厅内幽兰同气相应，共同营造一种寂静的气氛，人在这样的氛围中沐浴着四时的微风和晴空明月，可感悟宇宙的真谛、享受自然的关怀，如图4.208所示。

宜雨轩位于个园游赏空间的腹地之处，是宅主宴宾待客之所。其檐廊抱柱楹联为：

> 朝宜调琴，暮宜鼓瑟；
>
> 旧雨适至，今雨初来。

勾勒出一幅风雅无限、宾主尽欢的个园雅集图景。上联"朝宜调琴，暮宜鼓瑟"，典出《诗经·小雅》"我有嘉宾，鼓瑟鼓琴"之句，赞誉该处确是招待文人雅士的风雅之地；下联用杜甫典故，以雨喻友，老友刚到、新友又来，朋友络绎不绝，赞美宅主人品高洁、交谊广远。

个园抱山楼上下两层，建筑体量雄伟，坐镇全园，楼下楹联为：

> 修竹抱山，春亭映水；
>
> 幽兰得地，虚室当风。

此联是集兰亭字联，既是实景写照，又是意境描摹。个园以竹名，竹虽修长，却有抱山之志、抱山之势；水中映出的亭影，因周边绿色尽染，亭也显得春意无限了。园中之人坐拥春风，兰气入怀，尽得清香，心灵在此得到高度的净化，生命也因此而升华，如图4.209所示。

图4.208　黄至筠宅部分楹联

室内尚有今人所撰联：

> 淮左古名都，记十里珠帘二分明月；
>
> 园林今胜地，看千竿寒翠四面烟岚。

与抱山楼相依的夏山悬崖峭壁、飞瀑流泉，其上的鹤亭小巧玲珑，有联曰：

图4.209 黄至筠宅部分楹联

立如依岸雪；

飞似向池泉。

联意为鹤静如依岸之白雪，动似飞泉入池；山水之间，或栖或舞，一幅悠然自得的意境。而今鹤虽不在，但白雪之中、流泉之上，鹤亭反宇向天、如飞似舞，游人从山水的灵性中是否也感受到建筑的生命意象呢？

抱山楼北部的竹林之间，临水而筑有"映碧水榭"，有楹联：

暗水流花径；

清风满竹林。

此联是集联句，上联为杜甫句，下联为崔尚句。该联将映碧水榭周围的一池春水、摇曳的竹影以及环绕不尽的清幽绿意描摹得淋漓尽致，如图4.210所示。另一联：

静坐不虚兰室趣；

清游自带竹林风。

该联描写室内兰花吐芳，人若于此歇心静坐，则别有雅趣；户外竹林清幽、小径闲庭，人行其间，但觉衣带当风、飘举若仙。人在此品茗赏景，人与兰、人与竹、人与自然相通相惜、合而为一，呈现出"悠然心会，妙处难与君说"的美妙化境，这也是中国传统游赏空间与楹联一起，给人们带来的极高的艺术享受。

"步芳亭"为重檐六角攒尖，端雅轻灵，与"映碧水榭"以曲廊相连。亭柱上有

图4.210　黄至筠宅部分楹联

联云：

<blockquote>
径隐千重石；

园开四季花。
</blockquote>

　　亭西水边垂柳倒悬，柳丝拂水；亭东一片紫薇，夏起开花，秋后凋谢，满树红花，烂漫娇艳；廊西有芍药花台，暮春时节，红药翻阶，娇美之至。人从水榭沿廊而来，分花拂柳，步步芬芳。该联紧扣"步芳"主题而立意谋篇，既工稳又贴切。

　　盐商卢绍绪宅建于光绪二十年（公元1894年），坐北朝南，前宅后园，占地面积共6157m²，建筑面积4284m²。卢氏清于同治十二年（公元1873年）来扬，通过盐业积累了大量财富，遂大力兴建"卢公馆"。馆舍雕梁画栋、气势宏伟，其高阔气度为晚清扬州盐商宅园之最，也是扬州现存规模最大的盐商住宅建筑。如图4.211所示，其正厅"庆云堂"前悬：

<blockquote>
秋月照人春风坐我；

青山当户白云过庭。
</blockquote>

　　厅内楹柱上有联：

<blockquote>
素壁云晖绮户重开陈百席；

华堂丽集高朋满座进千觞。

莫掩重门燕曾旧识；

试看乔木莺是新迁。
</blockquote>

"庆云堂"为卢氏于生意场上接待宾客之用。据传卢邵绪身形魁伟、相貌俊朗，性情颇具豪侠气概。此楹联传达出他"春风坐我"的得意之情和"青山当户"的豪迈气魄；厅内楹联则营造出主人宴集新老宾客的欢愉气氛。

"淮海厅"是卢氏商务往来之厅，厅外楹柱上有联：

<blockquote>
物外闲身超世網；
人闲真乐在天伦。
</blockquote>

联语反映出封建社会末期新生的商业力量对传统文化的超越，意为虽说在商言商，但物质之外，还应抛却礼教和古代文人那种忧国忧民的"世俗"；身闲之时，应尽享家庭亲人的天伦之乐。此联虽有物质之上的消极嫌疑，但在当时的社会背景下，也不失具有追求人性解放、以人为本的进步意义，如图4.212所示。

其厅内楹柱上有联：

<blockquote>
屑玉披沙品清洁；
熬霜煮雪利丰盈。
</blockquote>

此联谈盐业经营之道，即应有经屑玉披沙的反复，才能品得盐的清洁，唯有经熬霜煮雪之功的努力，才能收获丰厚的利润。

"兰馨厅"是卢宅接待女眷宾客和亲朋之处，厅外有楹联：

<blockquote>
鸿鹄每从天外至；
凤凰常绕日边飞。
</blockquote>

图4.211　盐商卢绍绪宅"庆云堂"楹联

图4.212　盐商卢绍绪宅"淮海厅"、"兰馨厅"楹联

意云有客人亲朋从远方而至，吉祥像太阳永相伴随。卢氏内宅楼有"涵碧厅"和"怡晴厅"，前后两进，均上下两层，为其内眷家人居住的地方。其楼下三间厅堂是日常起居活动的场所，两厅堂前的明柱上分别悬挂楹联：

> 十里云山春富贵；
>
> 半床书史睡工夫。

> 簾栊香霭和风细；
>
> 庭院春深化日长。

两联虽看似写家庭日常生活，但寓意深刻，个中隐含着对富贵、学业、家庭、温情的人生理解。日常生活久之易使人产生贫乏之感，但当你疲惫之时，驻足片刻，凝视厅前的这副楹联，仔细品味其中含义时，也许你会顿感轻松，对明天有更多的期待。此两联亦体现了宅主力求使生活艺术化的高雅追求。

位于东圈门附近的何廉舫宅是扬州传统文人"大隐于市"的典型类型。宅内前厅高悬"陶朱遗范"，后有"悔余庵"相随。

自仪门入庭院，首先映入眼帘的是前厅明柱上的楹联：

> 藉花木培生气；
>
> 避尘嚣作散人。

室内楹柱上分别悬挂楹联：

> 泛萍十年，宦海抽帆，小隐遂平生，抛将冠冕簪缨，幸脱牢笼如散屣；

明月二分，官梅留约，有家归不得，且筑楼台花木，愿兹草创作菟裘。

千顷太湖，鸥与陶朱同泛宅；

二分明月，鹤随何逊共移家。

其中前两副楹联均是何廉舫自己所撰，主要叙说自己的宦海沉浮。何廉舫自吉安知府任被革职之后，在扬州东圈门建壶园，日以花木相伴，聊作出世的散人，"菟裘"意为告老退隐之处。当时包括他家乡江阴在内的长江下游南北各地，时而被太平军占领，时而被清军收复，蹂躏倒辙，他发出"有家归不得"的深深感慨。后一副楹联是曾国藩赠予何廉舫的。上联"陶朱"，即指春秋时期的范蠡。据《史记·货殖列传》记载，他辅佐勾践灭吴后弃官经商，与鸥为侣，定居于陶，自称"朱公"，人称陶朱公；他逐十一之利，致富累万。下联是说在二分明月之夜，你像南朝的何逊一样，伴随着仙鹤，移家扬州。何逊字仲言，在扬州时，每值梅花盛开，常吟哦其下；后官居洛阳，思梅不得，固请再任扬州，以鹤自随；寒梅怒放时与好友终日赏梅。这两个典故用于何廉舫身上，虽有过溢之词，但也反映曾国藩对昔日这位门生才学的怜爱之情，如图4.213所示。

何氏"悔余庵"厅前明柱所悬楹联为：

自抛官后睡常足；

不读书来老更闲。

厅内楹柱上则为：

酿五百斛酒，读三十年书，于愿足矣；

图4.213　何廉舫宅前厅楹联

图4.214 何廉舫宅"悔余庵"楹联

　　　　　制千丈大裘，菅万丈广厦，何日能之。

　　　　　移来一品洞天颇甚南宫拜石；

　　　　　领取二分明月快似北海开樽。

　　前一联写自己自被罢官后的闲适生活，第二联则借用白居易《新制布裘》和杜甫《茅屋为秋风所破歌》来抒发自己壮志难酬的真实心愿，如图4.214所示。据此可以看出其出世散人的平静表面下，难掩主人内心世界"何日能之？"的壮阔波澜。后一副中"南宫拜石"说的是宋代米芾之事。米芾字元章，号南宫，是宋代书法大家，行为多与世俗相违，人称米颠，性嗜奇石，有"元章拜石"或"南宫拜石"之说。"北海开樽"则指东汉孔融，为北海相，人称孔北海，他尝自谓："座上客常满，樽中酒不空"。

　　建于清末民初的盐商汪竹铭宅亦称"汪氏小苑"，是以小而精致著称于扬州传统居住建筑之中的典型宅园。

　　"春晖室"是汪宅接待贵客的场所，布局陈设及楹联匾额极其考究，反映了主人较高传统文化素养和审美能力，厅堂楹柱有小篆长联：

　　　　　既冒构，亦冒堂，丹臒坚茨，喜见梓材能作室；

　　　　　无相犹，式相好，竹苞松茂，还从雅什咏斯干。

　　上联"冒"即"肯"，"冒构"、"冒堂"典出《尚书·大诰》："若考作室，既底法，厥子乃弗冒堂，矧冒构？"。原意是说，父亲想要盖房子，已经准备好了，但儿子却不肯打基础，那还砌什么房子呢？这里反其意而用之，比喻儿子能继承父亲的事业。

"丹艧"、"墍茨"、"梓材"出自《尚书·梓材》:"若作室家,既勤垣墉,惟其涂墍茨。若作梓材,既勤朴斫,惟其涂艧丹。"其意是说,若要建房子,既已经辛勤地砌筑好墙壁就要用茅草盖好屋面;若用梓木制器具,既已辛勤地斫砍了,就要涂上颜色。上联字句连起来的意思是既愿造房子,又愿打地基,盖了屋顶,又涂了颜色,很高兴地看到优秀的木材能用来建造居室,借此比喻汪氏儿子能子承父业。下联语出《诗经·小雅·斯干》篇第一章:"秩秩斯干,幽幽南山,如竹苞矣,如松茂矣,兄及弟矣,式相好矣,无相犹矣。"秩秩,是指清水流动的样子。斯,此;干,通"涧"。下联大意是:兄弟间从不互相指责,和睦相处,如同松竹茂盛,大家一起吟咏着高雅的诗篇《斯干》。此联对仗工稳,平仄和谐,用典深奥而精巧,富于人生哲理,既与春晖堂环境相呼应,又表达出希望汪氏兄弟和谐兴旺的意愿,如图4.215所示。

落款:戊午暮春三月上浣,含光陈延韡撰并篆

戊午指1918年,上浣指上旬,即1918年三月上旬书。含光陈延韡,即扬州名士陈含光,清宣统年间秀才,陈家有"一门三进士,父子二传胪"之美誉。

位于徐凝门街花园巷内的"寄啸山庄",是清光绪九年(公元883年)道台何芷舫所建,后人称"何园",整个宅院占地14000余m²,传统建筑与西洋风格想混融。园名取自陶渊明《归去来辞》中"倚南窗以寄傲"和"登东皋以舒啸"句意。园中筑有复道长廊,自然分隔成东、西两院。东院建门厅游廊,院南建牡丹厅三楹,山墙嵌砖刻"凤穿牡丹"图案。院北建四面厅,又称为"船厅",厅前廊柱悬木刻楹联:

> 月作主人梅作客;
> 花为四壁船为家。

此为扬州"江淮散人"李钟豫句。园南部建有熙春堂楠木大厅,厅前明柱上悬清大书法家何绍基书联:

> 退士一生藜苋食;
> 散人万里江湖天。

厅内楹柱上则悬:

> 莫放春秋往日过;
> 最难风雨故来人。

园内楹联较少,从这三幅楹联的联句可以看出官位显赫、富甲一方的

图4.215 盐商汪竹铭宅"春晖室"楹联

图4.216　何芷舠宅熙春堂楠木厅楹联

何芷舠内心的归隐之情，如图4.216所示。

（二）匾额

首先简单厘清一下匾额的确切指称。"匾"古作"扁"字，《说文解字》"扁，署也，从户册。户册者，署门户之文也"。而"额"字，《说文解字》作"頟"字，即是悬于门屏上的牌匾。因说文成于汉代，说明匾额至少在汉代以前已经有所使用。今人一般认为，用以表达经义、情感之类的属匾，而表达建筑物名称、性质和特征之类的则属额。

匾额是中华民族独特的民俗文化精品。几千年来，它把中国传统文化中的辞赋诗文、书法篆刻、建筑艺术融为一体，集字、印、雕、色之大成，以其凝练的句式、精湛的书法、深远的寓意，成为中国传统文化的一朵奇葩，具有极大的艺术感染力。

扬州传统居住建筑中存有大量优秀的匾额，言表抒情，写景状物，虽片辞数语着墨不多，望之却巍然大观。现将部分精华分匾与额分述如下。

1. 匾（图4.217—图4.241）

汉学堂（以下均为黄至筠宅之匾）

个园主人黄家虽富可敌国，但诸子力行耕读、文质彬彬，尤其二公子黄奭（锡麟）更是毕生醉心于汉学研究，著有《近思录说》、《庐云集》、《汉学堂丛书》、《清颂堂丛书》、《汉学堂知足斋丛书》等数百卷。所以将主厅命名为"汉学堂",似有具此为傲之意。

勤博

黄奭推崇汉学,治学严谨,成就斐然。著名学者阮元为其书"勤博"以赞之。该匾悬于黄奭夫妇居室。

清美堂

此为黄家接待一般性来客和处理日常事务的地方。"清美"是以清为美,即为官清正廉明、做人清清白白,表达出宅主追求的一种高尚境界。此厅有楹联两副,一副是:"传家无别法非耕即读;裕后有良图惟勤与俭"。耕读传家、勤俭持家体现了中国人传统的思想理念和生活态度。还有一副悬于屏门之上的楹联,上联是:竹宜着雨松宜雪;下联为:花可参禅酒可仙。如果说雨雪增添了竹的潇洒韵致和松的傲然姿态,那么花和酒则可

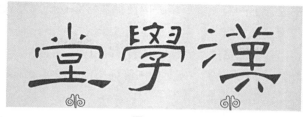

图4.217

图4.218

图4.219

图4.220

以让人获得远离红尘的淡然心境。耕读传家表达了主人对传统文化的尊崇,竹、松、花、酒又传递了他作为文人的雅致情怀和脱俗境界,同时也诠释了黄至筠即是商人又是文人的儒商身份。

清颂堂

此厅堂是黄氏三路住宅中最高敞的厅堂,为赞颂黄至筠晚年"清誉有佳"而名清颂堂。厅内家具八仙文饰古朴精致,抱柱上的楹联是:"几百年人家无非积善,第一等好事只是读书"。厅后步架上有阁,曾安放列祖列宗牌位;此厅堂也是时而排戏唱"堂会"的地方。从清颂堂抱柱的楹联上可知黄至筠深受儒家思想影响,认为读

书是天下的第一等好事，因此他非常重视子女的教育，不惜重金聘名师教子，而且每天还亲自督查。关于黄至筠教子成才的事，时人有着这样的描述，就算现在也值得借鉴。三路厅堂，以"汉学堂"居中，"清美堂"、"清颂堂"列居左右，突出"学"、"清"二字，足见黄家对中国传统文化的理解之深刻。

觅句廊

此廊位于个园入口西侧，廊上此匾由今人海上名书家周志高先生补题。

顾名思义，觅句廊就是寻觅诗句的地方。宅园合一，可居可游，游者既可心旷神怡，亦可有感而发。廊子起首处的两侧柱上挂有楹联："月映竹成千个字；霜高梅孕一身花。"此为个园主题的点睛之笔。

丛书楼

个园叠山以春、夏、秋、冬为名。丛书楼在冬山的东面、秋山的最南，背依秋山，面南而立，山与楼结合巧妙，成为秋山最优雅的收尾。此楼三开间，楼上下共六间，为主人藏书、读书之所。从山间石阶可直至楼上，避开了园林中主要游览路线。丛生楼建筑式样简朴，楼前小院植梧桐一株，主干已斜出屋檐，颇有"寂寞梧桐深院锁清秋"的意味。小院东边粉墙设海棠花形大漏窗，隔窗是几枝纵不雨也簌簌的芭蕉；

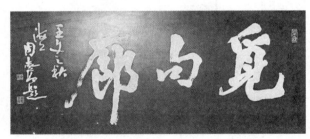

图4.221

西边的水磨砖花窗是园中最大的漏窗，透过它，整个冬山的宣石、腊梅都尽收眼底，更为绝妙的是，它和冬景西墙的圆形漏窗处于一条水平线上，所以游人的视线竟可以穿越冬景看到春景的修竹。计成《园冶》说："取景在借"。在这里院落虽小、仅有梧桐一株，但通过花窗巧妙地"借"来隔墙的芭蕉、腊梅，与院中梧桐一起营造了一种清静、淡泊的情趣，是为闲暇读书的绝佳处。

图4.222

透风漏月

为个园主人待客娱乐、雅集之处，位于冬山之北。该花厅南北两边通透，厅内的家具纹饰为竹叶形，东西的墙壁上

图4.223

悬挂着昆曲知识介绍的资料以及经典昆曲演出的剧照。从"透风漏月"的名字就可以知道这里曾经的风雅。据传黄至筠最喜在此厅围炉赏雪，虽然我们无法揣摩他当初在风清月明之夜的心境，但可以想象的是这里一定荡漾着丝竹悠扬的曲调。因为园主黄至筠当年蓄养的家庭戏班，规模大、设施精，在清代曾名闻遐迩。

壶天自春

个园内亭台、楼阁、假山、花木重重叠叠、幽深无比；透风漏月花厅北边的抱山楼即掩映在树木山石之中，楼前匾额"壶天自春"四个大字醒目可见。"壶天自春"取

图4.224

自《个园记》中"以其目营心构之所得，不出户而壶天自春，尘马皆息。"其意是该园之大虽不及名山大川，但其景却自有世外桃源、人间仙境之美。漫步在抱山楼上凭栏赏景，可见宜雨轩屋面宽展、出檐深远、翼角雅健。著名古建园林专家陈从周教授特别欣赏扬州的宅园："扬州的住宅园林综合了南北的特色，自成一格，雄伟中寓明秀，得雅健之致，借用文学上的一句话来说，真所谓'健笔写柔情'了。"楼前碧水清幽，堂庑廊亭高敞挺拔，假山沉厚苍古，春色透漏花墙，也是此匾最好注脚。该匾为浙江书法名家王冬龄先生补题。

宜雨轩

出透风漏月花厅向西数步即可见面南而筑、四面空灵的"宜雨轩"。东西三楹，屋顶为单檐歇山，歇山处有磨砖深浮雕，嵌如意卷草，线条舒卷自然流畅。宜雨轩为全园的中

图4.225

心，山水花木等景致的安排全是围绕宜雨轩次第展开。

"宜雨轩"廊柱上有抱柱楹联："朝宜调琴暮宜鼓瑟；旧雨适至今雨初来"。"旧雨"、"今雨"源出杜甫《秋述》一文："卧病长安旅次，多雨生鱼，青苔及榻，常时车马之客，旧、雨来，今、雨不来。"人情冷暖令诗人感慨万分，后人由此便用"今雨""旧雨"借指新朋老友，此联可谓"宜雨轩"的破题导读。显然，这里曾是主人接待宾客、与新朋老友欢聚的场所。轩外四面环廊，廊前雕栏，东西两边廊下设美人靠坐凳；轩南栽有十余株桂花，因此人们又把宜雨轩称为"桂花厅"。

轩中陈设一堂橄榄纹饰家具，精制而典雅。花几之上的陈设和"透风漏月"花

厅一样，也是"不因无人而不芳"的幽兰。宜雨轩是四面厅形式，南面设有明洁隔扇，又称落地长窗，其他三面为半窗；四季景物都绕厅而置，"人在厅中坐，景从四面来"，春、夏、秋、冬竟一起尽收眼底；时光流逝、四季更迭，而在这里似乎停住了脚步，也留住了欣赏者的似水年华。该匾由已故国画大师刘海粟先生补题。

拂云

此匾挂于个园抱山楼上。抱山楼两层，是个园之中体量最大的建筑；登高凭栏，园内湖山尽收眼底。楼内所藏郑板桥联："二三星斗胸前落；十万峰峦脚底青"，是该匾最好的注脚。

图4.226

住秋阁

此阁位于秋山南峰、面西而建。"住秋"表达园主想留住美好时光的愿望。黄氏少时境遇坎坷，时至中年事业有成，因此人生之秋对于他来

图4.227

说，是一个黄金的季节，也是最为美好的时段。"住秋"也道出园主不惜笔墨渲染秋景的真实意图。匾下明间檐柱上有郑板桥联："秋从夏声中入；春在寒梅蕊上寻"，示后人不仅要以敏感之心观花赏景，更要以敏感之心珍惜时光和生命。

庆云堂（以下为盐商卢绍绪宅匾）

为盐商卢绍绪宅正厅所悬，该厅是卢家接待、宴请尊贵客宾和举行喜庆、祝节等重要活动的场所。"庆云"典出《汉书·礼乐志》："甘露降，庆云集。"《汉书·天文志》："若烟非烟，若云非云，郁郁纷纷，

图4.228

萧索轮囷，是谓庆云。喜气也。"此匾为清代"海阳四家"之一大书法家查士标所书。

淮海煎春

为卢氏淮海厅匾。卢绍绪为江西上饶人，以盐业敛得巨富。该匾形象地以冶盐的形式概括了卢氏的人生之"春"，即以淮海之水所"煎"熬所得，同时也暗示若想生意

有所获得则需象冶盐一样，历反复与持久之功的道理；厅柱上楹联："屑玉披沙品清洁；熬霜煮雪利丰盈"，为其最好的解释。该联由清代著名金石考古学家吴大徵篆并书之。

树德堂（以下为汪竹铭宅匾）

汪竹铭宅亦称汪氏小苑。此匾悬于汪宅正厅，高蹈"德"字，其意在于寄寓后人树德修养、以诚待人、以信接物、以义为利。反映出中国传统价值观在盐商思想中具有极强的根蒂。

图4.229

春晖室

春晖堂为汪宅东路正厅。"春晖室"取唐代诗人孟郊《游子吟》中"谁言寸草心，报得三春晖"之意。

图4.230

秋嫮轩

此为汪宅女厅之匾。秋嫮轩是接待女客的正式场所，人坐厅内，举目南望可见月门花墙、玲珑山石、秀丽花草及百年女贞，美好如诗、绚丽如画，将女性美、自然美和人们对美好生活的瞳景融在这清幽的意境之中。"嫮"是美好的意思，女厅上悬挂"秋嫮轩"，其意贴切而具有女性柔美之感。

图4.231

静瑞馆

该匾悬于汪宅花厅之上，为园主静心养意的逗留之处。商海喧闹，每看到匾上静瑞二字，内心则会有一番我如我素的感觉。此匾为集清大书法家李瑞清字而成。

图4.232

图4.233

陶朱遗范

悬于何莲舫宅园正厅。何氏江阴人，清道光进士，官至吉安知府，后被罢官寓居扬州。该匾取其恩师曾国藩为其所题联语："千倾太湖，鸥与陶朱同泛宅；二分明月，鹤随何逊共移家。"陶朱公指范蠡，春秋时期越国的大政治家。越国被吴国灭亡时，他提出降吴复国的计策，并随同越王勾践一同到吴国为奴，千方百计谋取勾践回国，成为辅助勾践灭吴复国的第一谋臣，后官拜上将军。勾践复国之后，他急流勇退，毅然弃官而去，到齐国后改名为鸱夷子皮。齐国人仰慕他高尚的品德和卓越的才能，力请他出任宰相。但他退归林下的决心已下，不久又辞官而去，到当时的商业中心陶（即今山东的定陶县）定居，并自称"朱公"，人们则尊称他为陶朱公。他在陶地既经营商业，又从事农业和牧业，表现出非凡的经商才能，在19年内有三次赚有千金之多。但他仗义疏财，扶危济困，热心从事社会公益事业。他的行为使他获得"富而行其德"的美名。曾国藩以何莲舫作比春秋范蠡，何氏遂以此为自勉。

图4.234

悔余庵

何栻字莲舫，亦字廉昉，号悔余老人。他材高八斗，著作等身，有《悔余菴文稿九卷诗稿十三卷乐府四卷》、《余辛集三卷》、《纳苏集二卷》（又名《悔余菴集句楹联》）、《江风集》、《寒灰集》、《焦桐集》、《剑光集》、《真气集》、《文波集》、《鲂赪集》、《闻和见晓斋初稿》、《游青原山记》、《赐卹论一卷》等存世。悔余庵为其读书处，厅前楹联"自抛官后睡常足，不读书来老更闲"是主人在读书和写作中排遣心中苦闷的戏谑之词。

图4.235

何园

悬于何芷舠宅园东门。因其为清代大书法家何绍基所书而弥足珍贵。何园又名

图4.236

寄啸山庄。

接风

何园在东北处所建四面厅称为"船厅"。厅堂檐面廊柱上悬木刻楹联："月作主人梅作客；花为四壁船为家"。厅外四周地面皆以瓦石铺砌成水面波纹状，其"窗开四面，地铺波纹"的形象化手法颇具特色。船厅北面假山之上有"赏月楼"，东面假山上有"近月亭"，是以接风、近月、赏月遥相呼应，相依而彰。

近月

位于"船厅"东面假山之上，出船厅，沿山而上，坐亭内赏月，是闲暇生活中的趣事。此亭位于整个宅园东南角最高处，故题"近月"。

片石山房

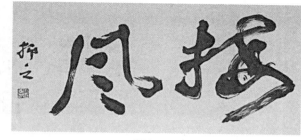

图4.237

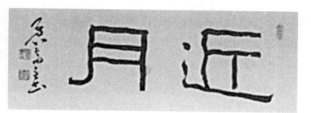

图4.238

图4.239

光绪九年（1883），何园宅主购得吴氏片石山房旧址，并将其扩入何园之中。该匾为清初大画家石涛所写。石涛，原名朱若极，明靖江王朱赞仪的十世孙，祖籍广西，在湘山寺出家为僧，法名原道济，字石涛，别号有大涤子、苦瓜和尚、瞎尊者、清湘陈人等。平生最擅长山水画，主张"收尽奇峰打草稿"，他的画能做到"物我交融"、"借古而喻今"，40岁后往来于南京、扬州间，后定居扬州卖画至逝世。石涛不仅融诗、书、画于一炉，在园林叠石方面也有很高的造诣，《嘉庆扬州府志》记载清代扬州的万石园就是"以石涛和尚画稿布置为园。"王振世在《扬州揽胜录》说到"上任兼工垒石，扬州余氏万石园出自上人之手。"相传"片石山房"亦为石涛所筑，钱咏《履园丛话》中载有："片石山房二厅之后，潴以方池，池上有太湖石山子一座，高五六丈。"园内山石结构别具一格，采用下屋上峰的处理手法；因整个山体均为小石头叠砌而成，故称片石山房。山体石块拼镶技法精妙，拼接之处有自然之势而无斧凿之痕，其气势、形状、虚实处理与石涛画意极为相符。何氏将此园并入何家宅园，使"片石山房"得以完整地保留给后人。另外，园内池东墙上镶嵌片石山房白

图4.240

图4.241

石额一块，系后人临摹石涛真迹放大而成，也是扬州传统居住空间中弥足珍贵、不可多得的题匾。

光德堂

此为何家祠堂所悬之匾。"光德"取自园主人何芷舠之父何俊公"登祖宗之堂可对先灵读传记之文，可光旧德我"之句。

桂花飘香

该匾悬于桂花厅檐面。桂花厅位于水池西面，古木相映，绿意盈野，花丛繁茂。桂花对面的池上山坡西面种有大量的金桂、银桂、丹桂、四季桂等，每当中秋佳节，桂子月中落，花香云外飘，此厅堪称赏桂的最佳处。此匾为晚清社会改革家康有为书。

2. 额（图4.242—图4.251）

个园

出黄至筠宅院西火巷向左数步，可见一段有花窗的粉墙，正中开一月洞门，门上白石额，阴刻"个园"，竹青填色。门外两侧各有一个方形花坛，坛内修竹劲挺，高出墙垣，作冲霄凌云之姿；竹丛中，插植着石绿斑驳的石笋，以"寸石生情"之态，状出"雨后春笋"之意。竹是新成石旧栽，寥寥数笔，点出了春日雨后山林的盎然生意。微风中，阳光下，修篁弄影、疏叶生姿尽现于粉墙之上，令人遐想。这幅别开生面的竹石图，点破"春山"主题，暗示有"一段好春不忍藏，最是含情带雨竹"之意，并巧妙地传达出传统文化中"惜春"的理念。春山春景由笋石（白果峰石、乌峰石）、太湖石和修竹、桂花共同组成，布局处理精巧独特，门外的竹石图"惜墨如金"，以及其洗练的手法表现了人们对春的向往和珍惜；墙内的"闹春图"

图4.242

不仅婉转的传达了人们在春日的喜悦心情，更含蓄地道出宅园序列的发端。

于此向西，可见一段曲廊连两间层楼，楼下悬一匾"觅句廊"。园中旧有绕园一周的复道楼廊，可"晴则径，雨则廊"。扬州名士陈含光在《个园行》中对此描述："高楼四合干星辰"。楼下廊柱楹联书袁枚句："月映竹成千个字；霜高梅孕一身花"，

再看园门横额上的"个园"和粉墙上摇动的竹影，深感此语为"个"字精彩的注释，令人叫绝。

怡情、映碧

此二门额题于抱山楼北的门洞上，与整个个园以竹为主体的园林相谐和，具有点景之妙。

息尘、崇真

息尘，嵌于个园小径门洞之上。游园可怡情。心旷神怡之时，自然会将尘世间的烦恼抛到九霄云外。

入黄家宅院大门，即可见精美的砖雕福祠；由左经仪门进入"汉学堂"小院，环顾右侧入火巷的门洞之上，即可见镶边的白石额上题有小篆"崇真"二字，醒目非常。

图4.243

图4.244

图4.245

黄家以学为家，自然推崇儒家所倡言的真、善、美。

寄啸山庄（何至舫宅题额）

陶渊明《归去来兮》有"倚南窗以寄傲"、"登东皋以舒啸"之句，何园主人有感于自身与陶渊明一样的无奈，因此在繁华的城市中购得一清静处，以寄托自己的傲世情怀。

意园、水面风来

卢邵绪宅院后辟有小园，曰"意园"，园内叠山理水、种花植竹木以供四时赏玩。池北筑有一三合院，内有后厅与藏书楼。商务之余，宅主来此读书、会友，环境幽雅、惬意少扰。入口处门洞之上有清末名家汪询题小篆额"水面来风"石额。人坐廊下，面对清风徐来，小池涟漪，竹木摇曳，花石弄影，心境自然舒畅。

可栖徲（汪竹铭宅院额）

为汪氏小苑女厅"秋嫦轩"对

图4.246

图4.247

面小园题额。"栖偲"疑似由《诗经·陈风·衡门》"衡门之下，可以栖迟"转换而来。偲，有游息之意。其意是可游可憩。该题额意为在简陋的木门下面，也可以游息和流连。这自然是主人的一种谦逊而风雅的说法。

惜馀、调羹

汪氏小苑后苑东北角一顺房屋为汪家储藏粮食的仓库，故题"惜馀"，以宣扬崇尚简朴、不铺张浪费的家风。

小苑东北角为汪家厨房区，其入口处的六角门上有隶书浅刻石额"调羹"，一方面点出其内建筑的功能，另一方面也使操刀鼓灶之处含有一丝文雅气息。

迎曦、小苑春深

汪氏小苑后院居中设有一南北矮墙将其隔成东西两部分，西侧为静瑞馆，东侧为厨房区域，墙中设一月门。每日清晨，冉冉升起的太阳最先将阳光洒向东侧小苑，故在月门东侧题额"迎曦"。东侧园内湖石状马引颈长鸣，也称"嘶马迎曦"，给怡静的小苑，平添了几分趣味。月门西侧苑内小径通幽，花木葱郁，别有情趣，与"小苑春深"的题额颇为相契。

汪氏小苑内其他题额还有"挹秀"、"绮霞"等，笔体或篆或隶，文词优雅清新，

图4.248

图4.249

图4.250

图4.251

且均能切中苑内景物意蕴，耐人寻味，反映了宅主深厚的传统文化素养。

四、扬州传统居住空间楹联与匾额的保护与开发

（一）历史存留楹联、匾额的保护

从清康乾到咸同二百余年间，扬州大型居住建筑的主人多是官员和盐商；民国年间则成分繁杂，既有官员盐商，也有实业家、银行家，出现多元并存、百舸争流的局面，其中不乏书香世家、宦海沉浮的文人士子和具有深厚文化修养的实业人士。其宅内的楹联、匾额，或自撰自写，或由师友撰写，或名家撰写，多文辞考究贴切，意境深邃，具有极高的审美价值。目前仅集中于老城区东圈门、东关街一带的上百所传统居住建筑中，除著名的几个被开发的宅园外，其他很多尚处于被保护或居住状态。居民的迁移非一朝之事，应组织相关学者做相应的开发前准备工作，对现有楹联、匾额进行普查、登记，摸清其现状，提出相应的保护措施，为今后的整体性开发提供基础性的资料。对于已经开放的宅院，则应对现存的楹联、匾额分类保护，尤其是历史名人所题写的楹联、匾额更应做到重点保护。修复破损部分时，可参考"修旧如旧"之法，使之尽量不失前人风范，以取得与建筑的协调。

如重修于清光绪九年（883年）的何芷舠宅院（即何园、寄啸山庄）中的明代楠木厅外明柱上悬挂有清著名书法家何绍基书联：

退士一生藜苋食；

散人万里江湖天。

其东邻则有清代画家、造园家石涛所提"片石山房"匾额，均弥足珍贵。可惜前者已稍有破损，如若进行修补，则需要研究该楹联的制作工艺，不能简单地一填一涂了之。

（二）历史有文字记载的楹联、匾额的重新书写与制作

由于某些历史的原因，也有一些宅园原楹联或匾额已经损毁或佚失，但有相关文字记载。对于该类楹联、匾额的重新制作，首先应认真研究原宅主的文化背景，原楹联、匾额要表达的思想精神意境；书体的选择应与原作文字契合。中国书法博大精深，不同书体长于表达的意境有别，同一书体、不同作者所产生的意境也有差异，因此对书家的选择尤为重要。扬州是南北文化的交汇之地，其传统宅园主人中既有外省籍官宦、文人和盐商，亦有本地交游广泛的文人雅士和实业家，其地域文化具有多元性、包容性特征；因此，对原楹联、匾额的书写与制作，应放眼全国和历史，而不要仅局限于扬州、江苏本土和当代。应该以意境找书体、以书体找书家，

来完成原有楹联、匾额的书写与制作，真正达到所谓的"以旧修旧"的"复古"目的，使所开发的传统居住建筑再现其历史文化的本来面貌。

比如何廉舫宅院正厅的三幅楹联分别为：

籍花木培生气；

避尘嚣做散人。

泛萍十年，宦海抽帆，小隐遂平生，抛将冠冕簪缨，幸脱牢笼如敝屣；

明月二分，官梅留约，有家归不得，且筑楼台花木，愿兹草创作菟裘。

千顷太湖，偶与陶朱同泛宅；

二分明月，合随何逊共移家。

其中前两幅为何廉舫自己撰写，后一幅则为清代大政治家、军事家、理学家曾国藩所撰。从宅主所作联语中可以看出他空有才志而报国无门的郁闷心情，这是中国文退隐于市而将满腔情怀托寄山水、外表闲散实则内心苦闷的真实写照。此三幅楹联原作已无存，今人分别以行书、行楷和隶书书法补之。姑且不论其书艺和制作水准，单就其书法笔体是否禅识了何氏避居闹市、似闲实忧的心境，还需认真加以探讨。

（三）新的楹联与匾额的书写、制作与使用

在新的楹联与匾额的书写、制作与使用方面，首先应研究原宅主的生平、文化和价值取向，结合当时社会生活的习俗和环境，针对建筑及其空间特点，以适宜的书法笔体撰写出不同的楹联与匾额，力求做到以历史的语境和贴切的涵义真实地反映出宅主所处的时代特点和宅园本身的风采。至于对书家的选择、材料的选用和制作技艺方面，则与前述第二问题有相似之处，尤其在选择书家方面，应尽量突破地域的限制，以利于有更高之水平的创作的展现。

随着扬州区域经济的高速发展和对外开放的日益扩大，历史文化名城扬州以其丰厚的历史积淀和现代活力，必将成为彰显我国传统文化及对外文化交流的一个重要窗口。作为古典与现代、传统与未来和谐共生的文化城市，扬州传统居住建筑是其中一个重要的组成部分。相信本书关于扬州传统居住建筑艺术形象及其内质特色的研究，将有助于扬州在走向现代化的进程中，对滋养她的这块土地的母性文化始终有明确而深入的认识，从而使城市及其文化保有持续发展的永恒魅力。

参考文献

［1］赵昌智．扬州文化丛谈［M］，扬州：广陵书社，2010，p1.

［2］扬州市教育局．扬州历史［M］，沈阳：万卷出版公司，2007，p4.

［3］赵昌智．扬州文化丛谈［M］，扬州：广陵书社，2010，p11.

［4］赵昌智．扬州文化丛谈［M］，扬州：广陵书社，2010，p4.

［5］赵昌智．扬州文化丛谈［M］，扬州：广陵书社，2010，p8.

［6］［清］李斗撰，汪北平 涂雨公 点校．扬州画舫录·刘大观［M］，北京：中华
    书局，2001.

［7］陈从周．扬州园林［M］．上海：上海科技出版社，1983.

［8］朱福．扬州史述［M］，苏州：苏州大学出版社，2005年.

［9］张翔．扬州园林浅识［J］，《古建园林技术》2007.2.

［10］许少飞．扬州园林［M］，苏州：苏州大学出版社，2010.

［11］吴建坤．扬州地方文化丛书——老房子·名居［M］，南京：江苏古籍出版社，
    2002.

［12］李保华．扬州诗咏［M］，苏州：苏州大学出版社，2010.

［13］王振忠．明清徽商与淮扬社会变迁［M］，北京：三联书店，1996.

［14］赵立昌．扬州盐商建筑［N］，扬州：广陵书社，2007.

［15］长北．扬州园林厅堂的空间隔断［N］，《扬州晚报》2007.

［16］韦明铧．扬州掌故［M］，苏州：苏州大学出版社，2001.

［17］马家鼎．扬州文选［M］，苏州：苏州大学出版社，2001.

［18］赵立昌．老建筑分类档案［N］，《扬州晚报·楼市周刊》，2007.

［19］赵立昌．扬州传统民居建筑特色与风俗习惯［R］，扬州：中国古建筑研究院，
    2008.

［20］赵立昌．老建筑年谱［N］，《扬州晚报·楼市周刊》，2007.

［22］吴建坤．旧宅萃珍（扬州名宅）［M］，扬州：广陵书社，2005.

［23］李诫．营造法式［M］，北京：人民出版社，2006.

［24］张道一．唐家路．中国古代建筑木雕［M］，南京：江苏美术出版社，2006.

[25] 扬州门楼·福祠·照壁，扬州市古典建筑工程公司编印，2004.

[26] 李维冰. 扬州食话 [M]，苏州：苏州大学出版社，2001.

[27] 曹永森. 扬州风俗 [M]，苏州：苏州大学出版社，2001.

[28] 丁家桐. 扬州八怪 [M]，苏州：苏州大学出版社，2006.

[29] 张淑娴. 古代建筑中罩的使用及其艺术成就 [J].《中原文物》，2002.4.

[30] 孙大章. 中国古代建筑史·第五卷·清代建筑 [M]. 北京：中国建筑工业出版社，2009.

[31] http://news.qq.com/photon/act/yangzhou.htm